U0176506

建筑工程
质量与安全管理研究

主　编	卢保玲	党吉明	徐传光
副主编	梁利婷	陈桂洲	彭　磊
	孙　勇	张志波	周昌龙
	陈　杰	张荣诗	刘俊方
	李　磊	魏纯华	孔昊泉
	杨　超	孙　波	曹延亮
	陈冬蓉	吴耀国	林咸晓

吉林科学技术出版社

图书在版编目（CIP）数据

建筑工程质量与安全管理研究 / 卢保玲，党吉明，徐传光主编. -- 长春：吉林科学技术出版社，2022.9
ISBN 978-7-5578-9791-8

Ⅰ. ①建… Ⅱ. ①卢… ②党… ③徐… Ⅲ. ①建筑工程－工程质量－安全管理－研究 Ⅳ. ①TU71

中国版本图书馆 CIP 数据核字(2022)第 179534 号

建筑工程质量与安全管理研究

主　　编	卢保玲　党吉明　徐传光
出 版 人	宛　霞
责任编辑	周振新
封面设计	南昌德昭文化传媒有限公司
制　　版	南昌德昭文化传媒有限公司
幅面尺寸	185mm×260mm
字　　数	336 千字
印　　张	15.25
印　　数	1-1500 册
版　　次	2022年9月第1版
印　　次	2023年4月第1次印刷

出　　版	吉林科学技术出版社
发　　行	吉林科学技术出版社
地　　址	长春市福祉大路5788号
邮　　编	130118
发行部电话/传真	0431-81629529 81629530 81629531
	81629532 81629533 81629534
储运部电话	0431-86059116
编辑部电话	0431-81629518
印　　刷	三河市嵩川印刷有限公司

书　　号	ISBN 978-7-5578-9791-8
定　　价	110.00元

版权所有　翻印必究　举报电话：0431-81629508

前 言 _PREFACE

建筑业作为我国国民经济发展的支柱产业之一，长期以来为国民经济的发展做出了突出的贡献。特别是进入 21 世纪以后，建筑业发生了巨大的变化，我国的建筑施工技术水平跻身于世界先进行列，在解决重大项目的科研攻关中得到了长足的发展，我国的建筑施工企业已成为发展经济、建设国家的一支重要的有生力量。

随着社会的发展，城市化进程的加快，建筑领域科技的进步，市场竞争将日趋激烈；此外，伴随着全球一体化进程的加快，我国建筑施工企业面对的不再是单一的国内市场，跨国、跨地区、跨产业的竞争模式逐渐成为一种新的竞争手段。所以，建筑行业对人才质量的要求也越来越高。

教育部多次提出深化高等教育改革、提高人才培养质量的指导性意见和具体措施。实践证明，加强施工理论与应用的研究对于提高施工技术的高科技含量，高质量、高效率地完成大型工程建设，促进高效的施工技术成果在建筑工程中的推广应用，实现施工技术现代化，并最终实现我国建筑业的现代化具有重要作用。本书立足于建筑工程质量与安全管理的理论与实践两个方面，首先对建筑工程质量管理的概念与发展进行简要概述，介绍现代建筑工程质量的构成要素；然后对建筑工程安全管理的相关问题进行梳理分析，对建筑工程施工安全技术、建筑工程用电、防火安全管理及绿色施工管理等方面进行探讨。本书论述严谨，结构合理，条理清晰，内容丰富，其能为当前的建筑工程质量与安全管理相关理论的深入研究提供借鉴。

撰写本书过程中，参考和借鉴了一些知名学者和专家的观点及论著，在此向他们表示深深的感谢。由于水平和时间所限，书中难免会出现不足之处，希望各位读者和专家能够提出宝贵意见，以待进一步修改，使其更加完善。

目 录 CONTENTS

第一章　建筑工程质量管理基础

第一节　建筑工程质量管理概论

一、质量与建筑工程质量

质量是指反映实体满足明确或隐含需要能力的特性的总和。质量的主体是"实体"，实体可以是活动或者过程的有形产品（如建成的厂房、装修后的住宅和无形产品），也可以是某个组织体系或人，以及上述各项的组合。"需要"一般指的是用户的需要，也可以指社会及第三方的需要。"明确需要"一般是指甲乙双方以合同契约等方式予以规定的需要，而"隐含需要"则是指虽然没有任何形式给予明确规定，但却是人们普遍认同的、无须事先声明的需要。

特性是区分他物的特征，可以是固有的或赋予的，也可以是定性的或定量的。固有的特性是在某事或某物中本来就有的，是产品、过程或体系的一部分，尤其是那种永久的特性。赋予的特性（如某一产品的价格）并非是产品、过程或者体系本来就有的。质量特性是固有的特性，并通过产品、过程或体系设计、开发及开发后的实现过程而形成的属性。

工程质量除具有上述普遍的质量的含义之外，还具有自身的某些特点。在工程质量中，还需考虑业主需要的，符合国家法律、法规、技术规范、标准、设计文件及合同规定的特性综合。

建筑工程质量的特性主要表现为以下几个方面：

1. 适用性

适用性即功能，其是指工程满足使用目的的各种性能。包括理化性能，如尺寸、规格、保温、隔热、隔声等物理性能；耐酸、耐碱、耐腐蚀、防火、防风化、防尘等化学性能；结构性能指地基基础的牢固程度，结构的足够强度、刚度和稳定性；使用性能，如民用住宅工程要能使居住者安居，工业厂房要能满足生产活动的需要，道路、桥梁、铁路、航道要能通达便捷等，建筑工程的组成部件、配件及水、暖、电、卫器具、设备也要能满足其使用功能；外观性能指建筑物的造型、布置、室内装饰效果、色彩等等美观大方和协调等。

2. 耐久性

耐久性即寿命，其是指工程在规定的条件下，满足规定功能要求使用的年限，也就是工程竣工后的合理使用寿命周期。由于建筑物本身结构具有类型不同、质量要求不同、施工方法不同及使用性能不同的个性特点，如民用建筑主体结构耐用年限分为四级（15～30年、30～50年、50～100年、100年以上），公路工程设计年限一般按等级控制在10～20年，城市道路工程设计年限，视不同道路构成和所用的材料，其设计的使用年限也会有所不同。

3. 安全性

安全性是指工程建成后在使用过程中保证结构安全、保证人身和环境免受危害的程度。建筑工程产品的结构安全度、抗震、耐火及防火能力，人民防空的抗辐射、抗核污染、抗爆炸波等能力是否能达到特定要求，都是安全性的重要标志。工程交付使用后，必须保证人身财产、工程整体都能免遭工程结构破坏及外来危害的伤害。工程组成部件，如阳台栏杆、楼梯扶手、电气产品漏电保护、电梯及各类设备等，也要保证使用者的安全。

4. 可靠性

可靠性是指工程在规定的时间和规定的条件下完成规定功能的能力，即建筑工程不仅在交工验收时要达到规定的指标，而且在一定使用时期内要保证应有正常功能。

5. 经济性

经济性是指工程从规划、勘察、设计、施工到整个产品使用寿命周期内的成本和消耗的费用。工程经济性具体表现为设计成本、施工成本、使用成本三者之和，包括从征地、拆迁、勘察、设计、采购（材料、设备）、施工、配套设施等建设全过程的总投资与工程使用阶段的能耗、水耗、维护、保养乃至改建更新的使用维修费用。

6. 与环境的协调性

与环境的协调性是指工程与其周围生态环境相协调，与所在地区经济环境协调及与周围已建工程相协调，以适应环境可持续发展的要求。

上述六个方面的质量特性彼此之间是相互依存的。总体而言，适用性、耐久性、安全性、可靠性、经济性及与环境的协调性都是必须达到的基本要求，缺一不可。

二、质量管理与工程质量管理

质量管理是指在质量方面指挥和控制组织协调的活动。质量管理的首要任务是确定质量方针、目标和职责，核心是建立有效的质量管理体系，通过具体的四项活动，即质量策划、质量控制、质量保证和质量改进，确保质量方针、目标的实施和实现。

1. 质量策划

质量策划是质量管理的一部分，其致力于制定质量目标并规定行动过程和相关资料以实现质量目标。质量策划的目的在于制定并采取措施实现质量目标。质量策划是一种活动，其结果形成的文件可以是质量计划。

2. 质量控制

质量控制是质量管理的重要组成部分，其目的是使产品、体系或过程的固有特性达到规定的要求，以满足顾客、法律、法规等方面所提出的质量要求（如适用性、安全性等）。所以，质量控制是通过采取一系列的作业技术和活动对各个过程实施控制，如质量方针控制、文件和记录控制、设计和开发控制、采购控制、不合格的控制等。

3. 质量保证

质量保证是指为了提供足够的信任表明工程项目能够满足质量要求，而在质量体系中实施并根据需要进行证实的有计划、有系统的全部活动。质量保证定义的关键是"信任"，由一方向另一方提供信任。因为两方的具体情况不同，质量保证分为内部和外部两部分：内部质量保证是企业向自己的管理者提供信任；外部质量保证是企业向顾客或第三方认证机构提供信任。

4. 质量改进

质量改进是指企业及建设单位为获得更多收益而采取的旨在提高活动与过程的效益和效率的各项措施。

工程质量管理就是在工程的全生命周期内，对工程质量进行的监督和管理。针对具体的工程项目，就是项目质量管理。

第二节 质量管理体系

一、全面质量管理思想和方法的应用

（一）质量管理、质量控制、质量保证的概念

1. 与质量有关的术语

（1）产品。产品是指活动或过程的结果。

（2）过程。过程是指将输入转化为输出的一组彼此相关的资源和活动。

（3）质量体系。质量体系是指为实施质量管理所需的组织结构、程序、过程和资源。

（4）质量控制。质量控制是指为达到质量要求所采取的作业技术和活动。

（5）质量保证。质量保证是指为了提供足够的信任表明实体能够满足质量要求，而在质量体系中实施并根据需要进行证实的活动。

（6）质量管理。质量管理是指确定质量方针、目标与职责，并在质量体系中通过诸如质量策划、质量控制、质量保证和质量改进，使其实施的全部管理职能的所有活动。

（7）全面质量管理。全面质量管理是指一个组织以质量为中心，以全员参与为基础，目的在于通过让顾客满意和本组织所有成员及社会受益而达到长期成功的管理途径。

2. 质量管理、质量体系、质量控制、质量保证之间的关系

质量管理（QM）、质量控制（QC）、质量保证（QA），在理解和应用中都存在不同程度的混乱状态。在这 3 个概念中，两两之间（QM 与 QC、QC 与 QA 以及 QM 与 QA）也往往混淆不清。质量管理、质量体系、质量控制及质量保证之间的关系，如图 1-1 所示。

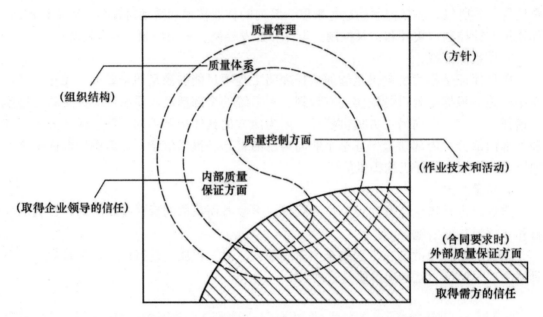

图 1-1 质量管理、质量体系、质量控制、质量保证之间的关系图

从图 1-1 中可看出，质量管理是指企业的全部质量工作，即质量方针的制定和实施。为了实施质量方针和质量目标，必须建立质量体系。在建立质量体系时，首先要建立有关的组织机构，明确各质量职能部门的责任和权限，配备所需的各种资源，制定工作程序，然后才可运用管理和专业技术进行质量控制，并开展质量保证的活动。

图 1-1 中的整个正方形代表质量管理工作。在质量管理中，首先要制定质量方针，然后建立质量体系，所以，把质量方针（由大圆外的面积代表）画在质量体系这个大圆外。在质量体系中又要首先确定组织结构，建立有关机构及其职责，然后才能开展质量控制和质量保证活动，所以，把组织结构画在小圆外。小圆部分包括了质量控制和质量保证两类活动，在它们中间用"S"分开，其用意是表示两者之间的界限有时不易划分。在有些活动里，两者是相互不能分离的，如对某项过程的评价、监督和验证，既是质量控制，也是质量保证的内容。质量保证即要求实施质量控制，两者只是目的不同而已，前者是为了预防不符合或缺陷，后者则要向某一方进行"证实"（提供证据）。一般来说，质量保证总是和信任结合在一起的。在对图 1-1 的理解上，不能简单地认为质量管理就是质量方针，质量体系就是组织结构，而是应该理解为质量管理除了制定质量方针外，还需建立质量体系，而质量体系则除了建立组织结构外，还包括质量控制和质量保证两项内容，其间用虚线划分，表示其是一个整体，只是为了便于理解其间的关系才用虚线表示的。图中的斜线部分是外部质量保证的内容，即合同环境中

企业为满足需方要求而建立的质量保证体系。质量保证体系还包括质量方针、组织结构、质量控制及质量保证的要求。

对一个企业来讲，质量保证体系（合同环境中）是其整个质量管理体系中的一个部分，两者并不矛盾，且不可分割，你中有我、我中有你。质量保证体系是建立在质量管理体系的基础之上的。因此，外国大公司在选择其供应厂商时，首先要看对方的质量手册，也就是看其质量管理体系是否能基本满足质量保证方面的要求，然后才能确定是否与之签订合作合同。当然，供方的质量体系往往不能满足其全部要求，此时，则应在合同中补充某些要求，即增加某些质量体系要素，比如质量计划、质量审核计划等。

图 1-1 中的斜线部分只是另一个图形的一个部分，这里没有画出来。画出来则如图 1-2 所示的需方质量管理体系。

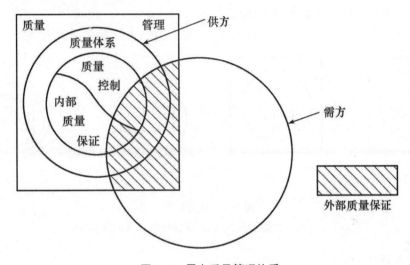

图 1-2　需方质量管理体系

由图 1-2 中可看出，一个企业往往同时处在两种环境中，其某些产品在一般市场中出售，另一部分产品则按合同出售给需方。同样，它在采购某些材料或零部件进行技术合作时，有些可以在市场上购买，有些则要与协作厂签订合同，并且附上质量保证要求。

综上所述，对一个企业，在非合同环境中，其质量管理工作包括了质量控制和内部的质量保证。而在合同环境下，作为供方，其质量保证体系又包括质量管理、质量控制和内外部的质量保证活动。

（二）质量认证

质量认证是指第三方依据程序对产品、过程或者服务符合规定的要求给予书面保证（合格证书）的活动。质量认证分为产品质量认证和质量管理体系认证两种。

1. 产品质量认证

产品质量认证是认证机构证明产品符合相关技术规范的强制性要求或者标准的合格评定活动，即由一个公正的第三方认证机构，对工厂的产品抽样，按规定的技术规范、技术规范中的强制性要求或者标准进行检验，并对工厂的质量管理保证体系进行评审，以作出产品是否符合有关技术规范、技术规范中的强制性要求或者标准，工厂能否稳定地生产合格产品的结论。例如检验或评审通过，则发给合格证书，允许在被认证的产品及其包装上使用特定的认证标志。

认证标志是由认证机构设计并公布的一种专用标志，其用以证明某项产品或服务符合特定标准或规范。经认证机构批准，使用在每台（件）合格出厂的认证产品上。认证标志是质量标志，通过标志可以向购买者传递正确可靠的质量信息，帮助购买者区别认证的产品与非认证的产品，指导购买者购买自己满意的产品。

认证标志图案的构成，许多国家是以国家标准的代码、标准机构或者国家机构名称的缩写字母为基础而进行艺术创作而形成的。产品认证的标志可印在包装或产品上，认证标志分为方圆标志、长城标志和 PRC 标志，如图 1-3 所示。方圆标志分为合格认证标志［图 1-3（a）］和安全认证标志［图 1-3（b）］；长城标志［图 1-3（c）］为电工产品专用标志；PRC 标志［图 1-3（d）］为电子元器件专用标志。

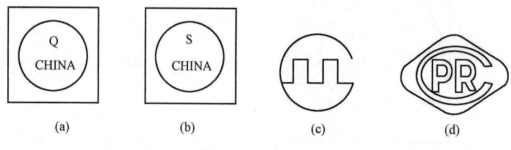

图 1-3　认证标志

（a）、（b）方圆标志；（c）长城标志；（d）PRC 标志

2.质量管理体系认证

质量管理体系认证是指根据有关的质量保证模式标准，由第三方机构对供方（承包方）的质量管理体系进行评定和注册的活动。这里的第三方机构指的是经国家市场监督管理总局质量体系认可委员会认可的质量管理体系认证机构。质量管理体系认证机构是个专职机构，各认证机构具有自己的认证章程、程序、注册证书与认证合格标志，国家市场监督管理总局对质量认证工作实行统一管理。

（1）认证的特点。

1）由具有第三方公正地位的认证机构进行客观的评价，并作出结论。若通过，则颁发认证证书。审核人员要具有独立性和公正性，以确保认证工作客观、公正地进行。

2）认证的依据是质量管理体系标准，即 GB/T 19001，而不能依据质量管理体系的业绩改进指南标准即 GB/T 19004 来进行，更不能依据具体的产品质量标准。

3）认证过程中的审核是围绕企业的质量管理体系要求的符合性和满足质量要求及目标方面的有效性来进行的。

4）认证的结论不是证明具体的产品是否符合有关的技术标准，而是质量管理体系是否符合 ISO 9001，也就是质量管理体系的要求标准是否具有按照规范要求，保证产品质量的能力。

（2）企业质量体系认证的意义。

1）促使企业认真按 GB/T 19000 系列标准去建立健全质量管理体系，提高企业的质量管理水平，保证施工项目质量。因为认证是第三方权威性的公正机构对质量管理体系的评审，企业达不到认证的基本条件不可能通过认证，这就可以避免形式主义地去"贯标"，或用其他不正当手段获取认证。

2）提高企业的信誉和竞争能力。企业通过质量管理体系认证机构的认证，就能获得权威性机构的认可，证明其具有保证工程实体质量的能力。因此，获得认证的企业信誉度得到了提高，大大地增强了其市场竞争能力。

3）加快双方的经济技术合作。在工程招投标中，不同业主对同一个承包单位的质量管理体系的评审中，80% 以上的评审内容和质量管理体系要素是重复的。若投标单位的质量管理体系通过了认证，对其评定的工作量就大大减小，省时、省钱，避免了不同业主对同承包单位进行重复的评定，加快了合作的进展，有利于选择合格的承包方。

4）有利于保护业主和承包单位双方的利益。企业通过认证，证明了它具有保证工程实体质量的能力，保护了业主的利益。同时，如果发生了质量争议，承包单位就会具有自我保护的措施。

"产品质量认证"与"质量管理体系认证"对比，见表 1-1。

表 1-1　"产品质量认证"和"质量管理体系认证"的比较

项目	产品认证	质量管理体系认证
对象	特定产品	组织的质量管理体系
认证依据	具体的产品质量标准	GB/T 19001（ISO 9001）的标准
证明方式	产品认证证书、产品认证标志	质量管理体系认证证书和认证标志
证书和标志的使用	证书不能用于产品、标志可用于获准认证的产品	证书和标志都不能用在产品上
性质	强制认证或自愿认证	组织自愿

3.ISO 质量管理体系的建立与实施

按照 GB/T 19000–2000 族标准建立或更新完善质量管理体系的程序，一般包括质量管理体系的策划与总体设计、质量管理体系的文件编制、质量管理体系的实施运行等 3 个阶段。

（1）质量管理体系的策划与总体设计

最高管理者应确保质量管理体系的策划，满足组织确定的质量目标要求以及质量管理体系的总体要求，在对质量管理体系变更进行策划和实施时，必须保证管理体系的完整性。通过对质量管理体系的策划，确定建立质量管理体系所采用的过程方法模式，从组织的实际出发进行体系的策划和实施，明确是否有剪裁的需求并确保其合理性。ISO 9001 标准引言中指出 "一个组织质量管理体系的设计和实施受各种需求、具体目标、所提供产品、所采用的过程以及该组织的规模和结构的影响，统一质量管理体系的结构或文件不是本标准的目的"。

（2）质量管理体系文件的编制

质量管理体系文件的编制应在满足标准要求、确保控制质量、提高组织全面管理水平的情况下，建立一套高效、简单、实用的质量管理体系文件。质量管理体系文件由质量手册、质量管理体系程序文件、质量记录等部分组成。

（3）质量管理体系认证的实施阶段

质量管理体系认证过程总体上可分为以下 4 个阶段：

1）认证申请

组织向其自愿选择的某个体系认证机构提出申请，并按该机构的要求提交申请文件，包括企业质量手册等等。体系认证机构根据企业提交的申请文件，决定是否受理申请，并通知企业。

2）体系审核

体系认证机构指派数名国家注册审核人员实施审核工作，包括审查企业的质量手册、到企业现场查证实际执行情况等，并提交审核报告。

3）审批与注册发证

体系认证机构根据审核报告，经审查决定是否批准认证。对批准认证的企业颁发体系认证证书，并将企业的有关情况注册公布，准予企业以一定方式使用体系认证标志。

4）监督

在证书有效期内，体系认证机构每年对企业进行至少一次的监督检查，一旦发现企业有违反有关规定的证据，即对该企业采取相应措施，暂停或者撤销该企业的体系认证。

二、认知全面质量管理

（一）全面质量管理（TQC）的思想

TQC 即全面质量管理，是 20 世纪中期开始在欧美和日本广泛应用的质量管理理念和方法。我国从 20 世纪 80 年代开始并推广全面质量管理，其基本原理是强调在企业或组织最高管理者的质量方针指引下，实行全面、全过程和全员参与的质量管理。

TQC 的主要特征是以顾客满意为宗旨，领导参与质量方针与目标的制定，提倡预防为主、科学管理、用数据说话等。在当今世界标准化组织颁布的 ISO 9000 质量管理体系标准中，处处都体现了这些重要特点和思想。建设工程项目的质量管理，同样应贯彻 "三全" 管理的思想和方法。

1. 全面质量管理

建筑工程项目的全面质量管理，是指项目参与各方所进行的工程项目质量管理的总称，其中包括工程（产品）质量和工作质量的全面管理。量的保证，工作质量直接影响产品质量的形成。建设单位、监理单位、位、施工总承包单位、施工分包单位、材料设备供应商等，任何一方疏忽或质量责任不落实都会造成对建设工程质量的不利影响。

2. 全过程质量管理

全过程质量管理，是指根据工程的形成规律推进。《质量管理体系基础和术语》强调质量管理的"过程方法"管理原则，要求应用"过程方法"进行全过程质量控制。要控制的主要过程有：项目策划与决策过程；勘察设计过程；设备材料采购过程；施工组织与实施过程；监测设施控制与计量过程；施工生产的检验试验过程；工程质量的评定过程；工程竣工验收与交付过程；工程回访维修服务过程等。

3. 全员参与质量管理

按照全面质量管理的思想，组织内部的每个部门和工作岗位都承担相应的质量职能，组织的最高管理者确定了质量方针和目标，就应组织和动员全体员工参与到实施质量方针的系统活动中去，发挥自己的角色作用。开展全员参与质量管理的重要手段就是运用目标管理方法，将组织的质量总目标逐级进行分解，使其形成自上而下的质量目标分解体系与自下而上的质量目标保证体系，发挥组织系统内部每个工作岗位、部门或团队在实现质量总目标过程中的作用。

（二）质量管理的 PDCA 循环

在长期的生产实践和理论研究中形成的 PDCA 循环，是建立质量管理体系和进行质量管理的基本方法。PDCA 循环示意图如图 1-4 所示。

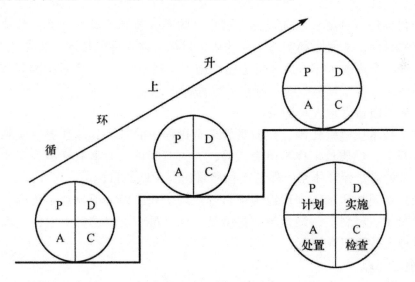

图 1-4　PDCA 循环示意图

从某种意义上说，管理就是确定任务目标，并且通过 PDCA 循环来实现预期目标。每一循环都围绕着实现预期的目标，进行计划、实施、检查和处置活动，随着对存在问题的解决与改进，在一次一次的滚动循环中不断上升，不断增强质量管理能力，不断增加质量水平。

（三）质量管理组织机构

1.质量管理组织机施

建筑工程项目一般建立由公司总部宏观控制、项目经理领导、项目总工程师策划实施，现场经理和安装经理中间控制、专业责任工程师检查的管理系统，形成从项目经理部到各分承包方、各专业化公司与作业班组的质量管理架构，如图 1-5 所示。

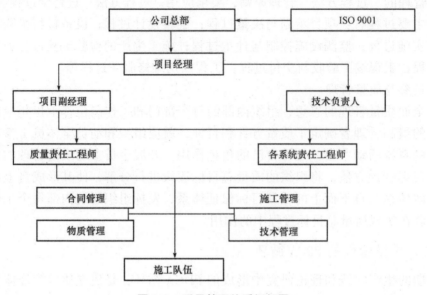

图 1-5　质量管理体系框架图

对各个目标进行分解，以加强施工过程中的质量控制，确保分部、分项工程优良率、合格率的目标，从而顺利实现工程的质量目标。以先进的技术，程序化、规范化、标准化的管理，严谨的工作作风，精心组织施工，以 ISO 9001 质量标准体系为管理依托，按照《建筑工程质量验收统一标准》系列标准达标。

2.施工项目质量管理人员职责

建立健全技术质量责任制，把质量管理全过程中的每项具体任务落实到每个管理部门和个人身上，使质量工作事事有人管，人人有岗位，办事有标准，工作有考核，形成一个完整的质量保证体系，保证工程质量达到预期的目标。

工程项目部现场质量管理班组由项目部经理、副经理、项目总工程师、施工员、技术员、质量员、材料员、测量员、试验员、计量员、资料员等组成，现场质量管理班组主要管理人员的职责如下：

（1）项目经理

项目经理受企业法人委托，全面负责履行施工合同，是项目质量的第一负责人，负责组织项目管理部全体人员，保证企业质量体系在本项目中的有效运行；协调各项质量活动；组织项目质量计划的编制，确保质量体系进行时资源的落实；以保证项目质量达到企业规定的目标。

（2）项目总工程师

项目总工程师全面负责项目技术工作，组织图样会审，组织编制施工组织设计，审定现场质量、安全措施，及对设计变更等交底工作。

（3）施工员

施工员落实项目经理布置的质量职能，有效地对施工过程的质量进行控制，按公司质量文件的有关规定组织指挥生产。

（4）技术员

技术员协助项目经理进行项目质量管理，参加质量计划和施工组织设计的编制，做好设计变更和技术核定工作，负责技术复核工作，解决施工中出现的技术问题，负责隐蔽工程验收的自检和申请工作等，督促施工员、质量员及时做好自检和复检工作，负责工程质量资料的积累和汇总工作。

（5）质量员

质量员组织各项质量活动，参与施工过程的质量管理工作，在授权范围内对产品进行检验，控制不合格品的产生。采取各种措施，确保项目质量达到规定的要求。

（6）材料员

材料员负责落实项目的材料质量管理工作，执行物资采购，顾客提供产品、物资的检验和试验等文件的有效规定。

（7）测量员

测量员负责项目的测量工作，为保证工程项目达到预期质量目标，提供有效的服务与积累有关的资料。

（8）试验员

试验员负责项目所需材料的试验工作，保证其结果满足工程质量管理需要，并积累有关资料。

（9）计量员

计量员负责项目的计量管理，对项目使用的各种检测报告的有效性进行控制。

（10）资料员

资料员负责项目技术质量资料和记录的管理工作，执行公司有关文件的规定，保证项目技术质量资料的完整性及有效性。

（11）机械管理员

机械管理员执行公司机械设备管理和保养的有关规定，保证施工项目使用合格的机械设备，以满足生产的需要。

第三节　施工项目质量控制

一、施工项目质量控制概述

（一）施工项目质量控制的概念

施工项目质量控制是指为了达到施工项目质量要求所采取的作业技术和活动。施工企业应为业主提供满意的建筑产品，对建筑施工过程实行全方位的控制，防止不合格的建筑产品产生。

（1）工程项目质量要求主要表现为工程合同、设计文件、技术规范规定的质量标准。因此，工程项目质量控制就是为了保证达到工程合同设计文件及标准规范规定的质量标准而采取的一系列措施、手段和方法。

（2）建设工程项目质量控制按其实施者的不同，包括三个方面：一是业主方面的质量控制；二是政府方面的质量控制；三是承建商方面的质量控制。这里的质量控制主要指承建商方面内部的、自身的控制。

（3）质量控制的工作内容包括作业技术和活动，也就是专业技术和管理技术两个方面。围绕产品质量形成全过程的各个环节，对影响工作质量的人、机、料、法、环五大因素进行控制，并对质量活动的成果进行分阶段验证，以便及时发现问题，采取相应措施，防止不合格质量重复发生，尽可能地减少损失。所以，质量控制应贯彻以预防为主并与检验把关相结合的原则。

（二）施工质量控制的依据与基本环节

1. 施工质量控制的依据

（1）共同性依据

共同性依据是指适用于施工质量管理有关的、通用的、具有普遍指导意义和必须遵守的基本法规。其主要是国家和政府有关部门颁布的与工程质量管理有关的法律法规性文件，如《中华人民共和国建筑法》《中华人民共和国招标投标法》与《建筑工程质量管理条例》等。

（2）专业技术性依据

专业技术性依据是指针对不同的行业、不同质量控制对象制定的专业技术规范文件：包括规范、规程、标准、规定等，如工程建设项目质量检验评定标准，有关建筑材料、半成品和构配件质量方面的专门技术法规性文件，有关材料验收、包装和标志等方面的技术标志和规定，有关施工工艺质量等方面的技术法规性文件，有关新工艺、新技术、新材料、新设备的质量规定和鉴定意见等等。

（3）项目专用性依据

项目专用性依据是指本项目的工程建设合同、勘察设计文件、设计交底及图纸会审记录、设计修改和技术变更通知，以及相关会议记录和工程联系单等。

2. 施工质量控制的基本环节

施工质量控制应贯彻全面、全员、全过程质量管理的思想，运用动态控制原理，进行质量的事前控制、事中控制和事后控制。

（1）事前控制

事前控制是在各工程对象正式施工活动开始前，对各项准备工作及影响质量的各因素进行控制，这是确保施工质量的先决条件，其具体内容包括以下几个方面：

1）审查各承包单位的技术资质。

2）对工程所需材料、构件、配件的质量进行检查和控制。

3）对永久性生产设备和装置，按审批同意的设计图纸组织采购或者订货。

4）施工方案和施工组织设计中应含有保证工程质量的可靠措施。

5）对工程中采用的新材料、新工艺、新结构、新技术，应审查其技术鉴定书。

6）检查施工现场的测量标桩、建筑物的定位放线和高程水准点。

7）完善质量保证体系。

8）完善现场质量管理制度。

9）组织设计交底与图纸会审。

（2）事中控制

事中控制是在施工过程中对实际投入的生产要素质量及作业技术活动的实施状态和结果所进行的控制，包括作业者发挥技术能力过程的自控行为和来自有关管理者的监控行为，其具体内容有以下几个方面：

1）完善的工序控制。

2）严格工序之间的交接检查工作。

3）重点检查重要部位和专业过程。

4）对完成的分部、分项工程按照相应的质量评定标准和办法进行检查、验收。

5）审查设计图纸变更和图纸修改。

6）组织现场质量会议，及时分析通报质量的情况。

（3）事后控制

事后控制是对通过施工过程所完成的具有独立的功能和使用价值的最终产品以及有关方面的质量进行控制，其具体内容包括以下几个方面：

1）按规定质量评定标准和办法对已完成的分项分部工程、单位工程进行检查验收。

2）组织联动试车。

3）审核质量检验报告及有关技术性文件。

4）审核竣工图。

5）整理有关工程项目质量的技术文件，并编目、建档。

上述三个环节的质量控制系统过程及其所涉及的主要方面如图1-6所示。

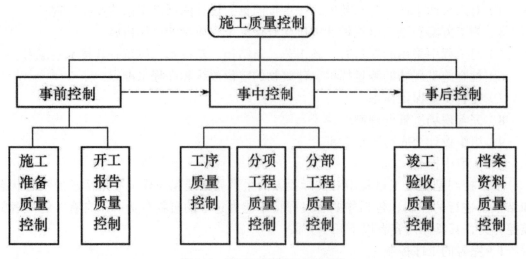

图1-6　施工质量控制系统过程

（三）施工生产要素的质量控制

施工生产要素是施工质量形成的物质基础，其质量的含义包括以下内容：作为劳动主体的施工人员，即直接参与施工的管理者、作业者的素质及其组织效果；作为劳动对象的建筑材料、半成品、工程用品、设备等的质量；作为劳动方法的施工工艺及技术措施的水平；作为劳动手段的施工机械、设备、工具、模具等的技术性能；施工环境——现场水文、地质、气象等自然环境，通风、照明、安全等作业环境以及协调配合的管理环境。

1.施工人员的质量控制

施工人员的质量包括参与工程施工各类人员的施工技能、文化素养、生理体能、心理行为等方面的个体素质，以及经过合理组织和激励发挥个体潜能综合形成的群体素质。所以，企业应通过择优录用、加强思想教育及技能方面的教育培训，合理组织、严格考核，并辅以必要的激励机制，使企业员工的潜在能力得到充分的发挥和最好的组合，使施工人员在质量控制系统中发挥主体自控作用。

施工企业必须坚持执业资格注册制度和作业人员持证上岗制度；对所选派的施工项目领导者、组织者进行教育与培训，使其所拥有的质量意识和组织管理能力能满足施工质量控制的要求；对所属施工队伍进行全员培训，加强质量意的教育和技术训练，提高每个作业者的质量活动能力和自控能力；对分包单位进行严格的资质考核和施工人员的资格考核，其资质、资格必须符合相关法规的规定，与之分包的工程相适应。

2.材料设备的质量控制

原材料、半成品及工程设备是工程实体的构成部分，其质量是项目工程实体质量的基础。加强原材料、半成品及工程设备的质量控制，不仅是提高工程质量的必要条件，也是实现工程项目投资目标与进度目标的前提。

对原材料、半成品及工程设备进行质量控制的主要内容包括：控制材料设备的性能、标准、技术参数与设计文件的相符性；控制材料、设备各项技术性能指标、检验测试指标与标准规范要求的相符性；控制材料、设备进场验收程序的正确性及质量文件资料的完备性；控制优先采用节能低碳的新型建筑材料和设备，禁止使用国家明令禁用或淘汰的建筑材料和设备等。

施工单位应在施工过程中贯彻执行企业质量程序文件中关于材料与设备封样、采购、进场检验、抽样检测及质保资料提交等方面明确规定的一系列控制标准。

3. 工艺方案的质量控制

施工工艺的先进合理是直接影响工程质量、工程进度及工程造价的关键因素，施工工艺的合理可靠也直接影响到工程施工安全。所以，在工程项目质量控制系统中，制定和采用技术先进、经济合理、安全可靠的施工技术工艺方案，是工程质量控制的重要环节。对施工工艺方案的质量控制主要包括以下内容：

（1）深入、正确地分析工程特征、技术关键及环境条件等资料，明确质量目标、验收标准、控制的重点和难点。

（2）制定合理有效的、有针对性的施工技术方案和组织方案，前者包括施工工艺、施工方法，后者包括施工区段划分、施工流向及劳动组织等。

（3）合理选用施工机械设备和设置施工临时设施，合理布置施工总平面图和各阶段施工平面图。

（4）选用和设计保证质量和安全的模具、脚手架等施工设备。

（5）编制工程所采用的新材料、新技术、新工艺的专项技术方案和质量管理方案。

（6）针对工程具体情况，分析气象、地质等环境因素对施工的影响，制定应对措施。

4. 施工机械的质量控制

施工机械是指施工过程中使用的各类机械设备，包括起重运输设备、人货两用电梯、加工机械、操作工具、测量仪器、计量器具以及专用工具和施工安全设施等。施工机械设备是所有施工方案和工法得以实施的重要物质基础，合理选择和正确使用施工机械设备是保证施工质量的重要措施。

（1）对施工所用的机械设备，应该根据工程需要从设备选型、主要性能参数及使用操作要求等方面加以控制，符合安全、适用、经济、可靠、节能和环保等等方面的要求。

（2）对施工中使用的模具、脚手架等施工设备，除可按适用的标准定型选用之外，一般需按设计及施工要求进行专项设计，对其设计方案和制作质量的控制及验收应进行重点控制。

（3）按现行施工管理制度要求，工程所用的施工机械、模板、脚手架，特别是危险性较大的现场安装的起重机械设备，不仅要对其设计安装方案进行审批，而且安装完毕交付使用前必须经专业管理部门的验收，合格后方可使用。同时，在使用过程中还需落实相应的管理制度，以确保其安全、正常使用。

5. 施工环境因素的控制

环境的因素主要包括施工现场自然环境因素、施工质量管理环境因素和施工作业环境因素。环境因素对工程质量的影响，具有复杂多变和不确定性的特点，具有明显的风险特性。要减少其对施工质量的不利影响，主要是采取预测预防的风险控制方法。

（1）对施工现场自然环境因素的控制

对地质、水文等方面影响因素，应根据设计要求，分析工程岩土地质资料，预测不利因素，并会同设计等方面制定相应的措施，采取如基坑降水、排水、加固围护等技术控制方案。

对天气气象方面的影响因素，应在施工方案中制定专项紧急御寒，明确在不利条件的施工措施，落实人员、器材等方面的准备，加强施工过程中的监控和预警。

（2）对施工质量管理环境因素的控制

施工质量管理环境因素主要是指施工单位质量保证体系、质量管理制度和各参建施工单位之间的协调等因素。要根据工程承发包的合同结构，理顺管理关系，建立统一的现场施工组织系统和质量管理的综合运行机制，以确保质量保证体系处于良好的状态，创造良好的质量管理环境和氛围，使施工得以顺利进行，保证施工的质量。

（3）对施工作业环境因素的控制

施工作业环境因素主要是指施工现场的给水排水条件，各种能源介质供应，施工照明、通风、安全防护设施，施工场地空间条件和通道，以及交通运输和道路条件等因素。

要认真实施经过审批的施工组织设计和施工方案，落实保证措施，严格执行相关管理制度和施工纪律，保证上述环境条件良好，使施工得以顺利进行，更使其施工质量得到保证。

（四）施工准备的质量控制

1. 施工技术准备工作的质量控制

施工技术准备是指在正式开展施工作业活动前进行的技术准备工作。这类工作内容繁多，主要在室内进行，例如：熟悉施工图纸，组织设计交底和图纸审查；进行工程项目检查验收的项目划分和编号；审核相关质量文件，细化施工技术方案和施工人员、机具的配置方案，编制施工作业技术指导书，绘制各种施工详图（如测量放线图、大样图及配筋、配板、配线图表等），进行必要的技术交底和技术培训。如果施工准备工作出错，必然影响施工进度和作业质量，甚至导致质量事故的发生。

技术准备工作的质量控制包括：对上述技术准备工作成果的复核审查，检查这些成果是否符合设计图纸和施工技术标准的要求；依据经过审批的质量计划审查、完善施工质量控制措施；针对质量控制点，明确质量控制的重点对象和控制方法；尽可能地提高上述工作成果对施工质量的保证程度等。

2. 现场施工准备工作的质量控制

（1）计量控制

计量控制是施工质量控制的一项重要基础工作。施工过程中的计量，包括施工生产时的投料计量、施工测量、监测计量以及对项目、产品或过程的测试、检验、分析计量等。开工前要建立和完善施工现场计量管理的规章制度；明确计量控制责任者和配置必要的计量人员；严格按规定对计量器具进行维修和校验；统一计量单位，组织量值传递，保证量值统一，从而保证施工过程当中计量的准确。

（2）测量控制

工程测量放线是建设工程产品由设计转化为实物的第一步。施工测量质量的好坏，直接决定工程的定位和标高是否正确，并且制约施工过程有关工序的质量。因此在开工之前，施工单位应编制测量控制方案，经项目技术负责人批准后实施。要对建设单位提供的原始坐标点、基准线和水准点等测量控制点进行复核，并将复测结果上报监理工程师审核并批准后，施工单位才能建立施工测量控制网，进行工程定位和标高基准的控制。

（3）施工平面图控制

建设单位应按照合同约定并充分考虑施工的实际需要，事先划定并提供施工用地和现场临时设施用地的范围，协调平衡和审查批准各施工单位的施工平面设计。施工单位要严格按照批准的施工平面布置图，科学合理地使用施工场地，正确安装设置施工机械设备和其他临时设施，维护现场施工道路畅通无阻和通信设施完好，合理控制材料的进场与堆放，保持良好的防洪排水能力，保证充分的给水和供电。建设（监理）单位应会同施工单位制定严格的施工场地管理制度、施工纪律和相应的奖惩措施，严禁乱占场地和擅自断水、断电、断路，及时制止并处理各种违纪行为，并做好施工现场的质量检查记录。

（五）施工过程的质量控制

1. 进场材料施工配件的质量控制

运到施工现场的原材料、半成品或构配件，进场前应向项目监理机构提交的文件包括《工程材料/构配件/设备报审表》、产品出厂合格证及技术说明书、由施工单位按规定要求进行检验或试验的报告。

经监理工程师审查并确认其质量合格后，方准进场。凡是没有产品出厂合格证明及检验不合格者，不得进场。如果监理工程师认为承包单位提交的有关产品合格证明的文件以及施工承包单位提交的检验和试验报告，仍不足以说明到场产品的质量符合要求时，监理工程师可以再行组织复检或见证取样试验，确认其质量合格后方允许进场。

（1）环境状态的控制

1）施工作业环境的控制

作业环境条件包括水、电或动力供应、施工照明、安全防护设备、施工场地空间条件和通道以及交通运输和道路条件等。监理工程师应事先检查承包单位是否已做好安排和准备妥当；在确认其准备可靠、有效后，方准许施工。

2）施工质量管理环境的控制

施工质量管理环境主要是指：施工承包单位的质量管理体系和质量控制自检系统是否处于良好的状态；系统的组织结构、管理制度、检测制度、检测标准、人员配备等方面是否完善和明确；质量责任制是否落实；监理工程师做好承包单位施工质量管理环境的检查并督促其落实，是保证作业效果的重要前提。

3）现场自然环境条件的控制

监理工程师应检查施工承包单位，对于未来的施工期间，自然、环境条件可能出现对施工作业质量的不利影响时，是否事先已经有充分的认识并已做好充足的准备和采取了有效措施与对策以保证工程质量。

（2）进场施工机械设备性能及工作状态的控制

1）进场检查

进场前施工单位报送进场设备清单。清单包括机械设备规格、数量、技术性能、设备状况、进场时间。进场后监理工程师进行现场核对其是否和施工组织设计中所列的内容相符。

2）工作状态的检查

审查机械使用、保养记录、检查工作状态。

3）特殊设备安全运行的审核

对于现场使用的塔式起重机及有关特殊安全要求的设备，进入现场后在使用前，必须经当地劳动安全部门鉴定，符合要求并办好相关手续后方允许承包单位投入使用。

4）大型临时设备的检查

设备使用前，承包单位必须取得本单位上级安全主管部门的审查批准，办好相关手续后，监理工程师方才可批准投入使用。

（3）施工测量及计量器具性能、精度的控制

1）试验室

承包单位应建立试验室，不能建立时，应委托有资质的专门试验室作为试验室。新建的试验室，要经计量部门认证，取得资质；如为中心试验室派出部分应有委托书。

2）监理工程师对试验室的检查

工程作业开始前，承包单位应向监理机构报送试验室（或外委试验室）的资质证明文件，列出本试验室所开展的试验、检测项目、主要仪器、设备；法定计量部门对计量器具的标定证明文件；试验检测人员上岗资质证明；试验室管理制度等。监理工程师的实地检查。监理工程师应检查试验室资质证明文件、试验设备、检测仪器能否满足工程质量检查要求，是否处于良好的可用状态；精度是否符合需要；法定计量部门标定资料，合格证、率定表，是否在标定的有效期内；试验室管理制度是否齐全，符合实际；试验、检测人员的上岗资质等。经检查，确认能满足工程质量检验要求，则予以批准，同意使用；否则，承包单位应进一步完善、补充，在没得到监理工程师同意之前，试验室不得使用。

3）工地测量仪器的检查

施工测量开始前，承包单位应向项目监理机构提交测量仪器的型号、技术指标、精度等级、法定计量部门的标定证明、测量工的上岗证明，经监理工程师审核确认后，方可进行正式测量作业。在作业过程中监理工程师也应经常检查了解计量仪器、测量设备的性能、精度状况，使其处于良好的状态之中。

（4）施工现场劳动组织和作业人员上岗资格的控制

1）现场劳动组织的控制

劳动组织涉及从事作业活动的操作者及管理者，以及相应的各种管理制度。

①操作人员。主要技术工人必须持有相关职业资格证书。

②管理人员到位。作业活动的直接负责人（包括技术负责人），专职质检人员、安全员，与作业活动有关的测量人员、材料员和试验员必须在岗。

③相关制度健全。

2）作业人员上岗资格

从事特殊作业的人员（如电焊工、电工、起重工、架子工、爆破工），必须持证上岗。对此监理工程师要进行检查与核实。

2. 作业技术活动运行过程的控制

保证作业活动的效果与质量是施工过程质量控制的基础。

（1）承包单位自检与专检工作的监控

1）承包单位的自检系统

承包单位的自检体系表现在以下几点：

①作业者自检；

②不同工序交接、转换、交接检查；

③专职质检员专检。

承包单位的自检系统的保证措施：

①承包单位必须有整套的制度及工作程序；

②具有相应的试验设备及检测仪器；

③配备数量满足需要的专职质检人员及试验检测人员。

2）监理工程师的检查

监理工程师的质量监督与控制就是让承包单位建立起完善的质量自检体系并运转有效。

（2）技术复核工作监控

凡涉及施工作业技术活动基准和依据的技术工作，都应该严格进行专人负责的复核性检查。技术复核是承包单位应履行的技术工作责任，它的复核结果应报送监理工程师复验确认后，才能进行后续相关的施工。

（3）见证取样送检工作的监控

1）见证取样的工作程序

①施工开始前，项目监理机构要督促承包单位尽快落实见证取样的送检试验室。对于承包单位提出的试验室，监理工程师要进行实地考察。试验室一般是和承包单位没有行政隶属关系的第三方。

②项目监理机构要将选定的试验室报送负责本项目的质量监督机构备案并得到认可。要将项目监理机构中负责见证取样的监理工程师在该质量监督机构备案。

③承包单位实施见证取样前，通知见证取样的监理工程师，在该监理工程师现场监督下，承包单位完成取样过程。

④完成取样后，承包单位将送检样品装入木箱，由监理工程师加封，并贴上专用加封标志，然后送往试验室。不能装入箱中的试件有钢筋样品、钢筋接头等。

2）实施见证取样的要求

①见证试验室要具有相应的资质并且进行备案、认可。

②负责见证取样的监理工程师要具有材料、试验等方面的专业知识，且要取得从事监理工作的上岗资格（一般由专业监理工程师负责从事此项工作）。

③承包单位从事取样的人员一般应是试验室人员，或由专职质检人员担任。

④送往见证试验室的样品，要填写"送验单"，送验单要盖有"见证取样"专用章，并有证取样监理工程师的签字。

⑤试验室出具的报告一式两份，分别由承包单位和项目监理机构保存，并作为归档材料，以及工序产品的质量评定的重要依据。

⑥见证取样的频率，国家或者地方主管部门有规定的，执行相关规定；施工承包合同中如有明确规定的，执行施工承包合同的规定。见证取样的频率和数量，包括在承包单位自检范围内，一般所占比例为30%。

⑦见证取样的试验费用由合同要求支付。

⑧实行见证取样，绝不代替承包单位应对材料、构配件进场时必须进行的自检。自检频率和数量要按相关规范要求执行。

（4）工程变更的监控

工程变更的要求可能来自建设单位、设计单位或施工承包单位。为确保工程质量，不同情况下，工程变更的实施、设计图纸的澄清、修改，都应具有不同的工作程序。

1）施工承包单位的要求以及处理

在施工过程中承包单位提出的工程变更要求是要求作某些技术修改或要求作设计变更。

①对技术修改要求的处理

技术修改是在不改变原设计图纸和技术文件的原则前提下，提出的对设计图纸和技术文件的某些技术上的修改要求。比如，对某种规格的钢筋采用替代规格的钢筋、对基坑开挖边坡的修改等。

承包单位向项目监理机构提交《工程变更单》，在该表中应说明要求修改的内容及原因或理由，并有附图和相关文件说明。

技术修改问题一般由专业监理工程师组织承包单位和现场设计代表参加，经各方同意后签字并形成纪要，作为工程变更单附件，经总监批准后实施。

②对设计变更的要求

设计变更是施工期间，对于设计单位在设计图纸和设计文件中所表达的设计标准状态的改变和修改。

承包单位应按照要求变更的问题填写《工程变更单》，送交项目监理机构。总监理工程师根据承包单位的申请，经与设计、建设、承包单位研究并作出变更的决定后，签发《工程变更单》，并附有设计单位提出的变更设计图纸。承包单位签收后则应按变更后的图纸施工。这种变更，一般都会涉及设计单位重新出图的问题。如果变更涉及结构主体及安全，该工程变更还要按有关规定报送施工图原审查单位进行审批，否则变更不能实施。

2）设计单位提出变更的处理

①设计单位将《设计变更通知》及有关附件报送建设单位。

②建设单位会同监理、施工承包单位对设计单位提交的《设计变更通知》进行研究，必要时设计单位还需提供进一步的资料，以便对变更作出决定。

③总监理工程师签发《工程变更单》，并将设计单位发出的《设计变更通知》当作该《工程变更单》的附件，施工承包单位按新的变更图实施。

3）建设单位（监理工程师）要求变更的处理

①建设单位（监理工程师）将变更的要求通知设计单位，如果在要求中包括相应的方案或建议，则应一并报送设计单位。否则，变更要求由设计单位研究解决。在提供审查的变更要求中，应列出所有受该变更影响的图纸、文件清单。

②设计单位对《工程变更单》进行研究。

③根据建设单位的授权，监理工程师研究设计单位所提交的建议设计变更方案或其对变更要求所附方案的意见，必要时会同有关的承包单位和设计单位一起进行研究，也可进一步提供资料，以便对变更作出决定。

④建设单位作出变更的决定后由总监理工程师签发《工程变更单》，指示承包单位按变更的决定组织施工。

需注意的是，在工程施工过程中，无论是建设单位或施工及设计单位提出的工程变更或图纸修改，都应通过监理工程师审查并经有关方面研究，确认其必要性，由总监理工程师发布变更指令后，方能生效并予以实施。

（5）见证点的实施控制

见证点是国际上对于重要程度不同及监督控制要求不同的质量控制点的一种区分方式。实际上它是质量控制点，只是由于它的重要性或其质量后果影响程度不同于一般质量控制点，因此，在实施监督控制的运作程序和监督要求与一般质量控制点有区别。

（6）级配管理质量监控。

（7）计量工作质量监控

1）施工过程中使用的计量仪器、检测设备、称重衡器的质量控制。

2）从事计量作业人员技术水平资格的审核，尤其是现场从事施工测量的测量工，从事试验、检测的试验工。

3）现场计量操作的质量控制。作业者的实际作业质量直接影响到作业效果，计量作业现场的质量控制主要是检查其操作方法是否得当。

（8）质量记录资料的监控

1）施工现场质量管理检查记录资料：现场管理制度、上岗证、图纸审查记录、施工方案。

2）工程材料质量记录：进场材料质量证明资料、试验检验报告、各种合格证。

3）施工过程作业活动质量记录资料：质量自检资料、验收资料、各工序作业的原始施工记录。

（9）工地例会的管理。

（10）停、复工指令的实施。

1）工程暂停指令的下达

①施工作业活动存在重大隐患，可能造成质量事故或已经造成质量事故。

②承包单位未经许可擅自施工或者拒绝项目监理机构管理。

③在出现下列情况下，总监理工程师有权行使质量控制权，下达停工指令，及时进行质量控制。总监理工程师在签发工程暂停令时，应根据停工原因的影响范围和影响程度，确定工程项目停工范围。

2）恢复施工指令的下达

承包单位经过整改具备恢复施工条件时，承包单位向项目监理机构报送复工申请及有关材料，证明造成停工的原因已消失。经监理工程师现场复查，认为已符合继续施工的条件，造成停工的原因确已消失，总监理工程师应及时签署工程复工报审表，指令承包单位继续施工。

3）总监下达停工指令和复工指令，应事先向建设单位报告。

3. 作业技术活动结果的控制

（1）作业技术活动结果的控制内容

作业技术活动结果的控制是施工过程中间产品及最终产品质量控制的方式，只有作业活动的中间产品质量都符合要求，才可保证最终单位工程产品的质量，其主要内容有：

1）基槽（基坑）验收。

2）隐蔽工程验收。

3）工序交接验收。

4）检验批、分项、分部工程的验收。

5）联动试车或设备的试运转。

6）单位工程或整个工程项目的竣工验收。

7）不合格的处理有以下内容：

①上道工序不合格，不准进入下道工序施工；

②不合格的材料、构配件、半成品一不准进入施工现场且不允许使用，已经进场的不合格品应及时作出标识、记录，指定专人看管，避免用错，并且限期清除出现场；

③不合格的工序或工程产品，不予计价。

（2）作业技术活动结构检验程序

作业技术活动结果检验程序是：施工承包单位竣工自检，总监理工程师组织专业监理工程师竣工初验，初验合格，报建设单位建设单位组织正式验收。

二、工程质量控制的手段

（一）施工阶段质量控制点的设置

质量控制点是指为了保证工序质量而确定的重点控制对象、关键部位或薄弱环节。设置质量控制点是保证达到工序质量要求的必要前提，监理工程师在拟订质量控制工作计划时，应予以详细的考虑，并用制度来保证其落实。对于质量控制点，一般要事先分析可能造成质量问题的原因，再针对原因制定对策和措施以进行预控。

1. 质量控制点设置的原则

质量控制点设置的原则，是根据工程的重要程度，即质量特性值对整个工程质量的影响程度来确定的。为此，在设置质量控制点时，首先要对施工的工程对象进行全面分析、比较，以明确质量控制点；之后进一步分析所设置的质量控制点在施工中可能出现的质量问题或造成质量隐患的原因，针对隐患的原因，相应地提出对策、措施予以预防。由此可知，设置质量控制点，是对工程质量进行预控的有力措施。

质量控制点的涉及面较广，应根据工程特点，视其重要性、复杂性、精确性、质量标准和要求进行判定，可能是结构复杂的某一工程项目，也可能是技术要求高、施工难度大的某一结构构件或分项、分部工程，还可能是影响质量关键的某一环节中的某一工序或若干工序。总之，无论是操作、材料、机械设备、施工顺序、技术参数，还是自然条件、工程环境等，都可作为质量控制点来设置，主要是视其对质量特征影响的大小及危害程度而定的。

2. 质量控制点的设置部位

质量控制点一般设置在下列部位：

（1）重要的和关键性的施工环节和部位。

（2）质量不稳定、施工质量没有把握的施工工序和环节。

（3）施工技术难度大、施工条件困难的部位或环节。

（4）质量标准或质量精度要求高的施工内容和项目。

（5）对后续施工或后续工序质量或安全有重要影响的施工工序或部位。

（6）采用新技术、新工艺、新材料施工的部位或环节。

3. 质量控制点的实施要点

（1）将控制点的"控制措施设计"向操作班组进行认真交底，必须使工人真正了解操作要点，这是保证"制造质量"，实现"以预防为主"思想的关键一环。

（2）质量控制人员在现场进行重点指导、检查、验收，对重要的质量控制点，质量管理人员应当进行旁站指导、检查和验收。

（3）工人按作业指导书进行认真操作，保证操作中每个环节的质量。

（4）按规定做好检查并认真记录检查结果，取得第一手数据。

（5）运用数理统计方法不断进行分析与改进（实施 PDCA 循环），直到质量控制点验收合格。

4. 见证点与停止点

（1）见证点

见证点是指重要性一般的质量控制点。在这种质量控制点施工之前，施工单位应提前（例如 24 小时之前）通知监理单位派监理人员在约定的时间到现场进行见证，对该质量控制点的施工进行监督和检查，并在见证表上详细记录该质量控制点所在的建筑部位、施工内容、数量、施工质量和工时，并签字作为凭证。如果在规定的时间监理人员未能到达现场进行见证和监督，施工单位可以认为已取得监理单位的同意（默认），有权进行该见证点的施工。

（2）停止点

停止点是指重要性较高、其质量无法通过施工以后的检验来得到证实的质量控制点。比如无法依靠事后检验来证实其内在质量或无法事后把关的特殊工序或特殊过程。对于这种质量控制点，在施工之前施工单位应提前通知监理单位，并约定施工时间，由监理单位派出监理人员到现场进行监督控制，如果在约定的时间监理人员未到现场进行监督和检查，则施工单位应停止该质量控制点的施工，并按合同规定，等待监理人员，或另行约定该质量控制点的施工时间。在实际工程实施质量控制时，通常是由工程承包单位在分项工程施工前制订施工计划时，就选定设置的质量控制点，并在相应的质量计划中再进一步明确哪些是见证点，哪些是停止点，施工单位应将该施工计划及质量计划提交监理工程师审批。如监理工程师对上述计划及见证点与停止点的设置有不同的意见，应书面通知施工单位，要求予以修改的话，修改后再上报监理工程师审批后执行。

（二）施工项目质量控制的手段

1. 检查检测手段

（1）日常性的检查

日常性的检查是在现场施工过程中，质量控制人员（专业工长、质检员、技术人员）对操作人员进行操作情况及结果的检查和抽查，及时发现质量问题或质量隐患，以便及时进行控制。

（2）测量和检测

测量和检测是利用测量仪器和检测设备对建筑物水平与竖向轴线、标高、几何尺寸、方位进行控制，对建筑结构施工的有关砂浆或混凝土强度进行检测，严格控制工程质量，发现偏差及时纠正。

（3）试验及见证取样

各种材料及施工试验应符合相应规范和标准的要求，诸如原材料的性能，混凝土搅拌的配合比和计量，坍落度的检查和成品强度等物理力学性能及打桩的承载能力等，均须通过试验的手段进行控制。

（4）实行质量否决制度

质量检查人员和技术人员对施工中存有的问题，有权以口头方式或书面方式要求施工操作人员停工或者返工，纠正违章行为，责令不合格的产品推倒重做。

（5）按规定的工作程序控制

预检、隐检应有专人负责并按规定检查，作出记录，第一次使用的配合比要进行开盘鉴定，混凝土浇筑应经申请和批准，完成的分项工程质量要进行实测实量的检验评定等。

（6）对使用安全与功能的项目实行竣工抽查检测

对于施工项目质量影响的因素，归纳起来主要有人、材料、机械、施工方法与环境五大方面的因素。

2. 成品保护及成品保护措施

在施工过程中，有些分项分部工程已经完成，其他工程还在施工；或者某些部位已经完成，然而其他部位正在施工。如果对成品不采取妥善的措施加以保护，就会造成损伤，影响质量。这样，不仅会增加修补工作量，浪费工料，拖延工期；更严重的是有的损伤难以恢复到原样，可能成为永久性的缺陷。因此，做好成品保护，是一个关系到工程质量、降低工程成本、按期竣工的重要环节。

　　加强成品保护，首先要教育全体参建人员树立质量观念，对国家、人民负责，自觉爱护公物，尊重他人和自己的劳动成果，施工操作时要珍惜已完成的成品及部分完成的半成品。其次要合理安排施工顺序，采取行之有效的成品保护措施。

　　（1）施工顺序与成品保护

　　合理地安排施工顺序，按正确的施工流程组织施工，是进行成品保护的有效途径之一。

　　1）遵循"先地下后地上""先深后浅"的施工顺序，就不至于破坏地下管网和道路路面。

　　2）地下管道与基础工程相配合进行施工，可避免基础完工后再打洞挖槽、安装管道，影响质量和进度。

　　3）先在房心回填土后再做基础防潮层，可保护防潮层不致受填土夯实损伤。

　　4）装饰工程采取自上而下的流水顺序，可以使房屋主体工程完成后，有一定的沉降期；先做好的屋面防水层，可防止雨水渗漏。这些都有利于保护装饰工程的质量。

　　5）先做地面，后做顶棚、墙面抹灰，可以保护下层顶棚、墙面抹灰不致受渗水污染。在已做好的地面上施工，需对地面加以保护。若先做顶棚、墙面抹灰，后做地面时，则要求楼板灌缝密实，以防漏水污染墙面。

　　6）楼梯间和踏步饰面宜在整个饰面工程完成后，再自上而下地进行；门窗扇的安装通常在抹灰后进行；一般先安装门窗框，后安装门窗扇玻璃。这些施工顺序均有利于成品保护。

　　7）当采用单排外脚手砌墙时，由于砖墙上面有脚手洞眼，故一般情况下内墙抹灰需待同一层外粉刷完成、脚手架拆除、洞眼填补后才能进行，以免影响内墙抹灰的质量。

　　8）先喷浆而后安装灯具，可避免安装灯具后又修理浆活，从而污染灯具。

　　9）当铺贴连续多跨的卷材防水屋面时，应按先高跨后低跨，先远（离交通进出口）后近，先天窗后铺贴卷材屋面的顺序进行。这样可避免在铺好的卷材屋面上行走和堆放材料、工具等物，有利于保护屋面。

　　以上示例说明，只要合理安排施工顺序，便可有效地提高成品的质量，也可有效地防止后道工序损伤或污染前道工序。

　　（2）成品保护的措施

　　成品保护主要有护、包、盖、封四种措施。

　　1）护

　　护就是提前保护，以防止成品可能发生的损伤和污染。如为了防止清水墙面污染，在脚手架、安全网横杆、进料口四周以及临近水刷石墙面上，提前钉上塑料布或纸板；

清水墙楼梯踏步采用护棱角铁上下连通固定；门口在推车易碰部位，在小车轴的高度钉上防护条或槽形盖铁；进出口台阶应垫砖或方木，搭脚手板过人；外檐水刷石大角或柱子要立板固定保护；门扇安装好后要加楔固定等等。

2）包

包就是进行包裹，以防止成品被损伤或污染。如大理石或高级水磨石块柱子贴好后，应用立板包裹捆扎；楼梯扶手易污染变色，油漆前应裹纸保护；铝合金门窗应用塑料布包扎；炉片、管道污染后不好清理，应包纸保护；电气开关、插座、灯具等设备也应包裹，防止喷浆时污染等。

3）盖

盖就是表面覆盖，防止堵塞、损伤。如预制水磨石、大理石楼梯应用木板、加气板等覆盖，以防操作人员踩踏和物体磕碰；水泥地面、现浇或预制水磨石地面，应铺干锯末保护；高级水磨石地面或大理石地面，应用苫布或棉毡覆盖；落水口、排水管安装好后要加覆盖，以防堵塞；散水交活后，为保水养护并防止磕碰，可盖一层土或沙子；其他需要防晒、防冻、保温养护的项目，也应采取适当的覆盖措施。

4）封

封就是局部封闭。如预制水磨石楼梯、水泥抹面楼梯施工后，应将楼梯口暂时封闭，待达到上人强度并采取保护措施后再开放；室内塑料墙纸、木地板油漆完成后，均应立即锁门；屋面防水做完后，应封闭上屋面的楼梯门或出入口；室内抹灰或者浆活交活后，为调节室内温 / 湿度，应有专人开关外窗等。

总之，在工程项目施工中，必须充分重视成品保护工作。道理很简单，即使生产出来的产品是优质品、上等品，若保护不好，遭受损伤或污染，那也会成为次品、废品、不合格品。因此，成品保护，除合理安排施工顺序，采取有效的对策、措施外，还必须加强对成品保护工作的检查。

第二章　基础工程质量管理

第一节　土方工程

土方工程是建筑工程施工中主要的分部工程之一，土方工程具有量大面广、劳动繁重和施工条件复杂等特点，受气候、水文、地质、地下障碍等因素影响较大，不确定因素较多，存在较大的危险性。因此，在施工前必须做好调查研究，选择合理的施工方案，采用先进的施工方法和施工机械，以确保工程的质量和安全。对于无支护的土方工程可以划分为土方开挖和土方回填两个分项工程。

一、土方开挖

1. 土方工程施工前的准备工作

土方工程施工前的准备工作是一项非常重要的基础性工作，准备工作充分与否，对土方工程施工能否顺利进行起着确定性作用。土方工程施工前的准备工作概括起来主要包括以下几个方面：

（1）场地清理

场地清理包括清理地面及地下各种障碍。在施工前应拆除旧建筑；拆迁或改建通信、电力设备，上、下水道以及地下建（构）筑物；迁移树木并去除耕植土及河塘淤泥等。此项工作由业主委托有资质的拆卸公司或者建筑施工公司完成，发生费用均由业主承担。

（2）排除地面水

场地内低洼地区的积水必须排除，同时应注意雨水的排除，使场地保持干燥，以利土方施工。地面水的排除一般采用排水沟、截水沟、挡水土坝等措施。

（3）修筑临时设施

修筑好临时道路及供水、供电等临时设施，做好材料、机具以及土方机械的进场工作。

（4）定位放线

土方开挖施工时，应按建筑施工图和测量控制网进行测量放线，开挖前应按设计平面图，认真检查建筑物或构筑物的定位桩或轴线控制桩；按基础平面图和放坡宽度，对基坑的灰线进行轴线和几何尺寸的复核，并且认真核查工程的朝向、方位是否符合图样内容；办理工程定位测量记录、基槽验线记录。

2. 土方开挖过程中的质量控制

（1）土方开挖时应遵循"开槽支撑，先撑后挖，分层开挖，严禁超挖"的原则，检查开挖的顺序为平面位置、水平标高和边坡坡度。

（2）机械开挖时，要配合一定程度的人工清土，将机械所挖不到地方的弃土运到机械作业的半径内，由机械运走。机械开挖到接近槽底时，用水准仪控制标高，预留 200 ~ 300 mm 土层进行人工开挖，以防止超挖。

（3）开挖过程中，应经常测量和校核平面位置、水平标高、边坡坡度，并随时观测周围的环境变化，进行地面排水和降低地下水水位工作情况的检查和监控。

（4）基坑（槽）挖至设计标高后，对原土表面不得扰动，并及时进行地基钎探、垫层等后续工作。

（5）严格控制基底标高。比如个别地方发生超挖，严禁用虚土回填，处理方法应征得设计单位的同意。

（6）雨期施工时，要加强对边坡的保护。可适当放缓边坡或者设置支护，同时在坑外侧围挡土堤或开挖水沟，防止地面水流入。冬期施工时，要防止地基受冻。

3. 土方开挖质量检验

（1）土方开挖前应检查定位放线、排水和降低地下水水位系统，合理安排土方运输车的行走路线及弃土场。

（2）施工过程中应检查平面位置、水平标高、边坡坡度、压实度、排水、降低地下水水位系统，并随时观测周围的环境变化。

（3）临时性挖方的边坡值应符合表 2-1 规定。

表 2-1　临时性挖方的边坡值

土的类别		边坡值（高：宽）
砂土（不包括细砂、粉砂）		1：1.25 ~ 1：1.50
一般性黏土	硬	1：0.75 ~ 1：1.00
	硬、塑	1：1.00 ~ 1：1.25
	软	1：1.50 或更缓
碎石类土	充填坚硬、硬塑黏性土	1：0.50 ~ 1：1.00
	充填砂土	1：1.00 ~ 1：1.50

注：1. 设计有要求时，应符合设计标准。

2. 如采用降水或其他加固措施，可不受本表限制，但应计算复核。

3. 开挖深度，对软土不应超过 4 m，对硬土不应超过 8m。

（4）土方开挖工程的质量检验标准应符合表 2-2 的规定。

表 2-2　土方开挖工程质量的检验标准

项目	序号	检查项目	允许偏差或允许值 /mm					检验方法
			柱基基坑、基槽	挖方场地平整		管沟	地（路）面基层	
				人工	机械			
主控项目	1	标高	-50	±30	±50	-50	-50	水准仪
	2	长度、宽度（由设计中心线向两边量）	+200 -50	+300 -100	+500 -150	+100	—	经纬仪，用钢尺量
	3	边坡	设计要求					用坡度尺检查
一般项目	1	表面平整度	20	20	50	20	20	用 2 m 靠尺和楔形塞尺检查
	2	基底土性	设计要求					观察或土样分析

注：地（路）面基层的偏差只适用于直接在挖、填方上做地（路）面的基层。

4. 工程质量通病及防治措施

（1）边坡超挖。

质量通病边坡面界面不平，出现较大凹陷，造成积水，使边坡坡度加大，影响边坡的稳定。

防治措施：

1）机械开挖应预留 0.3 m 厚，采用人工修坡。

2）松软土层应避免各种外界机械车辆等的扰动，并采取适当的保护措施。

3)加强测量复测，进行严格定位，在坡顶边脚设置明显标志和边线，并设专人检查。

（2）基土扰动。

质量通病基坑挖好后，地基土表层局部或大部分出现松动、浸泡等情况，原土结构遭到破坏，造成承载力降低，基土会下沉。

防治措施：

1）基坑挖好后，立即浇筑混凝土垫层保护地基，不能立即浇筑垫层时，应预留一层 150 ~ 200 mm 厚土层不挖，待下一道工序开始后再挖至设计标高。

2）基坑挖好后，避免在基土上行驶施工机械和车辆或堆放大量材料。必要时，应铺路基箱或填道木保护。

3）基坑四周应做好排降水措施，降水工作应持续到基坑回填土完毕。雨期施工时，基坑应挖好一段浇筑一段混凝土垫层。冬期施工时，如基底不能浇筑垫层，应在表面进行适当覆盖保温，或预留一层 200 ～ 300 mm 厚土层后挖，以防止冻胀。

（3）基底标高或土质不符合要求。

质量通病基坑（槽）底标高不符合设计规定值；或者基底持力土质不符合设计要求，或被人工扰动。前者会导致浅基础埋置深度不足或超挖，后者会导致持力层承载能力降低。其原因为：测量放线错误，导致基底标高不足或过深；或地质勘察资料与实际情况不符，虽已挖至设计规定深度，但是土质仍不符合设计要求；或选用的施工机械和施工方法不当，造成超挖等。

防治措施：

1）控制桩或标志板被碰撞或移动时，应及时复测纠正，防止标高出现误差。

2）采用机械开挖基坑（槽），在基底以上应预留一层 200 ～ 300 mm 厚土方人工开挖，以防止超挖。

3）基坑（槽）挖至基底标高后应会同设计、监理（或建设）单位检查基底土质是否符合要求，并做隐蔽工程记录。如果不符合要求，应一起协商处理。

4）当个别部位超挖时，应用与基土相同的土料填补，并夯至要求的密度，或用碎石类土填补夯实。

（4）基坑（槽）开挖遇流砂。

质量通病：当基坑（槽）开挖深于地下水水位 0.5 m 以下，采取坑内抽水时，坑（槽）底下面的土产生流动状态，随地下水一起涌进坑内，出现边挖边冒，无法挖深的现象。发生流砂时，土会完全失去承载力，不仅会使施工条件恶化，严重时还会引起基础边坡塌方，附近建筑物会因地基被掏空而下沉、倾斜，甚至倒塌。

防治措施：

1）防治方法主要是减小或平衡动水压力或使动水压力向下，使坑底土粒稳定，不受水压的干扰。

2）安排在全年最低水位季节施工，使基坑内动水压力减小。

3）采取水下挖土（不抽水或少抽水），使坑内水压与坑外地下水压相平衡或缩小水头差。

4）采用井点降水，使水位降至距基坑底 0.5 m 以上，保持无水状态。

面积较小时，也可在四周设钢板护筒，随着挖土不断加深，直至其穿过流砂层。

二、土方回填

（一）土方回填工程质量控制

1.材料质量要求

（1）土料：可采用就地挖出的黏性土及塑性指数大于 4 的粉土，土内不得含有松软杂质和耕植土；土料应过筛，其颗粒不应大于 15 mm；回填土含水量要符合压实要求。

（2）碎石类土、砂土和爆破石渣：可用于表层以下的填料，其最大颗粒不大于50 mm。

2. 施工过程质量控制

（1）土方回填前应清除基底的垃圾、树根等杂物，基底有积水、淤泥时应将其抽除。

（2）查验回填土方的土质及含水量是否符合要求，填方土料应按设计要求验收后方可填入。

（3）土方回填过程中，填筑厚度及压实遍数应根据土质、压实系数及所用机具确定。如果没有试验依据，应符合表2-3的规定。

表 2-3　填土施工时的分层厚度及压实遍数

压实机具	分层厚度 /mm	每层压实遍数
平碾	250 ~ 300	6 ~ 8
振动压实机	250 ~ 350	3 ~ 4
柴油打夯机	200 ~ 250	3 ~ 4
人工打夯	< 200	3 ~ 4

（4）基坑（槽）回填时应在相对两侧或四周同时进行回填和夯实。

（二）土方回填质量检验

（1）土方回填前应清除基底的垃圾、树根等杂物，抽除坑穴内的积水、淤泥，验收基底标高。如在耕植土或松土上填方，应该在基底压实后再进行。

（2）对填方土料应按设计要求验收后方可填入。

（3）填方施工过程中应检查排水措施，每层填筑厚度、含水量控制、压实程度。填筑厚度及压实遍数应根据土质、压实系数及所用机具确定。如无试验依据，应符合表2-3的规定。

（三）工程质量通病及防治措施

1. 填方基底处理不当

质量通病：填方基底未经处理，局部或者大面积填方出现下陷，或发生滑移等现象。

防治措施：

（1）回填土方基底上的草皮、淤泥、杂物应清除干净，积水应排除，耕土、松土应先经夯实处理，然后回填。

（2）填土场地周围做好排水措施，防止地表滞水流入基底而浸泡地基，造成基底的土下陷。

（3）对于水田、沟渠、池塘和含水量很大的地段回填，基底应根据具体情况采取排水、疏干、挖去淤泥、换土、抛填片石、填砂砾石、翻松、掺石灰压实等处理措施，加固基底土体。

（4）当填方地面陡于1/5时，应先将斜坡挖成阶梯形，阶高0.2～0.3 m，阶宽大于1 m，然后分层回填夯实，以利于合并防止滑动。

（5）冬期施工基底土体受冻易胀，应先解冻，夯实处理后再进行回填。

2.回填土质不符合要求，密实度差

质量通病：基坑（槽）填土出现明显沉陷和不均匀沉陷，导致室内地坪开裂及室外散水坡裂断、空鼓、下陷。

防治措施：

（1）填土前，应清除沟槽内的积水和有机杂物。当有地下水或滞水时，应采用相应的排水和降低地下水水位的措施。

（2）基槽回填顺序，应按基底排水方向由高至低分层进行。

（3）回填土料质量应符合设计要求和施工规范的规定。

（4）回填应分层进行，并逐层夯压密实。每层铺填厚度和压实要求应符合施工以及验收规范的规定。

3.基坑（槽）回填土沉陷

质量通病：基坑（槽）回填土局部或大片出现沉陷，造成靠墙地面、室外散水空鼓、下陷，建筑物基础积水，有的甚至引起建筑结构不均匀下沉，而出现裂缝。

防治措施：

（1）基坑（槽）回填前，应将槽中积水排净，将淤泥、松土、杂物清理干净，如有地下水或地表滞水，应有排水措施。

（2）回填土采取分层回填、夯实。每层虚铺土厚度不得大于300 mm。土料和含水量应符合规定。回填土密实度要按规定抽样检查，使其符合要求。

（3）填土土料中不得含有直径大于50 mm的土块，不应有较多的干土块，亟须进行下一道工序时，宜用2：8或者3：7灰土回填夯实。

（4）如地基下沉严重并继续发展，应将基槽透水性大的回填土挖除，重新用黏土或粉质黏土等透水性较小的土回填夯实，或用2：8或3：7灰土回填夯实。

（5）如下沉较小并已稳定，可填灰土或黏土、碎石混合物夯实。

4.基础墙体被挤动变形

质量通病：夯填基础墙两侧土方或用推土机送土时，将基础、墙体挤动变形，造成了基础墙体裂缝、破裂，轴线偏移，严重影响了墙体的受力性能。

防治措施：

（1）基础两侧用细土同时分层回填夯实，使受力平衡。两侧填土高差不超过300 mm。

（2）如果暖气沟或室内外回填标高相差较大，回填土时可在另一侧临时加木支撑顶牢。

（3）基础墙体施工完毕，达到一定强度后再进行回填土施工。同时避免在单侧临时大量堆土、材料或设备，以及行走重型机械设备。

（4）对已造成基础墙体开裂、变形、轴线偏移等严重影响结构受力性能的质量事故，要会同设计部门，根据具体损坏情况，采取相应的加固措施（如填塞缝隙、加围套等），或者将基础墙体局部或大部分拆除重砌。

第二节　地基及基础处理工程

地基与基础工程是建筑工程中重要的分部工程，任何一个建筑物或构筑物都是由上部结构、基础和地基三部分组成。基础承受建筑物的全部荷载并将其传递给地基一起向下产生沉降；地基承受基础传来的全部荷载，并随土层深度向下扩散，被压缩进而产生了变形。

地基是指基础下面承受建筑物全部荷载的土层，其关键指标是地基每平方米能够承受基础传递下来荷载的能力，称为地基承载力。地基分为天然地基和人工地基，天然地基是指不经过人工处理能直接承受房屋荷载的地基；人工地基是指由于土层较软弱或较复杂，必须经过人工处理，使其提高承载力才能承受房屋荷载的地基。

基础是指建筑物（构筑物）地面以下墙（柱）的扩大部分，根据埋置深度不同分为浅基础（埋深 5 m 以内）和深基础；根据受力情况分为刚性基础和柔性基础；按基础构造形式分为条形基础、独立基础、桩基础和整体式基础（筏形和箱形）。

任何建（构）筑物都必须有可靠的地基和基础。建筑物的全部重量（包括各种荷载）最终将通过基础传给地基，因此，对某些地基的处理及加固就成为基础工程施工中的一项重要内容。

一、灰土地基、砂和砂石地基

（一）灰土地基、砂和砂石地基工程质量控制

1. 料质量要求

（1）土料：优先采用就地挖出的黏土及塑性指数大于 4 的粉土。土内不得含有块状黏土、松软杂质等；土料应过筛，其颗粒不应大于 15 mm，含水量应控制在最优含水量的 ±2% 范围内。严禁采用冻土、膨胀土和盐渍土等活动性较强的土料及地表耕植土。

（2）石灰：应用Ⅲ级以上新鲜的块灰，氧化钙、氧化镁含量越高越好，使用前消解并过筛，其颗粒不得大于 5 mm，并不应夹有未熟化的生石灰块及其他杂质或有过多的水分。

（3）灰土：石灰、土过筛后，应按设计要求严格控制配合比。灰土拌和应均匀一致，至少应翻 2～3 次，达到颜色一致。

（4）水泥：选用强度等级为 42.5 级硅酸盐水泥或普通硅酸盐水泥，其稳定性和强度应经复试合格。

（5）砂及砂石：采用中砂、粗砂、碎石、卵石、砾石等材料，所有材料内不得含有草根、垃圾等有机杂质，碎石或卵石的最大粒径不宜大于 50 mm。

2. 施工过程质量控制

（1）先验槽，将基坑（槽）内的积水、淤泥清除干净，合格后方可铺设。

（2）灰土配合比应符合设计规定，一般采用石灰与土的体积比为3∶7或者2∶8。

（3）分段施工时，不得在转角、柱墩及承重窗间隔下面接缝。接头处应做成斜坡，每层错开 0.5～1m，并充分捣实。

（4）灰土的干密度或贯入度，应分层进行检验，检验结果必须符合设计要求。

（5）施工过程中应严格控制分层铺设的厚度，并检查分段施工时上下两层的搭接长度、夯压遍数、压实参数。

（6）一层当天夯（压）不完需隔日施工留槎时，在留槎处保留 300～500 mm，虚铺灰工不夯（压），待次日接槎时与新铺灰土拌和重铺后再进行夯（压）。

（7）需分段施工的灰土地基，留槎位置应避开墙角、柱基及承重的窗间墙位置。上下两层灰土的接缝间距不得小于 500 mm，接槎时应沿槎垂直切齐，接缝处的灰土应充分夯实。

（8）当灰土基层有高低差时，台阶上下层间压槎宽度应不小于灰土地基厚度。

（9）最优含水量可以通过击实试验确定。一般为 14%～18%，以"手握成团、落地开花"为好。

（10)夯打(压)遍数应根据设计要求的干土密度和现场试验确定，一般不少于3遍。

（11）用蛙式打夯机夯打灰土时，要求是后行压前行的半行，循序渐进。用压路机碾压灰土，应使后遍轮压前遍轮印的半轮，循序渐进。用木夯或石夯进行人工夯打灰土，举夯高度不应小于 600 mm（夯底高过膝盖），夯打程序分 4 步：夯倚夯，行倚行；夯打夯间，一夯压半夯；夯打行间，一行压半行；行间打夯，仍应一夯压半夯。

（12）灰土回填每层夯（压）实后，应当根据规范进行环刀取样，测出灰土的质量密度，达到设计要求时，才能进行上一层灰土的铺摊。压实系数采用环刀法取土检验，压实质量应符合设计要求，压实标准一般取 0.95。

（二）灰土地基、砂和砂石地基质量检验

1.灰土地基

（1）灰土土料、石灰或水泥（当水泥替代灰土中的石灰时）等材料与配合比应符合设计要求，灰土应搅拌均匀。

（2）施工过程中应检查分层铺设的厚度、分段施工时上下两层的搭接长度、夯实时加水量、夯实遍数、压实系数。

（3）施工结束后，应检验灰土地基的承载力。

（4）灰土地基质量检验标准与检验方法见表2-4。

表 2-4　灰土地基质量检验标准与方法

项目	序号	检查项目	允许偏差或允许值		检查方法
			单位	数值	

主控项目	1	地基承载力		设计要求	按规定方法
	2	配合比		设计要求	按拌和时的体积比
	3	压实系数		设计要求	现场实测
一般项目	1	石灰粒径	mm	≤ 5	筛分法
	2	土料有机质含量	%	≤ 5	实验室焙烧法
	3	土颗粒粒径	mm	≤ 15	筛分法
	4	含水量（与要求的最优含水量比较）	%	±2	烘干法
	5	分层厚度偏差（与设计要求比较）	mm	±50	水准仪

2. 砂和砂石地基

（1）砂、石等原材料质量、配合比应该符合设计要求，砂、石应搅拌均匀。

（2）施工过程中必须检查分层厚度、分段施工时搭接部分的压实情况、加水量、压实遍数以及压实系数。

（3）施工结束后，应检验砂、石地基的承载力。

（4）砂及砂石地基质量检验标准和检查方法见表2-5。

表 2-5　砂及砂石地基质量检验标准与方法

项目	序号	检查项目	允许偏差或允许值		检查方法
			单位	数值	
主控项目	1	地基承载力	设计要求		按规定方法
	2	配合比	设计要求		检查拌和时的体积比或者重量比
	3	压实系数	设计要求		现场实测
一般项目	1	砂石料有机质含量	%	≤ 5	焙烧法
	2	砂石料含泥量	%	≤ 5	水洗法
	3	石料粒径	mm	≤ 100	筛分法
	4	含水量（与最优含水量比较）	%	+2	烘干法
	5	分层厚度（与设计要求比较）	mm	±50	水准仪

（三）工程质量通病及防治措施

接槎位置不正确，接槎处灰土松散不密实；未分层留槎，接槎位置不符合下两层接槎未错开 500 mm 以上，并做成直槎，导致接槎处强度降低，促使上部建筑开裂。

接槎位置应按规范规定位置留设；分段施工时，不得留在墙角、桩基及承重窗间墙下接缝，上下两层的接缝距离不得小于 500 mm，接缝处应夯压密实，并做成直槎；当灰土地基高度不同时，应做成阶梯形，每阶宽不少于 500 mm；同时注意接槎质量，每层虚土应从留缝处往前延伸 500 mm，夯实时应夯过接缝 300 mm 以上。

2. 砂和砂石地基用砂石级配不匀

质量通病：人工级配砂石地基中的配合比例是通过试验确定的，如果不拌和均匀铺设，将使地基中存在不同比例的砂石料，甚至出现砂窝或石子窝，使密实度达不到要求，降低地基承载力，在荷载作用下产生不均匀沉陷。

防治措施：人工级配砂石料必须按体积比或重量比准确计量，用人工或机械拌和均匀，分层铺填夯压密实；应挖出不符合要求的部位，重新拌和均匀，再按要求铺填夯压密实。

3. 地基密实度达不到要求

灰土地基中，因为所使用的材料不纯，砂土地基中所使用的砂、石中含有草根、垃圾等杂质，分层虚铺土的厚度过大，未能根据所采用的夯实机具控制虚铺厚度而造成地基密实度达不到要求。所以，施工中应根据造成密实度不够的原因采取相应的预防和处理措施。

4. 虚铺土层厚度不均，接槎位置不正确

当灰土、砂和砂石地基基础分层、分段施工时，留槎的形状、位置、尺寸及接槎方法不符合要求。施工过程中应分析缺陷造成的具体原因，并根据缺陷原因采取相应的预防和处理措施。

二、水泥土搅拌桩地基

（一）水泥土搅拌桩地基工程质量控制

1. 材料质量要求

（1）水泥。水泥宜采用强度等级为 42.5 级的普通硅酸盐水泥。水泥进场时，应检查产品标签、生产厂家、产品批号、生产日期等，并按批量、批号取样送检。

（2）外渗剂。减水剂选用木质素磺酸钙，早强剂选用三乙醇胺、氯化钙、碳酸钠或二水玻璃等材料，掺入量通过试验确定。

2. 施工过程质量控制

（1）施工前应检查水泥及外掺剂的质量、搅拌机工作性能及各种计量设备（主要是水、水泥浆流量计及其他计量装置，水泥土搅拌对水泥压力量要求较高，必须在施工机械上配置流量控制仪表，以保证一定的水泥用量）完好程度。

（2）施工现场事先应予以平整，必须清除地上、地下一切障碍物。

（3）复核测量放线结果。

（4）水泥土搅拌桩工程施工前必须先施打试桩，根据试桩确定施工工艺。

（5）作为承重的水泥土搅拌桩施工时，设计停灰（浆）面应高出基础设计地面标高300～500 mm（基础埋深大取小值，反之取大值）。在开挖基坑时，施工质量较差段应用手工挖除，以防止发生桩顶与挖土机械碰撞而出现断桩现象。

（6）水泥土搅拌桩对水泥压力量要求较高，必须在施工机械上配置流量控制仪表，以保证水泥用量。

（7）施工过程中必须随时检查施工记录和计量记录（拌浆、输浆、搅拌等应有专人进行记录，桩深记录误差不大于100 mm，时间记录不大于5 s），并对照规定的施工工艺对每根桩进行质量评定。检查重点是搅拌机头转数和提升速度、水泥或水泥浆用量、搅拌桩长度和标高、复搅转数和复搅深度、停浆处理方法等（水泥土搅拌桩施工过程中，为确保搅拌充分，桩体质量均匀，搅拌机头提速不宜过快，否则会使搅拌桩体局部水泥量不足或水泥不能均匀地拌和在土中，导致桩体强度不一，因此机头的提升速度是有规定的）。

（8）应随时检测搅拌刀头片的直径是否磨损，磨损严重时应及时加焊，防止桩径偏小。

（9）施工时因故停浆，应将搅拌头下沉至停浆点500 mm以下。

（10）施工结束后，应检查桩体强度、桩体直径以及地基承载力。进行强度检验时，对承重水泥土搅拌桩应取90 d后的试样；对支护水泥土搅拌桩应取28 d后的试样。

（11）强度检验取90 d的试样是根据水泥土特性而定的，根据工程需要，如作为围护结构用的水泥搅拌桩受施工的影响因素较多，故检查数量略多于一般桩基。

（12）施工中固化剂应严格按预定的配合比拌制，并应有防离析措施。起吊应保证起吊设备的平整度和导向架的垂直度。成桩要控制搅拌机的提升速度和次数，使其连续、均匀，以控制注浆量，保证搅拌均匀，同时泵送必须连续。

（13）搅拌机预钻下沉时，不宜冲水；当遇到较硬土层下沉太慢时，可适量冲水，但应该考虑冲水成桩对桩身强度的影响。

（二）水泥土搅拌桩地基质量检验

（1）施工前应检查水泥及外掺剂的质量、桩位、搅拌机工作性能及各种计量设备完好程度（主要是水泥浆流量计及其他计量装置）。

（2）施工中应检查机头提升速度、水泥浆或水泥注入量、搅拌桩的长度及标高。

（3）施工结束后，应检查桩体强度、桩体直径和地基承载力。

（4）进行强度检验时，对承重水泥土搅拌桩应取90 d后的试件；对支护水泥土搅拌桩应取28 d后的试件。

（三）工程质量通病及防治措施

1.搅拌不均匀，桩强度降低

质量通病：若在搅拌机械、注浆机械中途发生故障，将造成注浆不连续导致供水不均匀，使软黏土被扰动，无水泥浆拌和，从而造成桩体强度降低。

防治措施：

（1）施工前应对搅拌机械、注浆设备、制浆设备等进行检查维修，使其处于正常状态。

（2）灰浆拌和机搅拌时间一般不少于 2 min，增加拌和次数，保证拌和均匀，勿使浆液沉淀。

（3）提高搅拌转数，降低钻进速度，边搅拌，边提升，提高拌和均匀性。

（4）拌制固化剂时不得任意加水，以防改变水胶比（水泥浆），降低拌和强度。

2. 桩体直径偏小

质量通病：在施工操作时对桩位控制不严，使桩径和垂直度产生较大偏差，出现不合格的桩。

防治措施：施工中应严格控制桩位，使其偏差控制在允许范围内。当出现不合格桩时，应分别采取补桩或者加强邻桩的措施。

三、水泥粉煤灰碎石桩复合地基

（一）水泥粉煤灰碎石桩复合地基工程质量控制

1. 材料质量要求

（1）水泥。水泥应选用强度为 42.5 级及以上普通硅酸盐水泥，材料进入现场时，应检查产品标签、生产厂家、产品批号、生产日期、有效期限等等。并取样送检，经检验合格后方能使用。

（2）粉煤灰。若用振动沉管灌注成桩和长螺旋钻孔灌注成桩施工时，粉煤灰可选用粗灰；当用长螺旋钻孔管内泵压混合料灌注成桩时，为增加混合料的和易性和可泵性，宜选用细度不大于 45% 的 Ⅲ 级或 Ⅲ 级以上等级的粉煤灰（0.045 mm 方孔筛筛余百分比）。

（3）砂或石屑。中、粗砂粒径 0.5 ~ 1 mm 为宜，石屑粒径 2.5 ~ 10 mm 为宜，含泥量不大于 5%。

（4）碎石。质地坚硬，粒径不大于 16 ~ 31.5 mm，含泥量不大于 5%，并且不得含泥块。

2. 施工过程质量控制

（1）般选用钻孔或振动沉管成桩法和锤击沉管成桩法施工。

（2）施工前应进行成桩工艺和成桩质量试验，确定配合比、提管速度、夯填度、振动器振动时间、电动机工作电流等施工参数，以保证桩身连续和密度均匀。

（3）施工中应选用适宜的桩尖结构，保证顺利出料和有效挤压桩孔内水泥粉煤灰碎石料。

（4）提拔钻杆（或套管）的速度必须与泵入混合料的速度相匹配，遇到饱和砂土和饱和粉土不得停机待料，否则容易产生缩颈或断桩或爆管的现象，（长螺旋钻孔，管内压混合料成桩施工时，当混凝土泵停止泵灰后应降低拔管速度）而且不同土层中提拔的速度不一样，砂性土、砂质黏土、黏土中提拔的速度为 1.2 ~ 1.5m/min，在淤泥质土中应当放慢。桩顶标高应高出设计标高 0.5 m。由沉管方法成孔后时，应注意新施工桩对已成桩的影响，避免挤桩。

（5）选用沉管法成桩时，要特别注意新施工桩对已制成桩的影响，避免侧向土体挤压发生桩身破坏。

（二）水泥粉煤灰碎石桩复合地基质量检验

（1）水泥、粉煤灰、砂及碎石等原材料应符合设计要求。

（2）施工中应检查桩身混合料的配合比、坍落度和提拔钻杆速度（或提拔套管速度）、成孔深度、混合料灌入量等。

（3）施工结束后，应对桩体质量及复合地基承载力做检验，褥垫层应检查其夯填度。

（三）工程质量通病及防治措施

1. 缩颈、断桩

质量通病：因为土层变化，高水位的黏性土，在振动作用下会产生缩颈；开槽及桩顶处理不好或冬期施工冻层与非冻层结合部易产生缩颈或断桩。

防治措施：

（1）要严格按不同土层进行配料，搅拌时间要充分，每盘至少 3 min。

（2）控制拔管速度，一般为 1 ～ 2 m/min。用浮标观测（测每米混凝土灌量是否满足设计灌量）以找出缩颈部位，设拔管 1.5 ～ 2.0 m，留振 20 s 左右（根据地质情况掌握留振次数与时间或者不留振）。

（3）若出现缩颈或断桩，可采取扩颈方法或加桩进行处理。

（4）混合料应注意做好季节施工，雨期防雨，冬期保温，并都要对其苫盖，保证贯入温度 5℃（冬期按规范）。

（5）冬期施工，在冻层与非冻层结合部（超过结合部搭接 1.0 m 为好），要进行局部复打或局部翻插，克服缩颈或断桩。

2. 水泥纷媒灰碎石桩偏斜成桩达不到设计深度

质量通病：地面不平坦、不实或遇到地下物、干硬黏土、硬夹层，致使桩体偏斜过大，成桩未达到设计的深度。

防治措施：

（1）施工前场地要平整压实（一般要求地面承载力为 100 ～ 150 kN/m²），若雨期施工，地面较软，地面可铺垫一定厚度的砂卵石、碎石、灰土或选用路基箱。

（2）施工前要选择合格的桩管，桩管要双向校正（用垂球吊线或者选用经纬仪成 90°角校正），规范控制垂直度 0.5% ～ 1.0%。

（3）放桩位点最好用钎探查找地下物（钎长 1.0 ～ 1.5 m），而过深的地下物则需用补桩或移桩位的方法处理。

（4）桩位偏差应在规范允许范围之内（10 ～ 20 mm）。

（5）遇到硬夹层造成沉桩困难或穿不过时，可选用射水沉管或用"植桩法"（先钻孔的孔径应小于或等于设计桩径）。

（6）沉管至干硬黏土层深度时，可采用先注水浸泡 24 h 以上，再沉管的办法。

（7）遇到软硬土层交接处，沉降不均，或滑移时，应设计研究采用缩短桩长或者加密桩的办法等。

3. 粉煤灰地基用海排灰直接铺设

质量通病：电厂湿排灰未经沥干，就直接运到现场进行铺设，其含水量往往大大超过最优含水量，不仅很难压实，达不到密实度要求，而且易形成橡皮土，使地基强度降低，建筑物产生附加沉降，引起下沉开裂。

防治措施：

（1）铺设粉煤灰要选用Ⅲ级以上，含 SiO_2，Al_2O_3、Fe_2O_3 总量高的，颗粒粒径在 0.001 ~ 2.0 mm 的粉煤灰，不得混入植物、生活垃圾及其他有机杂质。粉煤灰进场，其含水量应控制在 31%±2% 范围内，或通过击穿试验确定。

（2）如含水量过大，需摊铺沥干后再碾压。

（3）夯实或碾压时，如果出现"橡皮土"的现象，应暂停压实，可采取将地基开槽、翻松、晾晒或换灰等办法处理。

第三节 桩基工程

桩基是一种深基础，桩基一般由设置于土中的桩和承接上部结构的承台组成。桩基工程是地基与基础分部工程的子分部工程。根据类型不同桩基工程可以分为静力压桩、预应力离心管桩、钢筋混凝土预制桩、钢桩、混凝土灌注桩等分项工程。

一、钢筋混凝土预制桩

（一）钢筋混凝土预制桩工程质量控制

1. 材料质量要求

（1）粗集料。应当采用质地坚硬的卵石、碎石，其粒径宜用 5 ~ 40 mm 连续级配，含泥量不大于 2%，无垃圾及杂物。

（2）细集料。应选用质地坚硬的中砂，含泥量不大于 3%，无有机物、垃圾、泥块等杂物。

（3）水泥。宜用强度等级为 42.5 级的硅酸盐水泥或普通硅酸盐水泥，使用前必须有出厂质量证明书和水泥现场取样复试试验报告，合格后方准许使用。

（4）钢筋。应具有出厂质量证明书和钢筋现场取样复试试验报告，合格后方准使用。

（5）拌合用水。一般饮用水或洁净的自然水。

（6）混凝土配合比。用现场材料，按设计要求强度和经实验室试配后出具的混凝土配合比进行配合。

（7）钢筋骨架。钢筋骨架应符合相关规定，见表 2-6。

表 2-6　预制桩钢筋骨架质量检验标准

项目	序号	检查项目	允许偏差或允许值 /mm	检查方法
主控项目	1	主筋距桩顶距离	±5	用钢尺量
	2	多节桩锚固钢筋位置	5	用钢尺量
	3	多节桩预埋铁件	±3	用钢尺量
	4	主筋保护层厚度	±5	用钢尺量
一般项目	1	主筋间距	±5	用钢尺量
	2	桩尖中心线	10	用钢尺量
	3	箍筋间距	±20	用钢尺量
	4	桩顶钢筋网片	±10	用钢尺量
	5	多节桩锚固钢筋长度	±10	用钢尺量

（8）成品桩检查。检查采用工厂生产的成品桩时，由于成品桩在运输过程中容易碰坏，所以桩进场后应对其外观及尺寸进行检查，要有产品合格证书。

2. 施工过程质量控制

（1）预制桩钢筋骨架质量控制。

1）桩主筋可采用对焊或电弧焊，同一截面的主筋接头不得超过 50%，相邻主筋接头截面的距离应大于 35d 且不小于 500 mm。

2）为了防止桩顶击碎，桩顶钢筋网片位置要严格控制按图施工，并采取措施使网片位置固定正确、牢固。保证混凝土浇筑时不移位；浇筑预制桩混凝土时，从柱顶开始浇筑，要保证柱顶和桩尖不积聚过多的砂浆。

3）为防止锤击时桩身出现纵向裂缝，导致桩身击碎，被迫停锤，预制桩钢筋骨架中主筋距桩顶的距离必须严格控制，绝不许出现主筋距桩顶面过近甚至触及桩顶的质量问题。

4）预制桩分段长度的确定，应在掌握地层土质的情况下，决定分段桩长度时要避开桩应接近硬持力层或桩尖处于硬持力层中接桩，防止桩尖停在硬层内接桩，电焊接桩应抓紧时间，以免耗时长，桩摩阻得到恢复，使桩下沉产生困难。

（2）混凝土预制桩的起吊、运输及堆存质量控制。

1）预制桩达到设计强度 70% 方可起吊，达到 100% 才能运输。

2）桩水平运输，应用运输车辆，严禁在场地上直接拖拉桩身。

3）垫木和吊点应保持在同一横断面上，且各层垫木上下对齐，防止垫木参差不齐而桩被剪切断裂。

4）根据许多工程的实践经验，凡龄期和强度都须达到标准的预制桩，才能顺利打入土中，很少打裂。沉桩应做到强度和龄期双控制。

（3）混凝土预制桩接桩施工质量控制。

1）硫黄胶泥锚接法仅适用于软土层，管理和操作要求较严；一级建筑桩基或承受拔力的桩应慎用。

2）焊接接桩材料：钢板宜用低碳钢，焊条宜用 E43；焊条使用前必须经过烘焙，降低烧焊时含氢量，防止焊缝产生气孔而降低其强度和韧性；焊条烘焙应有记录。

3）焊接接桩时，应该先将四角点焊固定，焊接必须对称进行以保证设计尺寸正确，使上下节桩对正。

（4）混凝土预制桩沉桩质量控制。

1）沉桩顺序是打桩施工方案的一项十分重要的内容，必须正确选择、确定，避免桩位偏移、上拔、地面隆起过多、邻近建筑物破坏等事故发生。

2）沉桩中停止锤击应根据桩的受力情况确定，摩擦型桩以标高为主，贯入度为辅，而端承型桩应以贯入度为主，标高为辅，并且进行综合考虑。当两者差异较大时，应会同各参与方进行研究，共同确定停止锤击桩标准。

3）为避免或减少沉桩挤土效应和对邻近建筑物、地下管线的影响，在施打大面积密集桩群时，有采取预钻孔，设置袋装砂井或塑料排水板，消除部分超孔隙水压力以减少挤土现象，设置隔离板桩或地下连续墙、开挖地面防振沟以消除部分地面振动等辅助措施。无论采取一种或者多种措施，在沉桩前都应对周围建筑、管线进行原始状态观测数据记录，在沉桩过程应加强观测和监护，每天在监测数据的指导下进行沉桩以做到有备无患。

4）插桩是保证桩位正确和桩身垂直度的重要开端，插桩应控制桩的垂直度，并应逐桩记录，以备核对查验避免打偏。

（二）钢筋混凝土预制桩质量检验

（1）桩在现场预制时，应对原材料、钢筋骨架（表 2-7）、混凝土强度进行检查；采用工厂生产的成品桩时，桩进场后应对其进行外观和尺寸检查。

表 2-7　预制桩钢筋骨架质量验收标准

项目	序号	检查项目	允许偏差或允许值 /mm	检查方法
主控项目	1	主筋距桩顶距离	±5	用钢尺量
	2	多节桩锚固钢筋位置	5	用钢尺量
	3	多节桩预埋铁件	±3	用钢尺量
	4	主筋保护层厚度	±5	用钢尺量
一般项目	1	主筋间距	±5	用钢尺量
	2	桩尖中心线	10	用钢尺量
	3	箍筋间距	±20	用钢尺量
	4	桩顶钢筋网片	±10	用钢尺量
	5	多节桩锚固钢筋长度	±10	用钢尺量

（2）施工中应对桩体垂直度、沉桩情况、桩顶完整状况、接桩质量等进行检查，对电焊接桩，重要工程应做10%的焊缝探伤检查。

（3）施工结束后，应对承载力及桩体质量做检验。

（4）对长桩或总锤击数超过500击的锤击桩，应符合桩体强度及28 d龄期的两项条件才可锤击。

（三）工程质量通病及防治措施

1. 桩顶加强钢筋网片互相重叠或距桩顶距离大

质量通病：桩顶钢筋网片重叠在一起或距桩顶距离超过设计要求，易使网片间和桩顶部混凝土击碎，露出钢筋骨架，无法继续打（沉）桩。

防治措施：桩顶网片按图2-1均匀设置，并用电焊与主筋焊连，防止振捣时位移。网片的四角或者中间用长短不同的连接钢筋与钢筋骨架连接，如图2-1所示。

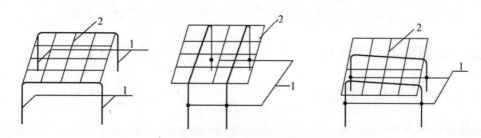

图2-1　桩顶网片伸出钢筋与主筋焊接图
1—从三片网片伸出连接主筋的钢筋；2—网片

2. 桩顶钢筋骨架主筋布置不符合要求

质量通病：混凝土预制桩钢筋骨架的主筋离桩顶距离过小或触及桩顶。锤击沉桩或压桩时，压力直接传至主筋，桩身出现纵向裂缝。

防治措施：主筋距桩顶距离按设计图施工，主筋长度按负偏差 –10 mm执行，不准出现正偏差。

3. 桩顶位移或桩身上浮、涌起

质量通病：在沉桩过程中，相邻的桩产生横向位移或者桩身上涌，影响和降低桩的承载力。

防治措施：

（1）沉桩两个方向吊线坠检查垂直度；桩不正以及桩尖不在桩纵轴线上时不宜使用，一节桩的细长比不宜超过40。

（2）应注意打桩顺序，同时避免打桩期间同时开挖基坑，一般应间隔414d（d为桩直径），以消除孔隙压力，避免桩位移或涌起。

（3）位移过大，应拔出，移位再打；位移不大，可用木架顶正，再慢锤打入；障碍物埋设不深，可挖出回填后再打；上浮、涌起量大的桩应重新打入。

4. 接桩处松脱开裂、接长桩脱桩

质量通病：接桩处经过锤击后，出现松脱开裂等现象；长桩打入施工完毕检查完整性时，发现有的桩出现脱节现象（拉开或错位），降低和影响桩的承载能力。

防治措施：

（1）连接处的表面应清理干净，不得留有杂质、雨水和油污等等。

（2）采用焊接或法兰连接时，连接铁件及法兰表面应平整，不能有较大间隙，否则极易造成焊接不牢或螺栓拧不紧。

（3）采用硫黄胶泥接桩时，硫黄胶泥配合比应符合设计规定，严格按操作规程熬制，温度控制要适当等。

（4）上、下节桩双向校正后，其间隙用薄铁板填实焊牢，全部焊缝要连续饱满，按焊接质量要求操作。

（5）对因接头质量引起的脱桩，若未出现错位情况，属有修复可能的缺陷桩。当成桩完成，土体扰动现象消除后，采用复打方式，可弥补缺陷、恢复功能。

（6）对遇到复杂地质情况的工程，为避免出现桩基质量问题，可改变接头方式，比如用钢套方法，接头部位设置抗剪键，插入后焊死，可以有效防止脱开。

二、钢筋混凝土灌注桩

（一）钢筋混凝土灌注桩

1.材料质量要求

（1）粗集料。粗集料应选用质地坚硬的卵石或碎石，卵石粒径 ≤ 50 mm，碎石 ≤ 40 mm，含泥量 ≤ 2%，无杂质。

（2）细集料。细集料应选用质地坚硬的中砂，含泥量 ≤ 5%，无杂物。

（3）水泥。水泥宜用 42.5 级的普通硅酸盐水泥或硅酸盐水泥，见证复试合格后方准使用，严禁用快硬水泥浇筑水下混凝土。

（4）钢筋。钢筋应有出厂合格证，见证复试合格后方准使用。

2.施工过程质量控制

混凝土灌注桩的质量检验应较其他桩种严格，这是工艺本身的要求，由其引发的工程事故也较多，因此，要事先落实监测手段。

（1）施工前，施工单位应根据工程具体情况编制专项施工方案；监理单位应编制确实可行的监理实施细则。

（2）灌注桩施工，应先做好建筑物的定位和测量放线工作，施工过程中应对每根桩位复查（特别是定位桩的位置），以确保桩位。

（3）施工前应对水泥、砂、石子、钢材等原材料进行检查，也应该对进场的机械设备、施工组织设计中制定的施工顺序、检测手段进行检查。

（4）桩施工前，应进行"试成孔"。试孔桩的数量每个场地不少于两个，通过试成孔检查核对地质资料、施工参数及设备运转情况。

（5）试孔结束后应检查孔径、垂直度、孔壁稳定性等是否符合设计要求。

（6）检查建筑物位置和工程桩位轴线是否符合设计要求。应对每根桩位复核，桩位的放样允许偏差如下：群桩 20 mm，单排桩 10 mm，泥浆护壁成孔桩应检查护筒的埋设位置；人工挖孔灌注桩应检查护壁井圈的位置。

（7）在施工过程中必须随时检查施工记录，并且对照规定的施工工艺对每根桩进行质量检查。检查重点是：成孔、沉渣厚度（二次清孔后的结果）、放置钢筋笼、灌注混凝土等进行全过程，人工挖孔桩尚应复验孔底持力层土（岩）性。嵌岩桩必须有桩端持力层的岩性报告。

（8）泥浆护壁成孔桩成孔过程要检查钻机就位的垂直度和平面位置，开孔前对钻头直径和钻具长度进行量测，并记录备查，检查护壁泥浆的相对密度及成孔后沉渣的厚度。

（9）人工挖孔桩挖孔过程中要随时检查护壁的位置、垂直度，及时纠偏。上下节护壁的搭接长度大于 50 mm。挖至设计标高后，检查孔壁、孔底情况，要及时清除孔壁上的渣土淤泥、孔底的残渣、积水。

（二）水泥土搅拌桩地基质量检验

（1）施工前应对水泥、砂、石子（如现场搅拌）、钢材等原材料进行检查，对施工组织设计中制定的施工顺序、检测手段（包括仪器、方法）也应检查。

（2）施工中应对成孔、清渣、放置钢筋笼、灌注混凝土等进行全过程检查，人工挖孔桩尚应复验孔底持力层土（岩）性。嵌岩桩必须有桩端持力层的岩性报告。

（3）施工结束后，应检查混凝土强度，并应做桩体质量以及承载力的检验。

（三）工程质量通病及防治措施

1. 钻孔出现偏移、倾斜

质量通病：成孔后不直，出现较大的垂直偏差，降低桩的承载能力。

防治措施：

（1）安装钻机时，要对导杆进行水平和垂直校正，检修钻孔设备，如钻杆弯曲，应及时调换或更换；遇软硬土层、倾斜岩层或砂卵石层应控制进尺，低速钻进。

（2）桩孔偏斜过大时，可以填入石子、黏土重新钻进、控制钻速、慢速上下提升、下降、往复扫孔纠正；如遇探头石，宜用钻机钻透；用冲击钻时，宜用低锤密击，把石块击碎；如遇倾斜基岩时，可投入块石，使表面略平，再用冲锤密打。

2. 灌注桩出现脚桩、断桩

质量通病：成孔后，桩身下部局部没有混凝土或夹有泥土形成吊脚桩；水下灌注混凝土，桩截面上存在泥夹层造成断桩。以上这两类情形会导致桩的整体性被破坏，影响桩承载力。

防治措施：

（1）做好清孔工作，达到要求立即灌注桩混凝土，控制间歇不超过 4 h。注意控制泥浆密度，同时使孔内水位经常保持高于孔外水位 0.5 m 以上，以防止塌孔。

（2）力争首批混凝土一次浇灌成功。钻孔选用较大密度和黏度、胶体率好的泥浆护壁；控制进尺速度，保持孔壁稳定。导管接头应用方螺纹连接，并设橡胶圈密封严密；孔口护筒不应埋置太浅；下钢筋笼骨架过程中，不应碰撞孔壁；施工时突然下雨，要力争一次性灌注完成。

（3）灌注桩孔壁严重塌方或导管无法拔出形成断桩，可在一侧补桩；深度不大可以挖出，对断桩处作适当处理后，支模重新浇筑混凝土。

3.扩大头偏位

质量通病：由于扩大头处土质不均匀，或者雷管和炸药放置的位置不正，或者是由于引爆程序不当而造成扩大头不在规定的桩孔中心而偏向一边。

防治措施：为避免扩大头偏位，在选择扩孔位置的土层时，要求选择强度较高、土质均匀的土层作为扩大头的持力层；同时在爆扩时，雷管要垂直放于药包的中心，药包放于孔底中心并稳固好，当孔底不平时，应铺干砂垫平再放药包，以防止爆扩后扩大头偏位。爆扩大头后，一般第一次灌注的混凝土量填不满扩大头的空腔，因此可用测孔器测出扩大头是否有偏头现象。如发生偏头事故，可在偏头的后方孔壁边再放一小药包，并浇灌少量混凝土，进行补充爆扩。

第四节　地下防水工程

地下防水工程施工是建设工程中的重要组成部分。通过对防水材料的合理选择与施工，使建筑工程能够预防浸水和渗漏发生，以确保工程建设充分发挥其使用功能，延长其使用寿命。所以地下防水工程的施工必须严格遵守有关操作规定，切实保证工程质量。

一、防水混凝土工程

（一）防水混凝土工程质量控制

1.材料质量要求

（1）水泥。水泥宜采用普通硅酸盐水泥或者硅酸盐水泥，其强度等级不应低于42.5级，不得使用过期或受潮结块水泥。

（2）集料。石子采用碎石或卵石，粒径宜为 5 ~ 40 mm，含泥量不得大于 1.0%，泥块含量不得大于 0.5%。砂宜用中砂，含泥量不得大于 3.0%，泥块含量不得大于 1.0%。

（3）水。拌制混凝土所用的水，应采用不含有害物质的洁净水。

（4）外加剂。外加剂的技术性能，应符合国家或行业标准一等品及以上的质量要求。

（5）粉煤灰。粉煤灰的级别不应低于二级，掺量不宜大于 20%；硅粉掺量不应大于 3%；其他掺合料的掺量应通过试验确定。

2.施工过程质量控制

（1）施工配合比应通过试验确定，抗渗等级应比设计要求和试配要求提高一级。

（2）拌制混凝土所用材料的品种、规格和用量，每工作班检查不应少于两次。每盘混凝土组成材料计量结果的允许偏差应当符合表 2-8 的规定。

表 2-8　混凝土组成材料计量结果的允许偏差

混凝土组成材料	每盘计量 /%	累计计量 /%
水泥、掺合料	+2	+1
粗、细集料	±3	±0
水、外加剂	±2	±1

注：累计计量仅适用于微机控制计量的搅拌站。

（3）混凝土在浇筑地点的坍落度，每个工作班至少检查两次，坍落度试验应符合现行国家标准《普通混凝土拌合物性能试验方法标准》的有关规定。混凝土坍落度允许偏差应符合表 2-9 的规定。

表 2-9　混凝土坍落度允许偏差

要求坍落度 /mm	允许偏差 /mm
< 40	±10
50 ~ 90	±15
> 90	±20

（4）泵送混凝土在交货地点的入泵坍落度，每工作班最少检查两次。混凝土入泵时的坍落度允许偏差应符合表 2-10 的规定。

表 2-10　混凝土入泵时的坍落度允许偏差

所需坍落度 /mm	允许偏差 /mm
< 40	±20
> 100	±30

（5）若防水混凝土拌合物在运输后出现离析，必须进行二次搅拌。当坍落度损失后不能满足施工要求时，应加入原水胶比的水泥浆或掺加同品种的减水剂进行搅拌，严禁直接加水。

（6）防水混凝土的振捣必须采用机械振捣，振捣时间不应该少于 2 min。掺外加剂的应根据外加剂的技术要求确定搅拌的时间。

（二）防水混凝土质量检验

主控项目

（1）防水混凝土的原材料、配合比及坍落度必须符合设计要求。

检验方法：检查产品合格证、产品性能检测报告、计量措施和材料进场检验报告。

（2）防水混凝土的抗压强度和抗渗性能必须符合设计要求。

检验方法：检查混凝土抗压强度、抗渗性能检验报告。

（3）防水混凝土结构的施工缝、变形缝、后浇带、穿墙管、埋设件等设置与构造必须符合设计要求。

检验方法：观察检查和检查隐蔽工程验收记录。

一般项目

（1）防水混凝土结构表面应坚实、平整，不得有露筋、蜂窝等缺陷；埋设件位置应准确。

检验方法：观察检查。

（2）防水混凝土结构表面的裂缝宽度不应大于 0.2 mm，且不得贯通。

检验方法：用刻度放大镜检查。

（3）防水混凝土结构厚度不应小于 250 mm，其允许偏差应为 −5 ~ +8 mm；主体结构迎水面钢筋保护层厚度不应小于 50 mm，其允许偏差应为 ±5 mm。

检验方法：尺量检查和检查隐蔽工程验收记录。

（三）工程质量通病及防治措施

质量通病：若防水混凝土厚度小（不足 250 mm），则其透水通路短，地下水易从防水混凝土中通过，当混凝土内部的阻力小于外部水压时，混凝土就会发生渗漏。

防治措施：防水混凝土能防水，除混凝土密实性好、开放孔少、孔隙率小以外，还必须具有一定厚度，以延长混凝土的透水通路，加大混凝土的阻水截面，使混凝土的蒸发量小于地下水的渗水量，混凝土则不会发生渗漏。综合考虑现场施工的不利条件及钢筋的引水作用等诸因素，使防水混凝土结构的最小厚度必须大于 250 mm，才能抵抗地下压力水的渗透作用。

二、卷材防水工程

（一）卷材防水工程质量控制

1.材料质量要求

（1）卷材防水层应采用高聚物改性沥青类防水卷材和合成高分子类防水卷材。所选用的基层处理剂、胶粘剂、密封材料等都应与铺贴的卷材相匹配。

（2）卷材外观质量、品种规格应符合现行国家标准或行业标准；卷材及其胶粘剂应具有良好的耐水性、耐久性、耐刺穿性、耐腐蚀性与耐菌性。

（3）材料通常应提供质量证明文件，并按规定现场随机取样进行复检，复检合格方可用于工程。

2.施工过程质量控制

（1）铺贴防水卷材前，基面应干净、干燥，并应涂刷基层处理剂；当基面潮湿时，应涂刷湿固化型胶粘剂或潮湿界面隔离剂。

（2）基层阴阳角应做成圆弧或者45°坡角，其尺寸应根据卷材品种确定；在转角处、变形缝、施工缝、穿墙管等部位应铺贴卷材加强层，加强层宽度不应小于 500 mm。

（3）防水卷材的搭接宽度应符合表 2-11 的要求。铺贴双层卷材时，上、下两层和相邻两幅卷材的接缝应错开 1/3 ~ 1/2 幅宽，并且两层卷材不得相互垂直铺贴。

表 2-11　防水卷材的搭接宽度

卷材品种	搭接宽度 /mm
弹性体改性沥青防水卷材	100
改性沥青聚乙烯胎体防水卷材	100
自粘聚合物改性沥青防水卷材	80
三元乙丙橡胶防水卷材	100/60（胶粘剂 / 胶粘带）
聚氯乙烯防水卷材	60/80（单焊缝 / 双焊缝）
	100（胶粘剂）
聚乙烯丙纶复合防水卷材	100（黏结料）
高分子自粘胶膜防水卷材	70/80（自粘胶 / 胶粘带）

（4）冷粘法铺贴卷材应符合下列规定：

1）胶粘剂应涂刷均匀，不得露底、堆积。

2）根据胶粘剂的性能，应当控制胶粘剂涂刷与卷材铺贴的间隔时间。

3）铺贴时不得用力拉伸卷材，排除卷材下面的空气，辊压粘贴牢固。

4）铺贴卷材应平整、顺直，搭接尺寸准确，不得扭曲、皱折。

5）卷材接缝部位应采用专用胶粘剂或胶粘带满粘，接缝口应用密封材料封严，其宽度不应小于 10 mm。

（5）热熔法铺贴卷材应符合下列规定：

1）火焰加热器加热卷材应均匀，不得加热不足或者烧穿卷材。

2）卷材表面热熔后应立即滚铺，排除卷材下面的空气，并粘贴牢固。

3）铺贴卷材应平整、顺直，搭接尺寸准确，不得扭曲、皱折。

4）卷材接缝部位应溢出热熔的改性沥青胶料，并粘贴牢固，封闭严密。

（6）自粘法铺贴卷材应符合下列规定：

1）铺贴卷材时，应将有黏性的一面朝向主体结构。

2）外墙、顶板铺贴时，排除卷材下面的空气，辊压粘贴牢固。

3）铺贴卷材应平整、顺直，搭接尺寸准确，不得扭曲、皱折和起泡。

4）立面卷材铺贴完成后，应将卷材端头固定，并应用密封材料封严。

5）低温施工时，宜对卷材和基面采用热风适当加热，然后再铺贴卷材。

（二）卷材防水工程质量检验

主控项目：

（1）卷材防水层所用卷材及其配套材料必须符合设计要求。

检验方法：检查产品合格证、产品性能检测报告和材料进场检验报告。

（2）卷材防水层在转角处、变形缝、施工缝、穿墙管等部位做法必须符合设计要求。
检验方法：观察检查和检查隐蔽工程验收记录。

一般项目：

（1）卷材防水层的搭接缝应粘贴或焊接牢固，密封严密，不得有扭曲、折皱、翘边和起泡等等缺陷。

检验方法：观察检查。

（2）采用外防外贴法铺贴卷材防水层时，立面卷材接槎的搭接宽度，高聚物改性沥青类卷材应为 150 mm，合成高分子类卷材应为 100 mm，并且上层卷材应盖过下层卷材。

检验方法：观察和尺量检查。

（3）侧墙卷材防水层的保护层与防水层应结合紧密，保护层厚度应符合设计要求。

检验方法：观察和尺量检查。

（4）卷材搭接宽度的允许偏差应为 –10 mm。

检验方法：观察和尺量检查。

（三）工程质量通病及防治措施

质量通病：如在潮湿基层上铺贴卷材防水层，则会使卷材防水层和基层黏结困难，易产生空鼓现象，立面卷材还会下坠。

防治措施：

（1）为保证黏结质量，当主体结构基面潮湿时，应涂刷湿固化型胶粘剂或潮湿界面隔离剂，以不影响胶粘剂固化和封闭隔离湿气。

（2）选用的基层处理剂必须与卷材及胶粘剂的材性相容，才能粘贴牢固。

（3）基层处理剂可采取喷涂法或涂刷法施工，喷涂应均匀一致，不得露底，为确保其黏结质量，须待表面干燥后，方可铺贴防水卷材。

三、涂料防水工程

（一）涂料防水工程质量控制

1. 材料质量要求

（1）涂料防水层材料分有机防水涂料和无机防水涂料。前者宜用于结构主体迎水面；后者宜用于结构主体的背水面。

（2）有机防水涂料应采用反应型、水乳型、聚合物水泥等涂料；无机防水涂料应采用掺外加剂、掺合料的水泥基防水涂料或水泥基渗透结晶型防水涂料。

（3）有机防水涂料基面应干燥。当基面较潮湿时，应涂刷湿固化型胶粘剂或潮湿界面隔离剂；无机防水涂料施工前，基面应充分润湿，但不得有明水。

2. 施工过程质量控制

（1）涂刷施工前，应对基层表面的气孔、凹凸不平、蜂窝、缝隙、起砂等进行修补处理，基面必须干净、无浮浆、无水珠、不渗水。

（2）涂料涂刷前应先在基面上涂一层与涂料相溶的基层处理剂。

（3）多组分涂料应按配合比准确计量，搅拌均匀，并应根据有效时间确定每次配制的用量。

（4）涂料应分层涂刷或喷涂，涂层应均匀，涂刷应待前遍涂层干燥成膜后进行。每遍涂刷时应交替改变涂层的涂刷方向，同层涂膜的先后搭压宽度宜为 30 ~ 50 mm。

（5）涂料防水层的甩槎处接槎宽度不应小于 100 mm，接涂前应将此甩槎表面处理干净。

（6）采用有机防水涂料时，基层阴阳角处应做成圆弧状；在转角处、变形缝、施工缝、穿墙管等部位应增加胎体增强材料和增涂防水涂料，宽度不应小于 500 mm。

（7）胎体增强材料的搭接宽度不应小于 100 mm。上、下两层和相邻两幅胎体的接缝应错开 1/3 幅宽，且上、下两层胎体不得相互垂直铺贴。

（8）涂料防水层完工并经验收合格后应及时做保护层。保护层规定与卷材防水层相同。

（二）涂料防水工程质量检验

主控项目：

（1）涂料防水层所用的材料及配合比必须符合设计要求。

检验方法：检查产品合格证、产品性能检测报告、计量措施和材料进场检验报告。

（2）涂料防水层的平均厚度应该符合设计要求，最小厚度不得小于设计厚度的90%。检验方法：用针测法检查。

（3）涂料防水层在转角处、变形缝、施工缝、穿墙管等部位做法必须符合设计要求。检验方法：观察检查和检查隐蔽工程验收记录。

一般项目：

（1）涂料防水层应与基层粘结牢固，涂刷均匀，不得流淌、鼓泡、露槎。

检验方法：观察检查。

（2）涂层间夹铺胎体增强材料时，应使防水涂料浸透胎体覆盖完全，千万不得有胎体外露现象。

检验方法：观察检查。

（3）侧墙涂料防水层的保护层与防水层应结合紧密，保护层厚度应符合设计要求。

检验方法：观察检查。

（三）工程质量通病及防治措施

质量通病：每遍涂层施工操作中很难避免出现小气孔、微细裂缝及凹凸不平等缺陷，加之涂料表面张力等影响，只涂刷一遍或者两遍涂料，很难保证涂膜的完整性和涂膜防水层的厚度及其抗渗性能。

防治措施：根据涂料不同类别确定不同的涂刷遍数。一般在涂膜防水施工前，须根据设计要求的每 $1m^2$ 涂料用量、涂膜厚度及涂料材性，事先试验确定每遍涂料的涂刷厚度及每个涂层需要涂刷的遍数。溶剂型与反应型防水涂料最少必须涂刷 3 遍。水乳型高分子涂料宜多遍涂刷，一般不得少于 6 遍。

第三章　主体结构工程质量管理

第一节　钢筋工程

一、钢筋原材料及加工

（一）钢筋原材料质量控制

1. 材料质量要求

（1）钢筋采购时，混凝土结构所采用的热轧钢筋、热处理钢筋、碳素钢丝、刻痕钢丝与钢绞线的质量，应符合现行国家标准的规定。

（2）钢筋从钢厂发出时，应具有出厂质量证明书或试验报告单，每捆（盘）钢筋均应有标牌。

（3）钢筋进入施工单位的仓库或放置场时，应按炉罐（批）号及直径分批验收。验收内容包括查对标牌，外观检查，之后按有关技术标准的规定抽取试样做机械性能试验，检查合格后方可使用。

（4）钢筋在运输和储存时，必须保留标牌，严格防止混料，并按批分别堆放整齐，无论在检验前或者检验后，都要避免锈蚀和污染。

（5）钢筋在使用前应全数检查其外观质量。钢筋外表面应平直、无损伤，弯折后的钢筋不得敲直后作为受力钢筋使用。钢筋表面不应有影响钢筋强度和锚固性能的锈蚀和污染，即表面不得有裂纹、油污、颗粒状或者片状老锈。

（6）当发现钢筋脆断、焊接性能不良或力学性能显著不正常等现象时，应对该批钢筋进行化学成分检验或其他专项检验。

2. 施工过程质量控制

（1）仔细查看结构工图，弄清不同结构件的配筋数量、规格、间距、尺寸等等（注意处理好接头位置和接头百分率问题）。

（2）钢筋的表面应洁净。油渍、漆污和用锤敲击时能剥落的浮皮、铁锈等应在使用前清除干净。在焊接前，焊点处的水锈应清除干净。

（3）在除锈过程中发现钢筋表面氧化铁皮鳞落现象严重并损伤钢筋截面，或在除锈后钢筋表面有严重的麻坑、斑点伤蚀截面时，应降级使用或剔除不用。

（4）钢筋调直宜采用机械方法，也可用冷拉方法。当采用冷拉方法调直钢筋时，HPB300 级钢筋的冷拉率不宜大于 4%，HRB335 级、HRB400 级和 RRB400 级钢筋的冷拉率不宜大于 1%。由于钢筋的冷拉率控制比较复杂，常常出现失控现象，目前我国一些地区限制采用冷拉调直法。

（5）钢筋切断时，将同规格钢筋根据不同长度长短搭配，统筹排料；一般先断长料，后断短料，以减少短头和损耗。断料时应避免用短尺量长料，防止在量料中产生累计误差。

（6）在切断过程中，如发现钢筋有劈裂、缩头或严重的弯头，必须切除。若发现钢筋的硬度与该钢筋有较大出入，应该向有关人员报告并查明情况，钢筋的端口不得有马蹄形或起弯现象。

（7）钢筋弯曲前，对形状复杂的钢筋，可根据钢筋下料单上标明的尺寸，用石笔在弯曲位置画线。画线时宜从钢筋中线开始向两边进行，两边不对称的钢筋也可从一端开始，若画到另一端有出入时再进行调整，钢筋弯曲点不得出现裂缝。

（8）钢筋加工过程中要检查钢筋翻样图及配料单中的钢筋尺寸、形状是否符合设计要求，加工尺寸偏差应符合规定，还要检查受力钢筋加工时的弯钩、弯折的形状和弯曲半径以及箍筋末端的弯钩形式。同时检查钢筋冷拉的力法和控制参数。

（9）钢筋加工过程中，若发现钢筋脆断、焊接性能不良或力学性能显著不正常等现象时，应立即停止使用，并对该批钢筋进行化学成分检验或其他专项检验，按其检验结果进行技术处理。如果发现力学性能或化学成分不符合要求时，必须作退货处理。

（10）钢筋加工机械须经试运转，调试正常后，方能投入使用。

（二）钢筋原材料及加工工程质量检验

1. 一般规定

（1）当钢筋的品种、级别或规格需要变更时，应办理设计变更文件。

（2）在浇筑混凝土之前，应进行钢筋隐蔽工程验收，其内容包括以下几个方面：

①纵向受力钢筋的品种、规格、数量、位置等。

②钢筋的连接方式、接头位置、接头数量、接头面积百分率等。

③箍筋、横向钢筋的品种、规格、数量、间距等等。

模块五主体结构工程质量管理

④预埋件的规格、数量、位置等。

2. 原材料

（1）主控项目。

①钢筋进场时，应按现行国家标准《钢筋混凝土用钢第 2 部分：热轧带肋钢筋》等的规定抽取试件作力学性能检验，其质量必须符合有关标准的规定。

检查数量：按进场的批次和产品的抽样检验方案确定。

检验方法：检查产品合格证、出厂检验报告和进场复验报告。

②对有抗震设防要求的框架结构，其纵向受力钢筋的强度应满足设计要求；当设计无具体要求时，对一、二级抗震等级，检验所得的强度实测值应符合下列规定：

钢筋的抗拉强度实测值与屈服强度实测值的比值不应小于 1.25。

钢筋的屈服强度实测值与强度标准值的比值不应大于 1.3。

检查数量：按进场的批次和产品的抽样检验方案确定。

检验方法：检查进场复验报告。

③当发现钢筋脆断、焊接性能不良或力学性能显著不正常等现象时，应对该钢筋进行化学成分检验或其他专项检验。

检验方法：检查化学成分等专项检验报告。

（2）一般项目。

钢筋应平直、无损伤，表面不得有裂纹、油污、颗粒状或者片状老锈。

检查数量：进场时和使用前全数检查。

检验方法：观察。

（三）工程质量通病及防治措施

1. 钢筋成形后弯曲处产生裂纹

（1）质量通病。钢筋成形后弯曲处外侧产生横向裂纹。

（2）防治措施。防治措施如下：

①每批钢筋送交仓库时，都需要认真核对合格证件，应特别注意冷弯栏所写弯曲角度和弯心直径是不是符合钢筋技术标准的规定；寒冷地区钢筋加工成形场所应采取保温或取暖措施，保证环境温度达到 0℃以上。

②取样复查冷弯性能；取样分析化学成分，检查磷的含量是否超过了规定值。检查裂纹是否因为原先已弯折或碰损而形成，如有这类痕迹，则属于局部外伤，可不必对原材料进行性能检验。

2. 表面锈蚀

（1）质量通病。由于保管不良，受到雨、雪的侵蚀，长期存放在潮湿、通风不良的环境中生锈。

（2）防治措施。钢筋原料应存放在仓库或料棚内，保持地面干燥；钢筋不得堆放在地面上，必须用混凝土墩、砖或垫木垫起，使离地面 200 mm 以上；库存期限不宜过长，原则上先进库的先使用。工地临时保管钢筋原料时，应选择地势较高、地面干燥的露天场地；根据天气情况，必要时加盖苫布；场地四周要有排水措施；堆放期要尽量缩短。

3. 钢筋调直切断时被顶弯

（1）质量通病。使用钢筋调直机切断钢筋，在切断过程中钢筋被顶弯。

（2）防治措施。调整弹簧预压力，使其钢筋顶不动定尺板。

（四）质量验收记录

质量验收记录如下：

（1）钢筋产品合格证；

（2）钢筋进场复试报告；

（3）钢筋冷拉记录；

（4）钢筋焊接接头力学性能试验报告；

（5）钢筋原材料、加工见证检测报告；

（6）钢筋原材料、加工检验批质量验收记录。

二、钢筋连接工程质量控制

钢筋连接工程质量控制内容如下：

（1）钢筋连接方法有机械连接、焊接、绑扎搭接等，纵向受力钢筋的连接方式应符合设计要求。钢筋的机械接头、焊接接头外观质量和力学性能，应按国家现行标准规定抽取试件进行检验，它的质量应符合要求。绑扎接头应重点查验搭接长度，特别注意钢筋接头百分率对搭接长度的修正。

（2）钢筋机械连接和焊接的操作人员必须经过专业培训，考试合格后可持证上岗。焊接操作工作只能在其上岗证规定的施焊范围实施操作。

（3）钢筋连接操作前应进行安全技术交底，并履行相关手续。

（4）钢筋机械连接技术包括直、锥螺纹连接和套筒挤压连接，钢筋应先调直再下料。切口端面应与钢筋轴线垂直，不得有马蹄形或挠曲，不得用气割下料。连接钢筋时，钢筋规格和连接套的规格应一致，并确保钢筋和连接套的丝扣干净完好无损。采用预埋接头时，连接套的位置、规格和数量应符合设计要求。带连接套的钢筋应固定牢固，连接套的外露端应加密封盖。必须采用精度 ±5% 的力矩扳手拧紧接头，且要求每半年用扭力仪检定力矩扳手一次，连接钢筋时，应对正轴线将钢筋拧入连接套，然后用力距扳手拧紧，接头拧紧值应满足规定的力矩值，不得超拧。拧紧后的接头应做上标志。

（5）钢筋的焊接连接技术包括：电阻点焊、闪光对焊、电弧焊和竖向钢筋接长的电渣压力焊以及气压焊。下面仅就电弧焊和电渣压力焊施工质量控制进行介绍。

电弧焊的施工质量控制操作要点：

①进行帮条焊时，两钢筋端头之间应留 2 ~ 5 mm 的间隙。

②进行搭接焊时，钢筋宜预弯，以保证两钢筋的轴线在一直线上。

③焊接时，引弧应在帮条或搭接钢筋一端开始，收弧应在帮条或搭接钢筋端头上，弧坑应填满。

④熔槽帮条焊钢筋端头应加工成平面。两钢筋端面间隙为 10 ~ 16 mm；焊接时电流宜稍大，从焊缝根部引弧后连续施焊，形成熔池，保证钢筋端部熔合良好。焊接过程中应停焊敲渣一次。焊平后，进行加强缝的焊接。

⑤坡口焊钢筋坡面应平顺，切口边缘不得有裂纹和较大的钝边、缺棱；钢筋根部最大间隙不宜超过 10 mm；为防止接头过热，应采用几个接头轮流施焊；加强焊缝的

宽度应超过 V 形坡口的边缘 2 ~ 3 mm。

电渣压力焊的施工质量控制操作要点：

①为使钢筋端部局部接触，以利引弧，形成渣池，进行手工电渣压力焊时，可采用直接引弧法。

②待钢筋熔化达到一定程度后，在切断焊接电源的同时，迅速进行顶压，持续数秒钟，方可松开操作杆，以免接头偏斜或接合不良。

③焊剂使用前，须经恒温 250 ℃烘焙 1 ~ 2 h。

④焊前应检查电路，观察网路电压波动情况，若电源的电压降大于 5%，则不宜进行焊接。

三、钢筋安装工程质量控制

钢筋安装工程质量控制主要内容如下：

（1）钢筋安装前，应进行安全技术交底，并履行有关手续。应该根据施工图核对钢筋的品种、规格、尺寸和数量，并落实钢筋安装工序。

（2）钢筋安装时应检查钢筋的品种、级别、规格、数量是否符合设计要求，检查钢筋骨架、钢筋网绑扎方法是否正确、是否牢固可靠。

（3）钢筋绑扎时应检查钢筋的交叉点是否用铁丝扎牢，板、墙钢筋网的受力钢筋位置是否准确；双向受力钢筋必须绑扎牢固，绑扎基础底板钢筋，应使弯钩朝上，梁和柱的箍筋（除有特殊设计要求外），应与受力钢筋垂直，箍筋弯钩叠合处，应沿受力钢筋方向错开放置，梁的箍筋弯钩应放在受压处。

（4）注意控制框架结构节点核心区、剪力墙结构暗柱与连梁交接处梁与柱的箍筋设置是否符合要求。框 - 剪或剪力墙结构中连梁箍筋在暗柱中的设置是否符合要求。框架梁、柱箍筋加密区长度与间距是否符合要求。框架梁、连梁在柱（墙、梁）中的锚固方式和锚固长度是否符合设计要求（工程中往往存在部分钢筋水平段锚固不满足设计要求的现象）。

（5）当剪力墙钢筋直径较小时，注意控制钢筋的水平度与垂直度，应采取适当措施（如增加梯子筋数量等）确保钢筋位置正确。

（6）工程实践中为便于施工，剪力墙中的拉筋加工往往是一端加工成 135° 弯钩另一端暂时加工成 90° 弯钩，待拉筋就位后再将 90° 弯钩弯扎成型，这样，如加工措施不当往往会出现拉筋变形使剪力墙筋骨架减小现象，钢筋安装时应予以控制。

（7）工程中常常出现由于墙柱钢筋固定措施不合格，导致下柱（墙）钢筋位置偏离设计要求的现象，隐蔽工程验收时应查验防止墙柱钢筋错位的措施是否得当。

（8）钢筋安装时，检查梁、柱箍筋弯钩处是否沿受力钢筋方向相互错开放置，绑扎扣是否按变换方向进行绑扎。

（9）钢筋安装完毕后，检查钢筋保护层垫块、马蹬等是否根据钢筋直径、间距和设计要求正确放置。

（二）工程质量通病及防治措施

1. 柱子外伸钢筋错位

（1）质量通病。下柱外伸钢筋从柱顶甩出，由于位置偏离设计要求过大，与上柱钢筋搭接不上。

（2）防治措施。防治措施如下：

①在外伸部分加一道临时箍筋，按图纸位置安设好，然后用样板、铁卡或木方卡固定好；浇筑混凝土前再复查一遍，如果发生移位，则应矫正后再浇筑混凝土。

②注意浇筑操作，尽量不碰撞钢筋；浇筑过程中由专人随时检查，及时校核改正。

③在靠紧搭接不可能时，仍应使上柱钢筋保持设计位置，并采取垫筋焊接连系；对错位严重的外伸钢筋（甚至超出上柱模板范围），应采取专门措施处理。例如，加大柱截面，设置附加箍筋以连系上、下柱钢筋，具体方案视实际情况由有关技术部门确定。

2. 钢筋遗漏

（1）质量通病。在检查核对绑扎好的钢筋骨架时，发现某号钢筋遗漏。

（2）防治措施。绑扎钢筋骨架之前要基本上记住图纸内容，并按钢筋材料表核对配料单和料牌，检查钢筋规格是否齐全准确，形状、数量是否和图纸相符；在熟悉图纸的基础上，仔细研究各号钢筋绑扎安装顺序和步骤；整个钢筋骨架绑完后，应清理现场，检查有没有某号钢筋遗留。

3. 梁箍筋弯钩与纵筋相碰

（1）质量通病。在梁的支座处，箍筋弯钩和纵向钢筋抵触。

（2）防治措施。绑扎钢筋前应先规划箍筋弯钩位置（放在梁的上部或下部），如果梁上部仅有一层纵向钢筋，箍筋弯钩与纵向钢筋便不抵触，为避免箍筋接头被压开口，弯钩可放在梁上部（构件受拉区），但应特别绑牢，必要时用电弧焊点焊几处；对于有两层或多层纵向钢筋的，则应将弯钩放在梁下部。

（三）钢筋安装工程质量验收记录

（1）钢筋安装工程检验批质量验收记录；

（2）钢筋工程隐蔽验收记录；

（3）钢筋分项工程质量验收记录。

第二节　混凝土工程

一、混凝土施工工程

（一）混凝土施工工程质量控制

1. 材料质量要求

水泥进场时必须有产品合格证、出厂检验报告。进场时还要对水泥品种、级别、包装或散装仓号、出厂日期等进行检查验收；对其强度、安定性及其他必要的性能指标进行复试，其质量必须符合《通用硅酸盐水泥》的规定。

混凝土中的集料有细集料（砂）、粗集料（碎石、卵石）。其质量必须符合国家现行标准《普通混凝土用砂、石质量及检验方法标准》的规定。

集料进场时，必须进行复检，按进场的批次和产品的抽样检验方案，检验其颗粒级配、含泥量及粗细集料的针片状颗粒含量，必要时还应检验其他质量标准。集料进场后，应按品种、规格分别堆放，集料中应严禁混入烧过的白云石和石灰石。

混凝土中掺用的外加剂，质量应该符合现行国家标准要求。外加剂的品种及掺量必须依据混凝土的性能要求、施工及气候条件、混凝土所采用的原材料及配合比等因素经试验确定。在蒸汽养护的混凝土和预应力混凝土中，不宜掺入引气剂或引气减水剂。

在钢筋混凝土中掺用氯盐类防冻剂时，氯盐掺量按无水状态计算不得超过水泥用量的1%，当采用素混凝土时，氯盐掺量不得大于水泥用量的3%。

倘若使用商品混凝土，混凝土商应该提供混凝土各类技术指标：强度等级、配合比、外加剂品种、混凝土的坍落度等，按批量出具出厂合格证。

2. 施工过程质量控制

（1）混凝土施工前应检查混凝土的运输设备是否良好、道路是否畅通，保证混凝土的连续浇筑和良好的混凝土与易性。

（2）混凝土现场搅拌时应对原材料的计量进行检查，并经常检查坍落度，严格控制水灰比例。

（3）检查混凝土搅拌的时间，并在混凝土搅拌后和浇筑地点分别抽样检测混凝土的坍落度，每班至少检查两次，评定时应以浇筑地点的测值为准。

（4）混凝土浇筑前检查模板表现是否清理干净，防止拆模时混凝土表面粘模，出现麻面。木模板要浇水湿润，防止出现由于木模板吸水黏结或脱模过早，拆模时缺棱、掉角导致露筋。

（5）混凝土施工中检查控制混凝土浇筑的方法和质量。一是防止浇筑速度过快，避免在钢筋上面和墙与板、梁与柱交界处出现裂缝。二是防止浇筑不均匀，或接槎处处理不好易形成裂缝。混凝土浇筑应在混凝土初凝前完成，浇筑高度不宜超过2 m，竖向结构不宜超过3 m，否则应检查是否采取了相应措施。控制混凝土一次浇筑的厚度，并保证混凝土的连续浇筑。浇筑与墙、柱连成一体的梁和板时，应在墙、柱浇筑完毕1～15h后，再浇筑梁和板；梁和板宜同时浇筑混凝土。

（6）浇捣时间应连续进行，当必须间歇时，其间歇时间应尽量缩短，并应在前层混凝土初凝之前，将次层混凝土浇筑完毕。前层混凝土凝结时间不得超过相关规定，否则应留施工缝。

（7）施工缝的留置应符合以下规定：

①柱，宜留置在基础的顶面、梁或者吊车梁牛腿的下面、吊车梁的上面、无梁楼板柱帽的下面。

②与板连成整体的大截面梁,留置在板底面以下 20 ~ 30 mm 处,当板下有梁托时,留置应在梁托下部。

③单向板,留置在平行于板的短边的任何位置。

④有主次梁的楼板宜顺着次梁方向浇筑,施工缝应留置在次梁跨度的中间 1/3 范围内。

⑤墙,留置在门洞口过梁跨中 1/3 范围内,也可以留在纵横墙的交接处。

⑥双向受力楼板、大体积混凝土结构、拱、穹拱、薄壳、蓄水池、斗仓、多层刚架及其他结构复杂的工程,施工缝的位置应按设计要求留置。

(8)混凝土施工过程中应对混凝土的强度进行检查,在混凝土浇筑地点随机留取标准养护试件和同条件养护试件,其留取的数量应符合要求。同条件试件必须与其代表的构件一起养护。

(9)混凝土浇筑后应检查是否按施工技术方案进行养护,并对养护的时间进行检查落实。混凝土的养护是在混凝土浇筑完毕后 12 h 内进行,养护时间一般为 14 ~ 28 d。混凝土浇筑后应对养护的时间进行检查落实。

(二)混凝土施工工程质量检验

混凝土施工工程质量检验内容如下;

(1)结构混凝土的强度等级必须符合设计要求。用于检查结构构件混凝土强度的试件,应在混凝土的浇筑地点随机抽取。取样与试件留置应该符合下列规定:

①每拌制 100 盘且不超过 100 m^3 的同配合比的混凝土,取样不得少于 1 次。

②每工作班拌制的同一配合比的混凝土不足 100 盘时,取样不得少于 1 次。

③当一次连续浇筑超过 1 000 m^3 时,同一配合比的混凝土每 200 m^3 取样不得少于 1 次。

④每一楼层、同一配合比的混凝土,取样不得少于 1 次。

⑤每次取样应至少留置 1 组标准养护试件,同条件养护试件的留置组数应根据实际的需要确定。

(2)混凝土施工工程检验批可根据施工和质量控制及专业验收需要按工作班、楼层、施工段、变形缝等进行划分,即每层、段可按基础、柱、剪力墙、梁、板、梯等结构划分。

检验方法:检查试件抗渗试验报告。

(三)工程质量通病及防治措施

1. 大体积混凝土配合比中未采用低水化热的水泥

(1)质量通病。大体积混凝土因为体量大,在混凝土硬化过程中产生的水化热不易散发,如不采取措施,会由于混凝土内外温差过大而出现混凝土裂缝。

(2)防治措施。配制大体积混凝土应先用水化热低的、凝结时间长的水泥,采用低水化热的水泥配制大体积混凝土是降低混凝土内部温度的可靠方法。应优先选用大坝水泥、矿渣水泥、粉煤灰硅酸盐水泥、火山灰质硅酸盐水泥。进行配合比设计应在保证混凝土强度及满足坍落度要求的前提下,提高掺和料和集料的含量以降低单方混凝土的水泥用量。大体积混凝土配合比确定后宜进行水化热的演算和测定，以了解混凝土内部水化热温度，控制混凝土的内外温差。在施工中必须使温差控制在设计要求以内，当设计无要求时，内外温差以不超过25℃为宜。

2.混凝土表面疏松脱落

（1）质量通病。混凝土结构构件浇筑脱模后，表面出现疏松、脱落等现象，表面强度比内部要低很多。

（2）防治措施：

①表面较浅的疏松脱落，可将疏松部分凿去，洗刷干净充分湿润后，用1：2或1：2.5的水泥砂浆抹平压实。

②表面较深的疏松脱落，可将疏松和突出颗粒凿去，刷洗干净充分湿润后支模，用比结构高一强度等级的细石混凝土浇筑，强力捣实，并加强养护。

二、混凝土现浇结构工程

（一）混凝土现浇结构工程施工过程质量控制

（1）现浇结构的外观质量缺陷，应由监理（建设）单位、施工单位等各方根据其对结构性能和使用功能影响的严重程度。

（2）现浇混凝土结构待强度达到一定程度拆模后，应及时对混凝土外观质量进行检查（严禁未经检查擅自处理混凝土缺陷），主要对结构性能和使用功能影响严重程度，应及时提出技术处理方案，待处理后对经处理的部位应该重新检查验收。

（3）现浇结构不应有影响结构性能与使用功能的尺寸偏差，混凝土设备基础不应有影响结构性能和设备安装的尺寸偏差。现浇结构的外观质量不应有严重缺陷。

（4）对于现浇混凝土结构外形尺寸偏差，检查主要轴线、中心线位置时，应沿纵横两个方向量测，并取其中的较大值。

（二）工程质量通病及防治措施

1.结构混凝土缺棱掉角

（1）质量通病。由于木模板在浇筑混凝土前未充分浇水湿润或湿润不够，浇筑后养护不好，棱角处混凝土的水分被模板大量吸收，造成混凝土脱水，强度降低，或模板吸水膨胀将边角拉裂，拆模时棱角被粘掉，造成截面不规则、棱角缺损。

（2）防治措施。防治措施如下：

①木模板在浇筑混凝土前应充分湿润，浇筑后应认真浇水养护。

②拆除侧面非承重模板时，混凝土强度应具有12 MPa以上。

③拆模时注意保护棱角，避免用力过猛、过急；吊运模板时，防止撞击棱角；运料时，通道处的混凝土阳角应用角钢、草袋等保护好，以免碰损。

④对混凝土结构缺棱掉角的，可按照下列方法处理：对较小的缺棱掉角，可将该处松散颗粒凿除，用钢丝刷刷洗干净，清水冲洗并充分湿润后，用1：2或1：2.5的水泥砂浆抹匀补齐整。对较大的缺棱掉角，可将不实的混凝土和凸出的颗粒凿除，用

水冲刷干净湿透，然后支模，用比原混凝土高一强度等级的细石混凝土填灌捣实，并认真养护。

2.混凝土结构表面露筋

（1）质量通病。混凝土结构内部主筋、副筋或箍筋局部裸露在表面，没有被混凝土包裹，从而影响其结构性能。

（2）防治措施。防治措施如下：

①浇筑混凝土时应保证钢筋位置正确和保护层厚度符合规定要求，并加强检查。

②钢筋密集时，应选用适当粒径的石子，保证混凝土配合比正确和良好的和易性。浇筑高度超过2 m时，应用串桶、溜槽下料，以防离析。

③对表面露筋，刷洗干净后，在表面抹1:2或1:2.5的水泥砂浆，将露筋部位抹平；对较深露筋，凿去薄弱混凝土和凸出颗粒，刷洗干净后支模，用高一级的细石混凝土填塞压实并认真养护。

（三）混凝土现浇结构质量验收记录

混凝土现浇结构质量验收记录如下：

（1）混凝土外观质量检验批质量验收记录；

（2）混凝土尺寸偏差检验批质量验收记录；

（3）混凝土现浇结构分项工程验收记录。

第三节　模板工程

混凝土结构的模板工程，是混凝土构件成型的一个特别重要的组成部分。现浇混凝土结构使用的模板工程造价约占钢筋混凝土工程总造价的30%，总用工量的50%。因此，采用先进的模板技术，对于提高工程质量、加快施工速度、提高劳动生产率、降低工程成本与实现文明施工，都具有十分重要的意义。

一、模板安装工程

（一）模板安装工程质量控制

1.材料质量要求

混凝土结构模扳有木楼板、钢模板、铝合金模板、木胶合板模板、竹胶合扳模板、塑料和玻璃钢模板等。常用的模板主要有木模板、钢模板、竹胶合板模板以及钢模板等。

（1）木模板的材质不宜低于Ⅲ等材，其含水率应不小于25%。平板模板宜用定型模板铺设，其底端要支撑牢固。模板安装尽量做到构造简单，装拆方便。木模板在拼制时板边应找平刨直，接缝严密，不得漏浆。模板安装硬件应具有足够的强度、刚度及稳定性。当为清水混凝土时，板面应该刨光。

（2）组合钢模板由钢模板、连接件和支承件组成。

①钢模板配板要求：配板时宜选用大规格的钢模极为主板，使用的种类应尽量少；

应根据模面的形状和几何尺寸以及支撑形式决定配板；模板长向拼接应错开配制尽量采用横排或竖排，并利于支撑系统布置。预埋件和预留孔洞的位置应在配板图上标明并注明固定方法。

②连接件有U形卡、L形插销、紧固螺栓、钩头螺栓、对拉螺栓及扣件等，应满足配套使用、装拆方便、操作安全的要求，使用前应检查质量合格证明。连接件的容许拉力、容许荷载应满足要求。

③支承件有木支架和钢支架两种，必须有足够的强度、刚度和稳定性支架应能承受新浇筑混凝土的质量、模扳质量、侧压力以及施工荷载。其质量应符合有关标准的规定，并应检查质量合格证明。

④钢模板采用Q235钢材制成，钢板厚度为2.5 mm，对于大于等于400 mm的宽面钢模板的钢板厚度应为2.75 mm或3.0 mm。

（3）应选用无变质、厚度均匀、含水率小的竹胶合板模板，并优先采用防水胶质型。

（4）不得采用影响结构性能或妨碍装饰工程施工的隔离剂，严禁使用废机油作隔离剂。常用的隔离剂有皂液、滑石粉、石灰水及其混合液和各种专门化学制品（如脱模剂）等。脱模剂材料宜拌成黏稠状，并涂刷均匀，不得流淌。

2. 模板安装工程施工质量控制

（1）模板及其支架应根据工程结构形式、荷载大小、地基土类别、施工设备和材料供应等条件进行设计。模板及其支架应具有足够的承载能力、刚度与稳定性，能可靠地承受浇筑混凝土的重量、侧压力以及施工荷载。

（2）一般情况下，模板自下而上地安装。在安装过程中要注意模板的稳定，可设置临时支撑稳住模板，待安装完毕且校正无误后方可将其固定牢固。

（3）安装过程中要多作检查，注意垂直度、中心线、标高及各部分的尺寸，保证结构部分的几何尺寸和相对位置正确。

（4）墙柱模板安装时应先弹好建筑轴线、楼层的墙身线、门窗洞口位置线及标高线。施工过程中应随时检查测量、放样、弹线工作是否按施工技术方案进行，并进行复核记录。

（5）模板应涂刷隔离剂。涂刷隔离及时，应选取适宜的隔离剂品种，注意不要使用影响结构或妨碍装饰装修工程施工的油性隔离剂。同时由于隔离剂沾污钢筋和混凝土接槎处可能对混凝土结构受力性能造成明显的不利影响，在涂刷模板隔离剂时，不得沾污钢筋和混凝土接槎处，并应随时全数认真检查。

（6）模板的接缝不应漏浆。模板漏浆，会造成混凝土外观蜂窝麻面直接影响混凝土质量。因此无论采用何种材料制作模板，其接缝都应严密，不漏浆。采用木模板时，由于木材吸水会胀缩，故木模板安装时的接缝不宜过于严密。安装完成后应浇水湿润，使木板接缝闭合。浇水时湿润即可，模板内不应有积水。

（7）模板安装完后，应检查梁、柱、板交叉处，楼梯间墙面间隙接缝处等，防止有漏浆、错台现象。办理完模板工程预检验收，方准浇筑混凝土。

（8）模板安装和浇筑混凝土时，应对模板及其支架进行观察和维护。发生异常情况时，应按施工技术方案及时进行处理。模板及其支架拆除的顺序及安全措施应按施工技术方案执行。

（二）工程质量通病及防治措施

1.采用易变形的木材制作模板，模板拼缝不严

（1）质量通病。采用易变形木材制作的模板，因其材质软、吸水率高，混凝土浇捣后模板变形较大，混凝土容易产生裂缝，表面毛糙。模板与支撑面结合不严或者模板拼缝处没刨光的，拼缝处易漏浆，混凝土容易产生蜂窝、裂缝或者"砂线"。

（2）防治措施。采用木材制作模板，应选用质地坚硬的木料，不宜使用黄花松木或其他易变形的木材制作模板。模板拼缝应刨光拼严，模板与支撑面应贴紧，缝隙处可用薄海绵封贴或批嵌纸筋灰等嵌缝材料，使其不漏浆。

2.竖向混凝土构件的模板安装未吊垂线检查垂直度

（1）质量通病。墙体、立柱等竖向构件模板安装后，如不经过垂直度校正，各层垂直度累积偏差过大将造成构筑物向一侧倾斜；各层垂直度累积偏差不大，但相互间相对偏差较大，也将导致混凝土实测质量不合格，且给面层装饰找平带来困难和隐患。局部外倾部位如需凿除，可能危及结构安全以及露出结构钢筋，造成受力不利及钢筋易锈蚀；局部内倾部位如需补足粉刷，则粉刷层过厚会造成起壳等隐患。

（2）防治措施。竖向构件每层施工模板安装后，均须在立面内外侧用线坠吊测垂直度，并校正模板垂直度在允许偏差范围内。在每施工一定层次后须从顶到底统一吊垂线检查垂直度，从而控制整体垂直度在一定允许偏差范围内，如果发现墙体有向一侧倾斜的趋势，应立即加以纠正。

对每层模板垂直度校正后须及时加支撑牢固，以防止浇捣混凝土过程中模板受力后再次发生偏位。

3.封闭或竖向模板无排气孔、浇捣孔

（1）质量通病。由于封闭或竖向的模板无排气孔，混凝土表面易出现气孔等缺陷，高柱、高墙模板未留浇捣孔，易出现混凝土浇捣不实或空洞现象。

（2）防治措施。墙体的大型预留洞口（门窗洞等）底模应开设排气孔，使混凝土浇筑时气泡及时排出，确保混凝土浇筑密实。高柱、高墙（超过3m）侧模要开设浇捣孔，以便混凝土浇筑和振捣。

二、模板拆除工程

（一）模板拆除工程施工过程质量控制

（1）模板及其支架的拆除时间和顺序应事先在施工技术方案中确定，拆模必须按拆模顺序进行，一般是后支的先拆，先支的后拆；先拆非承重部分，后拆承重部分。重大复杂的模板拆除，按专门制定的拆模方案执行。

（2）拆模时不要用力过大过急，拆下来的模板和支撑用料要及时运走、整理。

（3）现浇楼板采用早拆模施工时，经理论计算复核后将大跨度楼板改成支模形式为小跨度楼板（≤2m），当浇筑的楼板混凝土实际强度达到50%的设计强度标准值，

可拆除模板，保留支架，严禁掉换支架。

（4）多层建筑施工，当上层楼板正在浇筑混凝土时，下一层楼板的模板支架不得拆除，再下一层楼板的支架，仅可拆除一部分；跨度 4 m 及 4 m 以上的梁下均应保留支架，其间距不得大于 3 m。

（5）高层建筑梁、板模板，完成一层结构，其底模及其支架的拆除时间控制，应对所用混凝土的强度发展情况，分层进行核算，确保下层梁及楼板混凝土能承受上层所有荷载。

（6）拆除前应先清理脚手架上的垃圾杂物，再拆除连接杆件，经检查安全可靠后方可按顺序拆除模板。拆除时要有统一指挥、专人监护，设置警戒区，防止交叉作业，拆下物品及时清运、整修、保养。

（7）后张法预应力结构构件，侧模宜在预应力张拉前拆除；底模及支架的拆除应按施工技术方案，当无具体要求时，应在结构构件建立预应力之后拆除。

（8）后浇带模板的拆除和支顶方法应按施工技术方案执行。

（二）工程质量通病及防治措施

（1）质量通病。由于现场使用急于周转模板，或者因为不了解混凝土构件拆模时所应遵守的强度和时间龄期要求，不按施工方案要求，过早地将混凝土强度等级和龄期还没有达到设计要求的构件底模拆除，此时混凝土还不能承受全部使用荷载或施工荷载，造成构件出现裂缝甚至破坏，严重以至坍塌的质量事故。

（2）防治措施。防治措施如下：

①应在施工组织设计、施工方案中明确考虑施工工序安排、进度计划和模板安装及拆除要求。拆模一定要严格按施工组织方案要求落实，满足一定的工艺时间间歇要求。同时施工现场应落实拆模令，即拆除重要混凝土结构件的模板必须由现场施工员提出申请，技术员签字把关。

②现场可以制作混凝土试块，并与现浇混凝土构件同条件养护，到达施工组织方案规定拆模时间时进行抗压强度试验，以检查现场混凝土是否已达到了拆模要求的强度标准。

③施工现场交底要明确，不能使操作人员处于不了解拆模要求的状况。

④按照施工组织方案配备足够数量的模板，不能因模板周转数量少而影响施工工期或提早拆模。

第四节　砌体工程

砌体工程是指由砖、石或各种类型砌块通过黏结砂浆组砌而成的工程。砌体工程是建筑工程的重要部分，在砖混结构中，砌体是承重结构。在框架结构中，砌体是维护填充结构。墙体材料通过砌筑砂浆连接成整体，实现对建筑物内部分隔和外部围护、挡风、防水、遮阳等作用。

一、砖砌体工程

（一）砖砌体工程质量控制

1. 材料质量要求

（1）砖和砌块。砖和砌块应满足以下要求：

①砌块应有出厂合格证，砖的品种、规格与强度等级必须符合设计要求。用于清水墙、柱表面的砖，应边角整齐、色泽均匀。砌筑时，蒸压（养）砖的产品龄期不得少于28 d。

②砌块进场应按要求进行取样试验，并出具试验报告，合格后方可使用。

③施工现场砖和砌块应堆放平整，堆放高度不宜超过2 m，有防雨要求时要防止雨淋，并做好排水，保持砌块干净。

（2）水泥的强度等级应根据设计要求进行选择。水泥砂浆采用的水泥，其强度等级不宜大于32.5级；水泥混合砂浆采用的水泥，其强度等级不宜大于42.5级。水泥进场使用前，应分批对其强度、安定性进行复检。检验批应以同一生产厂家、同一编号为一批。当在使用中对水泥质量有怀疑或水泥出厂超过3个月（快硬性硅酸盐水泥超过1个月）时，应复查试验，并按其结果使用。不同品种、强度等级的水泥不得混合使用。

（3）砂宜采用中砂，不得含有有害杂质。砂中含泥量，对水泥砂浆和强度等级不小于M5的水泥混合砂浆，不得超过5%；对强度等级小于M5的水泥混合砂浆，不应超过10%；人工砂、山砂以及特细砂，经试配应能满足砌筑砂浆技术条件的要求。

（4）生石灰熟化成石灰膏时，应用孔径不大于3 mm×3 mm的网过滤，熟化时间不得少于7d；磨细生石灰粉的熟化时间不得少于2 d。沉淀池中储存的石灰膏，应采取防止干燥、冻结和污染的措施。配制水泥石灰砂浆时，不得采用脱水硬化的石灰膏。

（5）凡在砂浆中掺入有机塑化剂、早强剂、缓凝剂、防冻剂等，应在检验和试配符合要求后，方可使用。有机塑化剂应有砌体强度的型式检验报告。

（6）砂浆应符合以下要求：

①砂浆的品种、强度等级必须符合设计要求。

②每立方米水泥砂浆中水泥用量不应小于200 kg；每立方米水泥混合砂浆中水泥和掺和料总量宜为300～350 kg。

③具有冻融循环次数要求的砌筑砂浆，经冻融试验后，质量损失率不得大于5%，抗压强度损失率不得大于25%。

④水泥混合砂浆不得用于基础等地下潮湿环境中的砌体工程。

（7）用于砌体工程的钢筋品种、强度等级必须符合设计要求，并应有产品合格证书和性能检测报告，进场后应进行复检，设置在潮湿环境或有化学侵蚀性介质的环境中的砌体灰缝内的钢筋应采取防腐措施。

2. 施工过程质量控制

（1）放线和皮数杆。

①建筑物的标高，应引自标准水准点或设计指定的水准点。基础施工前，应在建

筑物的主要轴线部位设置标志板。标志板上应标明基础、墙身和轴线的位置及其标高。外形或构造简单的建筑物，可以用控制轴线的引桩代替标志板。

②砌筑前，弹好墙基大放脚外边沿线、墙身线、轴线、门窗洞口位置线，并必须用钢尺校核放线尺寸。

③按设计要求，在基础及墙身的转角及某些交接处立好皮数杆，其间距每隔 10 ~ 15 m 立一根，皮数杆上画有每皮砖和灰缝厚度及门窗洞口、过梁、楼板等竖向构造的变化位置，控制楼层及各部位构件的标高。砌筑完每一楼层（或基础）后，应校正砌体的轴线和标高。

（2）砌体工作段的划分。

①相邻工作段的分段位置，应设在伸缩缝、沉降缝、防震缝构造柱或门窗洞口处。

②相邻工作段的高度差，不得超过一个楼层的高度，且不得大于 4m。

③砌体临时间断处的高度差，不得超过一步脚手架的高度。

④砌体施工时，楼面堆载不得超过楼板允许荷载值。

（3）砌体留槎和拉结筋。

①砖砌体接槎时必须将接槎处的表面清理干净，浇水湿润，填实砂浆并保持灰缝平直。

②多层砌体结构中，后砌的非承重砌体隔墙，应沿墙高每隔 500 mm 配置 2 根必的钢筋与承重墙或柱拉结，每边伸入墙内不应小于 500 mm。抗震设防烈度为 8 度和 9 度区，长度大于 5 m 的后砌隔墙的墙顶，尚应与楼板或者梁拉结。隔墙砌至梁板底时，应留一定空隙，间隔一周后再补砌挤紧。

（4）砖砌体灰缝。

①水平灰缝砌筑方法宜采用"三一"砌砖法，即"一铲灰、一块砖、一揉挤"的操作方法。竖向灰缝宜采用挤浆法或加浆法，使其砂浆饱满，严禁用水冲浆灌缝。

如采用铺浆法砌筑，铺浆长度不得超过 750 mm。施工期间气温超过 30℃时，铺浆长度不得超过 500 mm。水平灰缝的砂浆饱满度不得低于 80%；竖向灰缝不得出现透明缝、瞎缝和假缝。

②清水墙面不应有上下二皮砖搭接长度小于 25 mm 的通缝，不得有三分头砖，不得于上一部随意变活、乱缝。

③空斗墙的水平灰缝厚度和竖向灰缝宽度一般为 10 mm，但不应小于 7 mm，也不应大于 13 mm。

④筒拱拱体灰缝应全部用砂浆填满，拱底灰缝宽度宜为 5 ~ 8 mm，筒拱的纵向缝应与拱的横断面垂直。筒拱的纵向两端，不宜砌入墙内。

⑤为保持清水墙面立缝垂直一致，当砌至一步架子高时，水平间距每隔 2 m，在丁砖竖缝位置弹两道垂直立线，控制游丁走缝。

⑥清水墙勾缝应采用加浆勾缝，勾缝砂浆宜采用细砂拌制的 1∶1.5 水泥砂浆。勾凹缝时深度为 4 ~ 5 mm，多雨地区或多孔砖可采用稍浅的凹缝或平缝。

⑦砖砌平拱过梁的灰缝应砌成楔形缝。灰缝宽度，在过梁底面不应小于 5 mm；在过梁的顶面不应大于 15 mm。拱脚下面应伸入墙内不小于 20 mm，拱底应有 1% 起拱。

⑧砌体的伸缩缝、沉降缝、防震缝中，不得夹有砂浆、碎砖和杂物等。

（5）砖砌体预留孔洞和预埋件。

①设计要求的洞口、管道、沟槽，应在砌筑时按要求预留或者预埋未经设计同意，不得打凿墙体和在墙体上开凿水平沟槽。超过 300 mm 的洞口上部应设过梁。

②砌体中的预埋件应做防腐处理，预埋木砖的木纹应与钉子垂直。

③在墙上留置临时施工洞口，其侧边离高楼处墙面不应小于 500 mm，洞口净宽度不应超过 1 m，洞顶部应设置过梁。

抗震设防烈度为 9 度的地区建筑物的临时施工洞口位置，应会同设计单位确定。临时施工洞口应做好补砌。

④不得在下列墙体或部位设置脚手眼：120 mm 厚墙、料石清水墙和独立柱。过梁上与过梁成 60° 的三角形范围及过梁净跨度 1/2 的高度范围内。宽度小于 1 m 的窗间墙。砌体门窗洞口两侧 200 mm（石砌体为 300 mm）和转角处 450 mm（石砌体为 600 mm）范围内。梁或梁垫下及其左右 500 mm 范围内，设计不允许设置脚手眼的部位。

⑤预留外窗洞口位置应上下挂线，保持上下楼层洞口位置垂直；洞口尺寸应准确。

（二）工程质量通病及防治措施

1. 砖缝砂浆不饱满，砂浆与砖黏结不良

（1）质量通病。砌体水平灰缝砂浆饱满度低于 80%；竖缝出现瞎缝，特别是空心砖墙，常出现较多的透明缝；砌筑清水墙采取大缩口铺灰，缩口缝深度甚至达 20 mm 以上，影响砂浆饱满度。砖在砌筑前未浇水湿润，干砖上墙，或铺灰长度过长，致使砂浆与砖黏结不良。

（2）防治措施。

①改善砂浆和易性，提高黏结强度，以确保灰缝砂浆饱满。

②改进砌筑方法。不宜采取铺浆法或摆砖砌筑，应推广"三一砌砖法"，即使用大铲、一块砖、一铲灰、一挤揉的砌筑方法。

③当采用铺浆法砌筑时，必须控制铺浆的长度，一般气温条件下不得超过 750 mm；当施工期间气温超过 30℃时，不得超过 500 mm。

④严禁用干砖砌墙。砌筑前 1 ~ 2 d 应将砖浇湿，使砌筑时烧结普通砖和多孔砖的含水率达到 10% ~ 15%，灰砂砖和粉煤灰砖的含水率达到 8% ~ 12%。

⑤冬期施工时，在正温条件下也应将砖面适当湿润后再砌筑。负温条件下施工无法浇砖时，应适当增大砂浆的稠度。对于 9 度抗震设防地区，在严冬无法浇砖情况下，不能进行砌筑。

2. 清水墙面游丁走缝

（1）质量通病。大面积的清水墙面常出现丁砖竖缝歪斜、宽窄不匀，丁不压中（丁砖在下层顺砖上不居中），清水墙窗台部位与窗间墙部位的上下竖缝发生错位等，直接影响到清水墙面的美观。

（2）防治措施。

①砌筑清水墙，应选取边角整齐、色泽均匀的砖。

②砌清水墙前应进行统一摆底，并先对现场砖的尺寸进行实测，以便确定组砌方法和调整竖缝宽度。

③摆底时应将窗口位置引出，使砖的竖缝尽量与窗口边线相齐，如安排不开，可适当移动窗口位置（一般不大于 20 mm）。当窗口宽度不符合砖的模数（如 18 m 宽）时，应将七分头砖留在窗口下部的中央，以保持窗间墙处上下竖缝不错位。

（4）游丁走缝主要是由丁砖游动所引起的，所以在砌筑时，必须强调丁压中，即丁砖的中线与下层顺砖的中线重合。

（5）在砌大面积清水墙（如山墙）时，在开始砌的几层砖中，沿墙角 1m 处，用线坠吊一次竖缝的垂直度，至少保持一步架高度有准确的垂直度。

（6）沿墙面每隔一定间距，在竖缝处弹墨线，墨线用经纬仪或线坠引测。当砌至一定高度（一步架或一层墙）后，将墨线向上引伸，作为控制游丁走缝的基准。

二、石砌体工程

（一）石砌体工程质量控制

1.材料质量要求

（1）石材。石砌体所用石材应质地坚实，无风化剥落和裂纹。用于清水墙、柱表面的石材，应色泽均匀。毛石砌体中所用的毛石应呈块状，其中部厚度不小于 150 mm，各种砌块用的料石宽度、厚度全不应小于 200 mm，长度不应大于厚度的 4 倍。

（2）水泥、砂、砂浆的质量要求同砖砌体工程。

2.施工过程质量控制

（1）石砌体采用的石材应质地坚实，无裂纹和无明显风化剥落；用于清水墙、柱表面的石材，尚应色泽均匀。

（2）石材表面的泥垢、水锈等杂质，砌筑前应当清除干净。

（3）砌筑毛石基础的第 1 皮石块应坐浆，并将大面向下；砌筑料石基础的第 1 皮石块应用丁砌层坐浆砌筑。

（4）毛石砌体的第 1 皮及转角处、交接处和洞口处，应用较大的平毛石砌筑。每个楼层（包括基础）砌体的最上 1 皮，宜选用较大的毛石砌筑。

（5）毛石砌筑时，对石块间存在较大的缝隙，应先向缝内填灌砂浆并捣实，然后再用小石块嵌填，不得先填小石块后填灌砂浆，石块间不得出现无砂浆相互接触现象。

（6）砌筑毛石挡土墙应按分层高度砌筑，并应符合下列规定：

①每砌 3 ~ 4 皮为一个分层高度，每个分层高度应将顶层石块砌平。

②两个分层高度间分层处的错缝不得小于 80 mm。

（7）料石挡土墙，当中间部分用毛石砌筑时，丁砌料石伸入毛石部分的长度不应小于 200 mm。

（8）毛石、毛料石、粗料石、细料石砌体灰缝厚度应均匀，灰缝厚度应符合下列规定：

①毛石砌体外露面的灰缝厚度不宜大于 40 mm。

②毛料石和粗料石的灰缝厚度不宜大于 20 mm。

③细料石的灰缝厚度不宜大于 5 mm。

（9）挡土墙的泄水孔当设计无规定时，施工须符合下列规定：

①泄水孔应均匀设置，在每米高度上间隔 2 m 左右设置一个泄水孔。

②泄水孔与土体间铺设长宽各为 300 mm、厚 200 mm 的卵石或碎石做疏水层。

（10）挡土墙内侧回填土必须分层夯填，分层松土厚度宜为 300 mm。墙顶土面应有适当的坡度使流水流向挡土墙外侧面。

（11）在毛石和实心砖的组合墙中，毛石砌体与砖砌体应同时砌筑，并每隔 4 ~ 6 皮砖用 2 ~ 3 皮丁砖与毛石砌体拉结砌合；两种砌体间的空隙应填实砂浆。

（12）毛石墙和砖墙相接的转角处和交接处应同时砌筑。转角处、交接处应自纵墙（或横墙）每隔 4 ~ 6 皮砖高度引出不小于 120 mm 和横墙（或纵墙）相接。

（二）工程质量通病及防治措施

（1）质量通病。墙体砌筑缺乏长石料或图省事、操作马虎，不设置拉结石或设置数量较少。这样易造成砌体拉结不牢，影响墙体的整体性和稳定性，降低砌体的承载力。

（2）防治措施。砌体必须设置拉结石，拉结石应均匀分布，相互错开，在立面上呈梅花形；毛石基础（墙）同皮内每隔 2 m 左右设置一块；毛石墙一般每 0.7 m² 墙面至少应设置一块，且同皮内的中距不应大于 2 m；拉结石的长度，如墙厚小于或等于 400 mm，应同厚；如墙厚大于 400 mm，可用两块拉结石内外搭接，搭接长度不应小于 150 mm，并且其中一块长度不应小于墙厚的 2/3。

第五节　屋面工程

屋面工程是房屋建筑的一项重要工程。其中根据建筑物的性质、重要程度、使用功能要求及防水层耐用年限等，屋面防水分为 Ⅰ、Ⅱ、Ⅲ、Ⅳ四个等级，并按不同等级设防。屋面防水常见种类有：卷材防水屋面、涂膜防水屋面和刚性防水屋面。

一、屋面保温层

（一）原材料质量控制

原材料质量控制的相关规定如下：

（1）保温材料进场应有产品出厂合格证及质量检验报告，检查材料外表或包装物是否有明显标志，标明材料生产厂家、材料名称、生产日期、执行标准、产品有效期等。材料进场后，应按规定抽样复验，并且提交试验报告，不合格材料不得使用。

（2）进入施工现场的保温隔热材料抽样数量，应按使用的数量确定，每批材料至少应抽样 1 次。

（3）进场后的保温隔热材料的物理性能检验包括下列项目：

①板状保温材料的表现密度、导热系数、吸水率、压缩强度、抗压强度。

②现喷硬质聚氯酯泡沫塑料应先在试验室试配，达到要求之后再进行现场施工。现喷硬质聚氨酯泡沫塑料的表现密度应为 35 ~ 40 kg/m³，导热系数应小于 0.030 W/（m·K），压缩强度应大于 150 kPa，闭孔率应大于 92%。

（4）松散保温材料质量应符合相关要求。

（二）屋面保温层施工过程质量控制

保温（隔热）层施工的相关规定如下：

（1）铺设保温层的基层应平整、干燥和干净。

（2）保温层应干燥，封闭式保温层的含水率应相当于该材料在当地自然风干状态下的平衡含水率。屋面保温层干燥有困难时，应采用排汽措施。

（3）倒置式屋面应采用吸水率小、长期浸水不腐烂的保温材料。保温层上应用混凝土等块材、水泥砂浆或卵石做保护层；卵石保护层和保温层之间，应干铺一层无纺聚酯纤维布做隔离层。

（4）松散材料保温层。

①保温层含水率应符合设计要求。

②松散保温材料应分层铺设并压实，每层虚铺厚度不应大于 150 mm；压实的程度与厚度必须经试验确定；压实后不得直接在保温层上行车或堆物。

③保温层施工完成后，应及时进行找平层和防水层的施工；雨期施工时，保温层应采取遮盖措施。

（5）板状材料保温层。

①板状材料保温层采用干铺法施工时，板桩保温材料应紧靠在基层表面上，应铺平垫稳；分层铺设的板块上下层接缝应相互错开，板间缝隙应采用同类材料的碎屑填密实。

②板状材料保温层采用黏贴法施工时，胶黏剂应与保温材料的材性相容，并应贴严、粘牢；板状材料保温的平面接缝应挤紧拼严，不得在板块侧面涂抹胶黏剂，超过 2 mm 的缝隙应采用相同材料板条或片填塞严实。

③板状保温材料采用机械固定法施工时，应当选择专用螺钉和垫片；固定件与结构层之间应连接牢固。

（6）整体现浇（喷）保温层。

①沥青膨胀蛭石、沥青膨胀珍珠岩宜用机械搅拌，并应色泽一致，无沥青团；压实程度根据试验确定，其厚度应符合设计要求，表面应平整。

②硬质聚酯泡沫塑料应按配比准确计量，发泡厚度均匀一致。

③整体沥青膨胀蛭石、沥青膨胀珍珠岩保温层施工须符合下列规定：沥青加热温度不应高于 240℃。膨胀蛭石或膨胀珍珠岩的预热温度宜为 100 ~ 120℃。宜采用机械搅拌。压实程度必须根据试验确定。倒置式屋面当保护层采用卵石铺压时，卵石铺设应防止过量，以免加大屋面荷载，致使结构开裂或变形过大，甚至造成结构破坏。

（7）纤维材料保温层。

建筑工程质量与安全管理研究

①纤维材料保温层施工应符合下列规定：纤维保温材料应紧靠在基层表面上，平面接缝应挤紧拼严，上下层接缝应相互错升。屋面坡度较大时，宜采用金属或塑料专用固定件将纤维保温材料与基层固定。纤维材料填充后，不得上人进行踩踏。

②装配式骨架纤维保温材料施工时，应先在基层上铺设保温龙骨或金属龙骨，龙骨之间应填充纤维保温材料，再在龙骨上铺钉水泥纤维板。金属龙骨和固定件应经防锈处理，金属龙骨与基层之间应采取隔热断桥措施。

（8）喷涂硬泡聚氨酯保温层。

①保温层施工前应对喷涂设备进行调试，并应制备试样进行硬泡聚氨酯的性能检测。

②喷涂硬泡聚氨酯的配比应准确计量，发泡厚度应均匀一致。

③喷涂时喷嘴与施工基面的间距应由试验确定。

④一个作业面应分遍喷涂完成，每遍的厚度不宜大于 15 mm；当日的作业面应当日连续地喷涂施工完毕。

⑤硬泡聚氨酯喷涂后 20 min 内严禁上人；喷涂硬泡聚氨酯保温层完成后，应及时做保护层。

（9）现浇泡沫混凝土保温层。

①在浇筑泡沫混凝土前，应将基层上的杂物与油污清理干净；基层应浇水湿润，但不得有积水。

②保温层施工前应对设备进行调试，并应制备试样进行泡沫混凝土的性能检测。

③泡沫混凝土的配合比应准确计量，制备好的泡沫加入水泥料浆中应搅拌均匀。

④浇筑过程中，应随时检查泡沫混凝土的湿密度。

（三）工程质量通病及防治措施

1. 保温层铺设坡度不当

（1）质量通病。屋面保温层未按设计要求铺出坡度，或者未向出水口、水漏斗方向做出坡度，造成屋面积水。

（2）防治措施。

①在铺设保温层前，应按设计图纸要求的屋面坡度，在屋面上设坡度标志。

②铺设保温层时，应按坡度标志挂线，找出坡度，并以此进行铺设。

③如屋面已经做完，发现屋面坡度不当而积水时，可在结构承载能力允许的情况下，用沥青砂浆适当找平；如因出水口过高，或天沟坡度倒坡，可降低出水口标高或对天沟坡度进行局部翻修处理。

2. 保温层强度不够

（1）质量通病。已完工的保温层发酥，上人作业时被踩坏，致使保温性能降低。

（2）防治措施。

①严格按配合比施工。对有疑问的水泥要做强度等级、安定性和凝结时间的检定。确定配合比前需要经过试配。施工时必须严格称量。

②整体保温层宜随铺设随抹砂浆找平层，分隔施工。使用小车运料时应使用脚手

— 72 —

板铺道，避免车轮直接压在保温隔热层上。

二、屋面找平层

（一）屋面找平层施工材料质量控制

水泥：强度等级不低于 42.5 级的硅酸盐水泥、普通硅酸盐水泥。

砂：宜用中砂、级配良好的碎石，含泥量不大于 3%，不含有机杂质，级配要良好。

石：粒径 0.5 ~ 1.5 cm，含泥量不大于 10%，级配良好。

水：拌合用水宜采用饮用水。

沥青：沥青砂浆找平层采用 1∶8（沥青∶砂）质量比；沥青可采用 10 号、30 号的建筑石油沥青或其熔合物。具体材质以及配合比应符合设计要求。

粉料：可采用矿渣、页岩粉、滑石粉等。

（二）屋面找平层质量检验批检验与检验数量

检验批：按一个施工段（或变形缝）作为一个检验批，全部进行检验。

检验数量：①细部构造根据分项工程的内容，应全部进行检查，②其他主控项目和一般项目应按屋面面积每 100 m² 抽查一处，每处 10 m²，且不得少于 3 处。

（三）工程质量通病及防治措施

1. 找平层未留设分格缝或分格缝间距过大

（1）质量通病。找平层未留设分格缝或分格缝间距过大，容易因为结构变形、温度变形、材料收缩变形引起找平层开裂。

（2）防治措施。找平层应设分格缝，以使变形集中到分格缝处，减少找平层大面积开裂的可能性。留设的分格缝应符合规范和设计的要求。分格缝的位置应留设在屋面板端缝处，其纵横的最大间距：水泥砂浆或者细石混凝土找平层，不宜大于 6 m；沥青砂浆找平层，不宜大于 4 m；缝宽为 20 mm，并嵌填密封材料。

2. 找平层的厚度不足

（1）质量通病。水泥砂浆找平层厚度不足，施工时水分易被基层吸干，影响找平层强度，容易引起表面收缩开裂。如在松散保温层上铺设找平层时，厚度不足难以起支撑作用，在行走、踩踏时易使找平层劈裂、塌陷。

（2）防治措施。应根据找平层的不同类别及基层的种类，确定找平层的厚度。找平层的厚度和技术要求应符合相关规定。

施工时应先做好控制找平层厚度的标记。在基层上每隔 15 m 左右做一个灰饼，以此来控制找平层的厚度。

三、卷材屋面

（一）卷材屋面施工过程质量控制

卷材屋面施工质量控制应符合以下规定：

（1）屋面坡度大于 25% 时，卷材应采取满粘和钉压固定措施。

（2）卷材铺贴方向应符合下列规定：

①卷材宜平行屋脊铺贴。

②上下层卷材不得相互垂直铺贴。

（3）卷材搭接缝应符合下列规定：

①平行屋脊的卷材搭接缝应顺流水方向。

②相邻两幅卷材短边搭接缝应错开，并且不得小于 500 mm。

③上下层卷材长边搭接缝应错开，且不得小于幅宽的 1/3。

（4）冷黏法铺贴卷材应符合下列规定：

①胶黏剂涂刷应均匀，不应露底，不应堆积。

②应控制胶黏剂涂刷与卷材铺贴的间隔时间。

③卷材下面的空气应排尽，并应辊压黏牢固。

④卷材铺贴应平整顺直，搭接尺寸应准确，不得扭曲和皱折。

⑤接缝口应用密封材料封严，宽度不应小于 10 mm。

（5）热黏法铺贴卷材应符合下列规定：

①熔化热熔型改性沥青胶结料时，宜采用专用导热油炉加热，加热温度不应高于 200 ℃，使用温度不宜低于 180 ℃。

②黏贴卷材的热熔型改性沥青胶结料厚度宜为 10 ~ 15 mm。

③采用热熔型改性沥青胶结料黏贴卷材时，应随刮随铺，并应展平压实。

（6）采用热熔法铺贴卷材时，加热是关键，热熔法铺贴卷材应符合下列规定：

①火焰加热器加热卷材应均匀，不得过分加热或者烧穿卷材；厚度小于 3 mm 的高聚物改性沥青防水卷材严禁采用热熔法施工。

②卷材表面热熔后应立即滚铺卷材，卷材下面的空气应排尽，并辊压黏结牢固，不得有空鼓。

③卷材接缝部位必须溢出热熔的改性沥青胶。

④铺贴的卷材应平整顺直，搭接尺寸应准确，不得扭曲、折皱。

（7）自黏法铺贴卷材应符合下列规定：

①铺贴卷材时，应将自黏胶底面的隔离纸全部撕净。

②卷材下面的空气应排尽，并应辊压黏贴牢固。

③铺贴的卷材应平整顺直，搭接尺寸应准确，不得扭曲、折皱。

④接缝口应用密封材料封严，宽度不应小于 10 mm。

⑤低温施工时，接缝部位宜采用热风加热，并应随即黏贴牢固。

（8）焊接法铺贴卷材应符合下列规定：

①铺贴卷材前基层表面应均匀涂刷基层处理剂，干燥后应该及时铺贴卷材。

②铺贴卷材时应将自黏胶底面的隔离纸全部撕净。

③卷材下面的空气应排尽，并辊压黏结牢固。

④铺贴的卷材应平整顺直，搭接尺寸应准确，不得扭曲、折皱。搭接部位宜采用热风加热，随即黏贴牢固。

⑤接缝口应用密封材料封严，宽度不应该小于 10 mm。

（9）机械固定法铺贴卷材应符合下列规定：

①卷材应采用专用固定件进行机械固定。

②固定件应设置在卷材搭接缝内，外露固定件应用卷材封严。

③固定件应垂直钉入结构层进行有效固定，固定件数量和位置应符合设计要求。

④卷材搭接缝应黏结或焊接牢固，密封应严密。

⑤卷材周边 800 mm 范围内应满粘。

（二）工程质量通病及防治措施

1. 刚性保护层与卷材防水层之间未设置隔离层

（1）质量通病。刚性保护层与卷材防水层之间未设置隔离层，当刚性保护层胀缩变形时，会拉裂防水层，从而导致屋面渗漏。

（2）防治措施。为了减少刚性保护层与防水层之间的黏结力和摩擦力，应设置隔离层，使刚性保护层与防水层之间变形互不影响。隔离层材料一般为低等级强度的石灰黏土砂浆（石灰膏：砂：黏土 =1：24：36）、纸筋灰、塑料薄膜或干铺卷材等等。

2. 高聚物改性沥青防水卷材黏结不牢

（1）质量通病。卷材铺贴后易在屋面转角、立面处出现脱空；然而在卷材的搭接缝处，还常发生黏结不牢、张口、开缝等缺陷。

（2）防治措施。

①基层必须做到平整、坚实、干净、干燥。

②涂刷基层处理剂，并要求做到均匀一致，无空白漏刷的现象，但切勿反复涂刷。

③屋面转角处应按规定增加卷材附加层，并注意与原设计的卷材防水层相互搭接牢固，以适应不同方向的结构和温度变形。

④对于立面铺贴的卷材，应将卷材的收头固定于立墙的凹槽内，并用密封材料嵌填封严。

⑤卷材与卷材之间的搭接缝口，应用密封材料封严，宽度不应小于 10 mm。密封材料应在缝口抹平，使其形成明显的沥青条带。

四、涂膜屋面防水层

（一）涂膜屋面施工过程质量控制

（1）防水涂料应多遍涂布，并应等待前一遍涂布的涂料干燥成膜后，再涂布后一遍涂料，且前后两遍涂料的涂布方向应相互垂直。

（2）多组分防水涂料应按配合比准确计量，搅拌应均匀，并应根据有效的时间确定每次所配制的数量。

（3）防水工程完工后不得有渗漏和积水现象。

（4）节点、构造细部等处做法应符合设计要求，封固严密，不得开缝翘边，密封材料必须和基层黏结牢固，密封部位应平直、光滑，无气泡、龟裂、空鼓、起壳、塌陷，尺寸符合设计要求；底部放置背衬材料但不与密封材料黏结；保护层应覆盖严密。

（5）涂膜防水层表面应平整、均匀，不应该有裂纹、脱皮、流淌、鼓泡、露胎体、皱皮等现象；涂膜厚度应符合设计要求。

（6）涂膜表面上的松散材料保护层、涂料保护层或泡沫塑料保护层等，应覆盖均匀，黏结牢固。

（7）在屋面涂膜防水工程中的架空隔热层、保温层、蓄水屋面和种植屋面等，应符合设计要求和有关技术规范规定。

（二）工程质量通病及防治措施

1.装配式钢筋混凝土预制屋面板板缝处理不当

（1）质量通病。当屋面结构层采用装配式钢筋混凝土预制板时，板缝是应力变形最大的部位，最容易引起防水层开裂从而造成屋面渗漏。

非保温屋面板缝的温度变形比保温屋面板缝的温度变形要大，防水层最容易在此处产生开裂从而造成屋面渗漏。

（2）防治措施。

①当屋面结构层采用装配式钢筋混凝土预制板时，板缝内应浇灌细石混凝土，其强度等级不应小于C20；灌缝的细石混凝土中宜掺微膨胀剂。

②宽度大于40 mm的板缝或上窄下宽的板缝，应加设构造钢筋。板端缝应进行柔性密封处理。

③非保温屋面的板缝上应预留凹槽，清理干净后喷、涂基层处理剂并设置背衬材料，缝内应嵌填密封材料。

2.找平层未留设分格缝或者分格缝位置不当

（1）质量通病。找平层未留设分格缝，易造成温差变形和材料收缩裂缝；分格缝位置留设不当或间距过大，会丧失预防裂缝的作用。

（2）防治措施。做水泥砂浆或细石混凝土找平层，均应留设分格缝，缝宽20 mm。如结构层为装配式结构时，分格缝位置应留设在板支承处，与板缝对齐。找平层采用水泥砂浆或细石混凝土时，分格缝纵横间距不宜大于6 m，采用沥青砂浆时不宜大于4 m。分格缝应嵌填柔性密封材料。

第六节　钢结构工程

钢结构是指由钢板、热轧型钢和冷弯薄壁型钢等经加工制作成构件，经现场拼装连接、安装而形成的结构。一些高度或跨度较大的结构，荷载或吊车起重量较大的结构，有较大振动或较高温度的厂房结构，以及采用其他材料有困难或不经济的结构，一般都考虑采用钢结构。

一、钢结构原材料

（一）钢结构原材料的质量控制

（1）工程中所有的钢构件必须有出厂合格证和有关的质量证明文件。

（2）钢材、焊接材料、连接用紧固件、焊接球、螺栓球、封板、锥头和套筒、金属压型板、涂装材料等的品种、规格、性能等应符合现行国家产品标准和设计要求，使用前必须检查产品质量合格证明文件、中文标志和检验报告；进口材料应进行商检，其产品的质量应符合设计和合同规定标准的要求。如果不具备或对证明材料有疑义时，应抽样复检，只有试验结果达到国家标准规定和技术文件的要求后方可使用。

（3）高强度大六角头螺栓连接副和扭剪型高强度螺栓连接副出厂时应分别随箱带有转矩系数和紧固力（与拉力）的检验报告，并应检查复验报告，施工单位应在使用前及产品质量保证期内及时复验，该复验应为见证取样、送样检验项目。

（4）凡标志不清或怀疑有质量问题的材料、钢结构件、重要钢结构主要受力构件钢材和焊接材料、高强螺栓、须进行追踪检验的以控制和保证质量可靠性的材料和钢结构等，均应进行抽检。对于重要的构件应按设计规定增加采样数量。

（5）对属于下列情况之一的钢材，应进行抽样复验，它的复验结果应符合现行国家产品标准和设计要求。

①国外进口钢材；

②钢材混批；

③板厚大于或等于 40 mm 并且设计有 Z 向性能要求的厚板；

④建筑结构安全等级为一级，大跨度钢结构中主要受力构件所采用的钢材；

⑤设计有复验要求的钢材；

⑥对质量有疑义的钢材。

（6）材料的代用必须获得设计单位的认可。

（二）工程质量通病及防治措施

1. 使用无质量证明书的钢材或钢材表面锈蚀严重

（1）质量通病。无质量证明书的钢材，其性能无法保证，且钢材品种较多，容易混堆、混放，误用了无出厂质量证明的钢材，会影响钢结构的工程质量。锈蚀严重的钢材，表面出现麻点和片状锈斑，其钢材厚度减小，达不到设计的要求。

（2）防治措施。

①严格检查和验收进场钢材，使用的钢材应具有质量证明书，并应符合设计要求。钢材表面质量除应符合国家现行标准规定外，其表面锈蚀等级应符合现行国家标准《GB/T 8923 涂覆涂料前钢材表面处理表面清洁度的目视评定》的规定；当钢材表面有锈蚀、麻点或划痕等缺陷时，其深度不得大于该钢材厚度负偏差值的1/2；不符合要求的，不得用作结构材料。

②钢材使用前，必须认真复核其化学成分、力学性能，符合标准及设计要求的方可使用。用于重要钢结构、新生产的钢号及进口钢材，在必要时还要进行加工工艺性

能试验（如焊接性能试验等）。钢材代用须通过设计单位核定。

③进场钢材应分批分规格堆放，并有防止钢材锈蚀的存放措施，遇有混堆、混放、难以区分的钢材，必须按有关标准抽样复试。

2. 对进场的钢材不进行检验

（1）质量通病。对进场的钢材不核对质量证明书，不进行外观检查就直接使用。这样有可能会将化学成分、力学性能不符合国家标准的钢材应用到工程上而造成重大安全事故。

（2）防治措施。对进场的钢材应核对质量证明书上的化学元素含量（硫、磷、碳）、力学性能（抗拉强度、屈服点、断后伸长率、冷弯、冲击值）是否在国家标准范围内。

核对质量证明书上的炉号、批号、材质、规格是否与钢材上的标注相一致。一般应全数检查，用游标卡尺或千分尺检查钢板厚度及允许偏差、型钢的规格尺寸及允许偏差是否符合有关标准的要求。每一品种、规格的钢板、型材抽查 5 处。另外还应检查钢材的外观质量是否符合有关现行国家标准的规定。

二、钢零件及钢部件工程

（一）钢零件及钢部件工程质量控制

钢零件及钢部件工程质量控制主要控制钢材切割面或剪切面的平面度、割纹和缺口的深度、边缘缺棱、型钢端部垂直度、构件几何尺寸偏差、矫正工艺、矫正尺寸及偏差、控制温度、弯曲加工及成型、刨边允许偏差和粗糙度、螺栓孔质量（包括精度、直径、圆度、垂直度、孔距、孔边距等）、管和球的加工质量等全应符合设计和规范要求。

（二）工程质量通病及防治措施

1. 号线下料时不注意留足切割、加工余量

（1）质量通病。由于切割、加工、焊接收缩都会引起工件尺寸的变化，不留足余量，将会使工件组装后不符合制作尺寸要求，导致返工、返修甚至报废，增加成本。

（2）防治措施。号线下料前，应仔细学习、审核图纸，逐个核对图纸之间的尺寸和方向等，熟悉制作工艺。对需切割、刨、铣、边缘加工的工件，应依据工件尺寸的长短留足切割、加工余量。

对于焊接量大、尺寸精度要求高的工件，要根据焊缝的多少及尺寸的大小，留出焊接收缩余量，其值可根据经验或者与工艺师研究确定。

2. 钢材切割面或剪切面出现裂纹、夹渣等缺陷

（1）质量通病。钢材切割后在切割面或剪切面出现裂纹、夹渣、分层和大于 1mm 的缺棱等，影响钢结构连接的力学性能和工程质量。尤其是承受动荷载的结构存在裂纹、夹渣、分层等缺陷，将会造成质量安全事故。

（2）防治措施。钢材经气割或机械切割后，应通过观察或用放大镜及百分尺全数检查切割面或剪切面。对有特殊要求的切割面或剪切面，或对外观检查有疑问时，应做渗透、磁粉或超声波探伤检查。

3. 钢构件组装拼接口超差

（1）质量通病。钢构件组装拼接口错位（错边）、不平、间隙大小不符合规定、不均匀，从而造成拼接口误差超差，受力不匀，降低拼接口强度，影响构件的质量。

（2）防治措施。

①仔细检查组装零部件的外观、材质、规格、尺寸和数量，应符合图纸和规范要求，并控制在允许偏差范围内。

②构件组装拼接口错位（错边）应控制在允许偏差范围内，接口应平整，连接间隙必须按有关焊接规范规定，做到大小均匀一致。

③组装大样定形后应进行自检、监理检查，首件组装完成后也应进行自检、监理检查。

4. 大型构件焊缝尺寸达不到要求

（1）质量通病。大型构件上的节点焊缝宽度、厚度、饱满度等等不符合设计和规范要求，使节点焊缝强度降低，影响构件的承载力。

（2）防治措施。

①对尺寸大且要求严的腹板坡口，应采用机械加工，组对时注意间隙均匀，使其符合规范要求。

②自动焊时要注意调整焊嘴对准焊缝。

③加强焊工技术培训、操作控制与焊缝的监测检查，不符合要求的及时处理。

5. 钢构件预拼装超差

（1）质量通病。钢构件预拼装的几何尺寸、对角线、拱度、弯曲矢高超过允许值，质量达不到设计要求。

（2）防治措施。

①预拼装比例按合同和设计要求，一般按实际平面情况预装 10% ~ 20%。

②钢构件制作、预拼用的钢直尺必须经计量检验，并且相互核对，测量时间宜在早晨日出前，下午日落后。

③钢构件预拼装地面应坚实，胎架强度、刚度必须经设计计算确定，各支撑点的水平精度可用已计量检验的各种仪器逐点测定调整。

④高强螺栓连接预拼装时，使用冲钉直径必须与孔径一致，每个节点要多于 3 只，临时普通螺栓数量一般为螺栓孔的 1/3。对孔径检测，试孔器必须垂直自由穿落。

⑤在预拼装中，由于钢构件制作误差或预拼装状态误差造成预拼装不能在自由状态下进行时，应对预拼装状态及钢构件进行修正，确保预拼装在自由状态下进行，预拼装的允许偏差应符合相关规定。

6. 构件跨度不准确

（1）质量通病。构件跨度值大于或小于设计数值，造成组装困难。

（2）防治措施。

①因为构件制作偏差，起拱与跨度值发生矛盾时，应先满足起拱数值。

②构件在制作、拼装、吊装中所用的钢直尺应统一，小拼构件偏差必须在中拼时消除。

三、钢结构焊接工程

（一）钢构件焊接工程质量控制

（1）焊工必须经考试合格并取得合格证书。持证焊工必须在其考试合格项目以及其认可范围内施焊。

（2）焊条、焊丝、焊剂、电渣焊熔嘴等焊接材料，与母材的匹配应符合设计及规范要求。焊条、焊剂药芯焊丝、熔嘴等在使用前，应按其产品说明书及焊接工艺文件的规定进行烘焙和存放。

（3）焊接材料应存放在通风干燥、温度适宜的仓库内，存放时间超过1年的，原则上只进行焊接工艺及机械性能复验。

（4）根据工程重要性、特点、部位、必须进行同环境焊接工艺评定试验，其试验方法、内容及其结果必须符合国家有关标准、规范的要求，并应得到监理与质量监督部门的认可。

（5）碳素结构应在焊缝冷却到环境温度、低合金结构应在完成焊接24 h以后，进行焊缝探伤检验。

（6）焊缝表面不得有裂纹、焊瘤等缺陷。一级、二级焊缝不得有表面气孔、夹渣、弧坑裂纹、电弧擦伤等缺陷，并且一级焊缝不许有咬边、未焊满、根部收缩等缺陷。

（二）工程质量通病及防治措施

1. 焊接材料与焊接母材材质不匹配，或使用不符合要求的焊接材料

（1）质量通病。焊接材料与焊接母材的化学成分、力学性能不相匹配，其原因多由于图纸出现错误或不明确而选错了焊材却未被发现，如母材为Q345钢，选用了T422焊条、H08A焊丝；或使用了不符合设计要求的焊材；或不同强度的母材，选用了与较低强度母材相适应的焊材等，从而导致焊材的强度指标与母材相差甚大，不相匹配，对焊接质量产生严重影响。

（2）防治措施。焊接材料的选择和使用应符合下列要求：

①焊接材料应按设计文件的要求选用，其化学成分、力学性能和其他要求必须符合现行国家标准和行业标准规定，并应具有生产厂家出具的质量证明书，不准使用无质量证明书的焊接材料。

②焊接材料应注意须同母材的钢材材质相匹配。

③焊条、焊丝、焊剂和粉芯焊丝均应储存在干燥、通风的室内仓库，并由专人保管。焊条药皮脱落、严重污染或过期产品严禁使用。

④焊条、焊丝、焊剂和粉芯焊丝使用前，必须按产品说明书及有关工艺文件规定进行烘烤。

2. 焊缝尺寸不符合要求

（1）质量通病。焊缝尺寸不符合要求，包括焊缝外形高低不平、焊波宽窄不齐、焊缝增高量过大或过小、焊缝宽度太宽或者太窄、焊缝和母材之间的过渡不平滑等等。

产生焊缝尺寸不符合要求的原因往往是焊接坡口角度不当或者装配间隙不均匀、

焊接参数选择不当、运条速度或操作不当以及焊条角度掌握不合适等。其危害性有连接强度达不到规范要求、不美观等几个方面。

（2）防治措施。对尺寸过小的焊缝应加焊到所要求的尺寸；坡口角度要合适，装配间隙要均匀；正确地选择焊接参数；焊条电弧焊操作人员要熟练地掌握运条速度和焊条角度，从而得成形美观的焊缝。

第四章　装饰装修工程质量管理

第一节　饰面工程

饰面工程是在墙、柱表面镶贴或者安装具有保护和装饰功能的块料而形成的饰面层。块料的种类可分为饰面板和饰面砖两大类。

一、饰面板安装工程质量控制

饰面板安装工程质量控制的主要内容有原材料质量要求、施工过程质量控制、工程质量检验和工程质量通病及防治措施。

（一）原材料质量要求

饰面板安装工程所需材料的质量要求如下：

（1）饰面板的品种、规格、质量、花纹、颜色和性能应符合设计要求，木龙骨、木饰面、塑料饰面板的燃烧性能等级应该符合设计要求。

（2）安装饰面板用的铁制锚固件、连接件应镀锌或经防锈处理。镜面与光面的大理石、花岗石饰面板，应用铜或不锈钢制的连接件。

（3）大理石饰面板采用的大理石质地较密实，表观密度为 2500 ~ 2600 kg/m³，抗压强度为 70 ~ 150 MPa，磨光打蜡后表面光滑。但大理石易风化和溶蚀，表面会失去光泽，所以不宜用于室外。大理石应石质细密，无腐蚀斑点，光洁度高，棱角齐全，色泽美观，底面整齐。

（4）花岗石饰面板采用的花岗石属坚硬石材，表观密度为 2600 kg/m³，抗压强度为 120 ~ 250 MPa，空隙率与吸水率较小，耐风化，耐冻性强。但是耐火性不好，颜色一般为淡灰、淡红或微黄；青石板材质软、易风化，使用规格多为 30 ~ 50 cm 不等的矩形块，常用于园林建筑的墙柱面及勒脚等饰面。

（5）预制水磨石饰面板要求表面平整光滑，石子显露均匀，无磨纹，色泽鲜明，棱角齐全，底面整齐；预制水刷石饰面板要求石粒均匀紧密，表面平整，色泽均匀，棱角齐全，底面整齐。

（6）天然大理石、花岗石饰面板，表面不得有隐伤、风化等缺陷，且不宜采用易退色材料包装。

（7）人造大理石饰面板可分为水泥型、树脂型、复合型、烧结型四类，质量要求同大理石，不宜用于室外装饰。常用的金属饰面板有铝合金饰面板、不锈钢饰面板、彩色涂层钢板（烤漆钢板）、复合钢板等。

（8）金属饰面板表面应平整、光滑、无裂缝与皱褶，颜色一致，边角整齐，涂膜厚度均匀；瓷板饰面板材料应符合现行国家标准的有关规定，并应有出厂合格证，其材料应具有不燃烧性或难燃烧性及耐气候性等特点。

（9）预制人造石饰面板，应表面平整，几何尺寸准确，面层石粒均匀、洁净、颜色一致，背面应有平整的粗糙面。

（10）工程中所用龙骨的品种、规格、尺寸、形状应符合设计规定。当墙体采用普通型钢时，应该做除锈、防锈处理。木龙骨要干燥，纹理顺直，没有节疤。

（11）木龙骨、木饰面板、塑料饰面板的燃烧性能等级应符合设计要求。

（12）安装装饰板所用的水泥，其体积安定性必须合格，其初凝时间不得少于45 min，终凝时间不得超过12 h。砂则要求颗粒坚硬、洁净，并且含泥量不得大于3%（质量百分数）。石灰膏不得含有未熟化的颗粒。施工所采用的其他胶结材料的品种、掺和比例应符合设计要求。拌制砂浆应用不含有害物质的洁净水。

（13）室内采用的花岗石应进行放射性检测。

（二）施工过程质量控制

饰面板安装工程施工过程质量控制的主要工作内容有以下几个方面：

（1）饰面板安装工程应在主体结构、穿过墙体的所有管道、线路施工完毕，并经验收合格后进行。

（2）饰面板安装工程安装前，应编制施工方案再进行安全技术交底，并监督其有效实施。

（3）墙面和柱面安装饰面板，应先抄平、分块弹线，并按厂牌、品种、规格和颜色，弹线尺寸及花纹图案进行预拼和编号。

（4）固定饰面板的钢筋网，应与锚固件连接牢固。锚固件应在结构施工时埋设。固定饰面板的连接件，其直径、厚度大于饰面板的接缝宽度时，应凿槽埋置。

（5）饰面板安装前，应将其侧面和背面清理干净，并修边打眼，每块板的上、下边打眼数均不得少于两个；如板边长超过500 mm，则应不小于三个。

（6）安装饰面板时，应用镀锌钢丝或铜丝穿入饰面板上、下边的孔眼并与固定饰面板的钢筋网固定，并保证板与板交接处四角平整。

（7）饰面板灌注砂浆时，应先在竖缝内填塞15～20 mm深的麻丝，以防漏浆。砂浆硬化后，将填缝材料清除。

（8）石材饰面板的接缝宽度应符合表4-1的规定。

表4-1　石材饰面板的接缝宽度

项次	项目名称		接缝宽度/mm
1	天然石	光面、镜面	1
2		粗磨面、麻面、条纹面	2
3		天然面	10
4	人造石	水磨石	2
5		水刷石	10
6		大理石、花岗石	1

（9）饰面板安装时，应用支撑架临时固定，防止灌注砂浆时移动偏位。固定饰面板后，用1∶15～1∶25的水泥砂浆灌浆，每层灌注高度为150～200 mm，并随即插捣密实，待其初凝后再灌注上一层砂浆。施工缝应留在饰面板的水平接缝以下50～100 mm处。采用浅色大理石饰面块材时，灌浆应用白水泥与白石渣。

（三）工程质量检验

1. 主控项目

饰面板安装工程主控项目的质量检验工作主要包括以下几个方面：

（1）饰面板的品种、规格、颜色和性能，木龙骨、木饰面板和塑料饰面板的燃烧性能等级应符合设计要求。

检验方法：观察，检查产品合格证书、进场验收记录以及性能检测报告。

（2）饰面板孔、槽的数量、位置和尺寸应符合设计要求。

检验方法：检查进场验收记录与施工记录。

（3）饰面板安装工程的预埋件（或后置埋件）、连接件的数量、规格、位置、连接方法和防腐处理应符合设计要求。

检验方法：手扳检查；检查进场验收记录、现场拉拔检测报告、隐蔽工程验收记录和施工记录。

注：上述项目的检验数量均为相同材料、工艺和施工条件的室内饰面板（砖）工程，每个检验批至少抽查总数的10%，并不得少于3间，不足3间时应全数检查；相同材料、工艺和施工条件的室外饰面板（砖）工程，每个检验批每100 m²应至少抽查一处，每处不得小于10 m²。

2. 一般项目

饰面板安装工程一般项目的质量检验工作主要包括以下几个方面：

（1）饰面板表面应平整、洁净、色泽一致，无裂痕和缺损。石材表面应该无污染。检验方法：观察。

（2）饰面板嵌缝应密实、平直，宽度和深度应符合设计要求，嵌填材料色泽应一致。检验方法：观察，尺量检查。

（3）湿作业法施工石材应进行防碱背涂处理。饰面板和基体之间的灌注材料应饱满、密实。

检验方法：用小锤轻击检查、检查施工记录。

（4）饰面板上的孔洞应套割吻合，边缘应整齐。

检验方法：观察。

（5）饰面板安装工程一般项目质量检验及检验方法应符合表4-2的规定。

表4-2　饰面板安装工程质量检验及检验方法

项目	检验项目	项目	石材			瓷板	木材	塑料	金属	检验方法
			光面	剁斧石	蘑菇石					
一般项目	允许偏差	立面垂直度	2	3	3	2	1.5	2	2	用2m垂直检测尺检查
		表面平整度	2	3	-	1.5	11	3	3	用2m靠尺和塞尺检查
		阴阳角方正	2	4	4	2	1.5	3	3	用直角检测尺检查
		接缝直线度	2	4	4	2	1	1	1	
		墙裙、勒脚上口直线度	2	3	3	2	1	2	2	拉5m线，不足5m拉通线，用钢直尺检查
		接缝高低差	0.5	3		0.5	0.5	1	1	用钢尺和塞尺检查
		接缝宽度	1	2	2	1	1	1	1	

（四）工程质量通病及防治措施

1. 金属饰面板起棱、翘曲、尺寸不一

金属饰面板若发生起棱、翘曲、尺寸不一等现象，就会使面层产生不平整、接缝不严、缝宽不一等缺陷，影响美观和使用功能。其具体防治措施如下：

（1）根据设计要求，加工订货时就要选准厂家以及金属饰面板的规格、型号等。

（2）金属饰面板应有出厂合格证。

（3）金属饰面板进厂后要认真进行验收，不合格的不得使用。

（4）对于起棱、翘曲的金属饰面板应做适当修理，修理不好的要退回厂家。

2. 金属饰面板与骨架的固定不牢固、有松动

金属饰面板与骨架的固定不牢固，有松动，使建筑物存在安全隐患，尤其当受到风雪荷载或者地震荷载作用时，松动就会更加严重。其具体防治措施如下：

（1）使用的龙骨架要符合设计要求。

（2）安装的每个节点要严格检查验收，不得遗漏。

（3）检查不合格的要返工重做。

二、饰面砖粘贴工程质量控制

饰面砖粘贴工程质量控制的主要内容有材料质量要求、施工过程质量控制、工程质量检验和工程质量通病以及防治措施。

（一）材料质量要求

饰面砖粘贴工程所需材料的质量要求如下：

（1）饰面砖的品种、规格、图案、颜色和性能应符合设计要求。进场后应派人进行挑选，并分类堆放备用。使用前，应在清水中浸泡 2 h 以上，晾干后方可使用。

（2）釉面瓷砖要求尺寸一致，颜色均匀，无缺釉、脱釉现象，无凸凹扭曲和裂纹、夹心等缺陷，边缘和棱角整齐，吸水率不大于 18%，常用于厕所、浴室、厨房等场所。

（3）陶瓷锦砖要求规格、颜色一致，无受潮、变色现象，拼接在纸板上的图案应符合设计要求。

（4）面砖的表面应光洁、色泽一致，不得有暗痕与裂纹。

（二）施工过程质量控制

饰面砖粘贴工程施工过程质量控制的主要工作内容如下：

（1）饰面砖粘贴前，应编制施工方案和进行安全技术交底，并监督其有效实施。镶贴饰面砖的基体表面应湿润，并涂抹 1∶3 水泥砂浆找平层。

（2）饰面砖粘贴前应预排，以使接缝均匀。在同一墙面上的横竖排列，均不得有一行以上的非整砖。非整砖应在次要部位或阴角处。

（3）饰面砖的接缝宽度应符合设计要求。粘贴室内釉面砖如无设计要求，接缝宽度为 1 ~ 15 mm。

（4）釉面砖和外墙砖宜采用 1∶2 水泥砂浆粘贴，砂浆厚度为 6 ~ 10 mm，为改善砂浆和易性，可在水泥砂浆中掺入不大于水泥重量 15% 的石灰膏。

（5）釉面砖和外墙面砖粘贴前应清理干净，并浸水 2 h 以上，待表面晾干后再使用。

（6）釉面砖和外墙面砖的室外接缝应用水泥浆或水泥砂浆勾缝，室内宜用与釉面砖相同或相近的石膏灰或水泥浆嵌缝。

（三）工程质量检验

1. 主控项目

饰面砖粘贴工程主控项目的质量检验主要工作内容有如下几个方面：

（1）饰面砖的品种、规格、图案、颜色和性能应符合设计要求。

检查方法：观察，检查产品合格证书、进场验收记录、性能检测报告和复验报告。

（2）饰面砖粘贴工程的找平、防水、黏结和勾缝材料及施工方法应符合设计要求及国家现行产品标准和工程技术标准的规定。

检查方法：检查产品合格证书、复验报告与隐蔽工程验收记录。

（3）饰面砖粘贴必须牢固。

检查方法：检查样板件黏结强度检测报告和施工记录。

（4）满粘法施工的饰面砖工程应无空鼓、裂缝。

检查方法：观察、用小锤轻击来检查。

2. 一般项目

饰面砖粘贴工程质量检验标准和检验方法见表4-3。

表4-3　饰面砖粘贴工程质量检验标准和检验方法

项目	序号	检验项目		检验标准		检验方法
般项目	1	饰面砖表面		应平整、洁净、色泽一致，无裂痕和缺损		观察
	2	阴阳角处搭接方式、非整砖使用部位		应当符合设计要求		观察检查
	3	墙面突出物周围的饰面砖		应整砖套割吻合，边缘应整齐。墙裙、贴脸突出墙面的厚度应一致		观察、尺量检查
	4	饰面砖接缝		应平直、光滑，填嵌应连续、密实；宽度和深度应符合设计要求		观察、尺量检查
	5	有排水要求的部位应		应做滴水线（槽）。滴水线（槽）应顺直，流水坡向应正确，坡度应符合设计要求		观察、用水平尺检查
	6	允许偏差	项目	外墙面砖	内墙面砖	
			立面垂直度	3	2	用2m垂直检测尺检查
			表面平整度	4	3	用2m靠尺和塞尺检查
			阴阳角方正	3	3	用直角检测尺检查
			接缝直线度	3	2	拉5m线，不足5m拉通线，用钢直尺检查
			接缝高低差	1	0.5	用钢直尺和塞尺检查
			接缝宽度	1	1	用钢直尺检查

（四）工程质量通病及防治措施

墙面采用非整砖随意拼凑，粘贴质量通病以及防治如下：

质量通病：墙面如果用非整砖拼凑过多，就会影响装饰效果和观感质量，尤其是窗洞口处拼凑，造成外立面窗帮不直，砖缝成锯齿。其主要防治措施如下：

（1）粘贴前应先选砖预拼，以使拼缝均匀。

（2）在同一墙面上横竖排列，不宜有一行以上的非整砖。

（3）门窗洞口上下坎和窗帮处排整砖。

（4）非整砖行应排在次要部位或者阴角处，严禁随意拼凑粘贴。

第二节　抹灰工程

抹灰工程按使用的材料及其装饰效果可分为一般抹灰和装饰抹灰两种。

一般抹灰为采用石灰砂浆、水泥混合砂浆、水泥砂浆、聚合物水泥砂浆、麻刀灰、纸筋石灰和石膏灰等抹灰材料进行的抹灰工程施工。装饰抹灰主要是通过操作工艺及选用材料等方面的改进，使抹灰更富有装饰效果，主要有水刷石、斩假石、干粘石和假面砖等。

一、一般抹灰工程质量控制

一般抹灰工程质量控制的主要内容有材料质量要求、施工过程质量控制、工程质量检验和工程质量通病及防治措施。

（一）材料质量要求

一般抹灰工程所用材料的具体要求如下：

（1）抹灰工程中所用的石灰膏应用块状石灰淋制，淋制时必须用孔径不大于3mm×3 mm 的筛过滤。石灰膏熟化时间，常温下一般不少于 15 d；用于罩面时，不少于 30 d。使用时，石灰膏内不得含未熟化的生石灰颗粒及其他杂质等。在条件许可时，抹灰用的石灰膏可用磨细生石灰粉代替，其细度应通过 4 900孔/cm^{2}筛；用于罩面板时，磨细石灰粉的熟化时间不应少于 3 d。

（2）抹灰用的砂子宜采用中砂，砂子应过筛，不得含有泥块、贝壳、草根等杂质。装饰抹灰用的石粒、砾石等应耐磨、坚硬，使用前须用水冲洗干净。

（3）抹灰工程所用水泥强度等级不宜过高，不得使用火山灰水泥。

（4）抹灰工程采用的砂浆品种，应按照设计要求，如果设计无具体要求时，可以遵循下列规定：

①外墙门窗洞口的外侧壁、屋檐、勒脚、压檐墙等应用水泥砂浆或水泥混合砂浆。

②湿度较大的房间和车间应用水泥砂浆或水泥混合砂浆。

（3）混凝土板和墙的底层应用水泥混合砂浆、水泥砂浆或聚合物水泥砂浆。

④硅酸盐砌块、加气混凝土块和板的底层可用水泥混合砂浆或聚合物水泥砂浆。

⑤板条、金属网顶棚和墙的底层和中层抹灰，可用麻刀石灰砂浆或纸筋石灰砂浆。

（5）抹灰砂浆的配合比和稠度等应经检查合格后，方可使用。水泥砂浆及掺有水泥或石膏拌制的砂浆，应当在初凝前用完。

（二）施工过程的质量控制

一般抹灰工程施工过程的质量控制工作的主要内容包括以下几个方面：

（1）抹灰工程所用材料（如水泥、砂、石灰膏、打膏、有机聚合物等）应符合设计要求及国家现行产品标准的规定，并应有出厂合格证；材料进场时应进行现场验收，不合格的材料不得用在抹灰工程上，对影响抹灰工程质量与安全的主要材料的某些性能（如水泥的凝结时间和安定性）应进行现场抽样复验。一般抹灰应在基体或基层的质量检查合格后才能进行。

（2）正式抹灰前，应按专项施工方案（或安全技术交底）及设计要求抹出样板间，待有关方检验合格后，方可正式进行。

（3）抹灰前基层表面的尘埃及疏松物、污垢、脱模剂、油渍等必须清除干净，砌块、混凝土缺陷部位应先期进行处理，并应洒水润湿基层。基体表面光滑的，抹灰前应作毛化处理。调查发现，混凝土（包括预制混凝土）顶棚基体抹灰，因为受并种因素的影响，抹灰层脱落的质量事故时有发生，严重危及人身安全。

（4）抹灰前，应纵横拉通线，用与抹灰层相同的砂浆设置标志或标筋。

（5）抹灰工程应分层进行（一次抹灰过厚、干缩率较大等，也会影响抹灰层与基体的牢固粘结），当抹灰厚度大于或等于35 mm时，应采取加强措施（抹灰厚度过大时，容易产生起鼓、脱落等质量问题）。不同材料基体交接处表面的抹灰，应采取防止开裂的加强措施；当采用加强网时，加强网与各基体的搭接宽度不应小于100 mm。

（6）护角、孔洞、槽周围的抹灰表面应整齐、光滑，管道后面的抹灰表面应平整。

（7）普通抹灰表面应光滑、洁净，接槎应平整，分割缝应清晰；高级抹灰表面应光滑、洁净，颜色均匀、无抹纹，分割缝和灰线应清晰美观。

（8）抹灰层的总厚度应符合设计要求。水泥砂浆不得抹在石灰砂浆层上；罩面石膏灰不得抹在水泥砂浆层上。

（9）室内墙面、柱面和门窗洞口的阳角做法应符合设计要求，当设计无要求时应采用1：2的水泥砂浆做暗护角，其高度不低于2 m，宽度不小于50 mm。

（10）外墙窗台、窗楣、雨篷、压顶与突出腰线等上面应做出排水坡度，下面应抹滴水线或者做滴水槽（滴水槽应有防止倒流污染墙面的措施），滴水槽的深和宽均不小于10 mm。

（三）工程质量检验

1. 主控项目

一般抹灰工程主控项目质量检验的内容及方法如下：

（1）抹灰前基层表面的尘土、污垢、油渍等应清除干净，并应洒水润湿。

检验方法：检查施工记录。

（2）一般抹灰所用材料的品种和性能应符合设计要求；水泥的凝结时间与安定性复验应合格。砂浆的配合比应符合设计要求、

检验方法：检查产品合格证书、进场验收记录、复验报告和施工记录。

（3）抹灰工程施工应分层进行。当抹灰总厚度大于或等于35 mm时，应采取加强措施。不同材料基体交接处表面的抹灰，应采取防止开裂的加强措施，当采用加强网时，加强网与各基体的搭接宽度不应小于100 mm。

检验方法：检查隐蔽工程验收记录和施工记录。

（4）抹灰层与基层之间及各抹灰层之间的黏结要求牢固，抹灰层应无脱层、空鼓，

面层应无爆灰和裂缝。

检验方法：观察、用小锤轻击检查；检查施工记录。

2. 一般项目

一般抹灰工程质量检验标准和检验方法如表 4-4 所示。

表 4-4　般抹灰工程质量检验标准和检验方法

项目	序号	检验项目		检验标准		检验方法
一般项目	1	一般抹灰工程的表面质量		普通抹灰表面应光滑、洁净、接槎平整，分格缝应清晰；高级抹灰表面应光滑、洁净、颜色均匀、无抹纹，分格缝和灰线应清晰美观		观察，手摸检查
	2	护角、孔洞、槽、盒周围的抹灰表面		应整齐、光滑；管道后面的抹灰表面应当平整		观察检查
	3	抹灰层的总厚度		应符合设计要求；水泥砂浆不得抹在石灰砂浆层上；罩面石膏灰不得抹在水泥砂浆层上		查施工记录
	4	抹灰分格缝的设置		应符合设计要求，宽度和深度应均匀，表面应光滑，棱角成整齐		观察，尺量检查检
	5	排水要求的部位		应做滴水线（槽），滴水线（槽）应整齐顺直，滴水线应内高外低，滴水槽的宽度和深度均小成小于 10 mm		查施工记录
	6	允许偏差	项目	普通	高级	
			立面垂直度	4	3	用 2m 垂直检测尺检查
			表面平整度	4	3	用 2m 靠尺和塞尺检查
			阴阳角方正	4	3	用直角检测尺检查
			分格条（缝）直线度	4	3	拉 5 m 线，不足 5 m 拉通线，用钢直尺检查
			墙裙、勒脚上口直线序	4	3	拉 5 m 线，不足 5 m 拉通线，用钢直尺检查

（四）工程质量通病及防治措施

1. 室内灰线不顺直，结合不牢固、开裂，表面粗糙

基层处理不干净，有浮灰和污物，浇水不透彻。基层湿度差，导致灰线砂浆失水过快，或抹灰后没有及时养护而产生底灰和基层黏结不牢，砂浆硬化过程缺水造成开裂；抹灰线的砂浆配合比不当或未涂抹结合层而造成空鼓。

靠尺松动，冲筋损坏，推拉灰线模用力不均，手扶不稳，导致灰线变形、不顺直；喂灰不足，推拉灰线模时灰浆挤压不密实，罩面灰稠稀不均匀，使灰线表面产生蜂窝、麻面。

上述问题具体防治措施如下：

（1）灰线必须在墙面的罩面灰施工前进行，且墙面与顶棚的交角必须垂直方正，符合高级抹灰面层的验收标准。抹灰线底灰之前，应将基层表面清理干净，在施抹前浇水湿润，抹灰线时再洒水一次，以保证基层湿润。

（2）灰线线模型体应规整，线条清晰，工作面光滑。按灰线尺寸固定靠尺要平直、牢固，与线模紧密结合。抹灰线砂浆时，应先抹一层水泥石灰砂浆过渡结合层，并认真控制各层砂浆配合比。同一种砂浆也应分层施抹，喂灰应饱满，推拉挤压要密实，接槎要平整，如有缺陷，应用细筋（麻刀）灰修补，再用线模赶平压光，使灰线表面密实、光滑、平顺、均匀，线条清晰，色泽一致。

2. 内墙罩面灰接槎明显、色泽不匀

罩面灰施工时，留槎位置未加控制，随意性大，留槎没规矩，不留直槎，乱甩槎，如果槎子接不好，就会造成接槎处开裂；接槎处由于重复压抹，所以接槎部位颜色变重、变黑，并明显加厚，影响使用功能和美观。其具体防治措施如下：

（1）内墙抹灰留槎应甩在阴角处及管道后边，室内墙面如预留施工洞，为保持其抹灰颜色一致，可把整个墙面的抹灰甩下，待施工洞补砌后一起施抹。

（2）要求抹灰留槎应留直槎，分层呈踏步状留槎，接槎时以衔接好为准，不应该使压槎部位重叠。

（3）用塑料抹子抹压罩面灰，以解决钢抹子压活发黑的弊病。

（4）为保持内墙踢脚和墙裙颜色一致，应选用同品种、同批量、同强度等级的水泥。

（5）要有专人掌握配合比及控制好加水量，以保证灰浆颜色一致。

二、装饰抹灰工程质量控制

装饰抹灰工程质量控制的主要内容有材料质量要求、施工过程质量控制、工程质量检验和工程质量通病及防治措施。

（一）材料质量要求

装饰抹灰工程所用材料的质量要求如下：

（1）水泥、砂质量控制要点同一般抹灰工程的质量要求。

（2）水刷石、干粘石、斩假石的骨料，其质量要求是：颗粒坚韧、有棱角、洁净且不得含有风化的石粒，使用时应冲洗干净并晾干。

（3）彩色瓷粒质量要求是，粒径为 1.2 ~ 3 mm，并且大气稳定性好，表面瓷粒均匀。

（4）装饰砂浆中的颜料应采用耐碱和耐晒（光）的矿物颜料，常用的有氧化铁黄、倍黄、氧化铁红、群青、钴蓝、铬绿、氧化铁棕、氧化铁黑、钛白粉等。

（5）建筑黏结剂应选择无醛黏结剂，产品性能参照《水溶性聚乙烯醇缩甲醛胶粘剂》的要求，游离甲醛 ≤ 0.1g/kg，其他有害物质限量符合《室内装饰装修材料胶粘剂中有害物质限量》的要求。当选择聚乙烯醇缩甲醛类胶粘剂时，不得用于医院、老年建筑、幼儿园、学校教室等民用建筑的室内装饰装修工程。

（6）水刷石浪费水资源，并对环境有污染，应尽量减少使用。

（二）施工过程的质量控制

装饰抹灰工程施工过程的质量控制工作的主要内容包括以下几个方面：

（1）装饰抹灰应在基体或基层的质量检查合格后才能进行。

（2）装饰抹灰面层的厚度、颜色、图案应该符合设计要求。

（3）正式抹灰前，应按施工方案（或安全技术交底）及设计要求抹出样板件，待有关方检验合格后，方可正式进行。

（4）装饰抹灰面层有分格要求时，分格条应宽、窄、厚、薄一致，粘贴在中层砂浆面上应横平竖直，交接严密，完工后应适时全部取出。

（5）装饰抹灰面层应做在已硬化、粗糙且平整的中层砂浆面上，涂抹前应洒水湿润。

（6）装饰抹灰的施工缝，应留在分格缝、墙面阴角、落水管背后或独立装饰组成部分的边缘处。每个分块必须连续作业，不显接槎。

（8）水刷石、水磨石、斩假石面层涂抹前，应在已浇水湿润的中层砂浆面上刮水泥浆（水灰比为 0.37 ~ 0.40）一遍，以使面层与中层结合牢固。

（9）喷涂、弹涂等工艺不能在雨天进行；干粘石等工艺在大风天气不宜施工。

（三）工程质量检验

1. 主控项目

装饰抹灰工程主控项目的质量检验主要工作内容有以下几个方面：

（1）抹灰前基层表面应将尘土、污垢、油渍等清除干净，并应洒水润湿。

检查方法：检查施工记录。

（2）装饰抹灰工程所用材料的品种与性能应符合设计要求。水泥的凝结时间和安定性复验应合格。砂浆的配合比应符合设计要求。

检查方法：检查产品合格证书、进场验收记录、复检报告和施工记录。

（3）当抹灰总厚度大于或等于 35 mm 时，应采取加强措施。不同材料基体交接处表面的抹灰，应采取防止开裂的加强措施。当采用加强网时，加强网和各基体的搭接宽度不应小于 100 mm。

检查方法：检查隐蔽工程验收记录和施工记录。

（4）各抹灰层之间及抹灰层与基体之间的黏结必须牢固，抹灰层应无脱层、空鼓和裂缝。

检查方法：观察；用小锤轻击检查；检查施工记录。

注：上述项目检验数量均为相同条件、工艺和施工条件的室外抹灰工程，每个检验批每 100 m² 应至少抽查一处，每处不得小于 10 m²；相同材料工艺和施工条件的室内抹灰工程，每个检验批至少抽查 10%，并不得少于 3 间，不足 3 间时，应当全数检。

2. 一般项目

装饰抹灰工程质量检验标准和检验方法如表 4-5 所示。

表 4-5　装饰抹灰工程质量检验标准和检验方法

项目	序号	检验项目		检验标准				检验方法
一般项目	1	装饰抹灰工程的表面质量		水刷石表面应石粒清晰、分布均匀、紧密平整、色泽一致，应无掉粒和接槎痕迹				观察；手摸检查
				斩假石表面剁纹应均匀顺直、深浅一致，应无漏剁处；阳角处应横剁并留出宽窄一致的不剁边条，棱角应当无损坏				
				干粘石表面应色泽一致、不露浆、不漏粘，石粒应黏结牢固、分布均匀，阳角处应无明显黑边				
				假面砖表面应平整、沟纹清晰、留缝整齐、色泽一致，应无掉角、脱皮、起砂等缺陷				
	2	装饰抹灰分格条（缝）的设置		应符合设计要求。宽度和深度应均匀，表面应平整、光滑，棱角应整齐				观察检查
	3	有排水要求的部位		应做滴水线（槽）。滴水线（槽）应整齐、顺直，滴水线应内高外低，滴水槽的宽度和深度均不应小于 10 mm				观察；尺量检查
	4	装饰抹灰工程质量的允许偏差	项目	水刷石	斩假石	干粘石	假面砖	
			立面垂直度	5	4	5	5	用 2m 垂直检测尺检查
			表面平整度	3	3	3	3	用 2m 靠尺和塞尺检查
			阳角方正	3	3	4	4	用直角检测尺检查
			分格条（缝）直线度	3	3	3	3	拉 5m 线，不足 5m 拉通线，用钢直尺检查
			墙裙、勒脚上口直线度	3	3	—	—	拉 5m 线，不足 5m 拉通线，用钢直尺检查

（四）工程质量通病及防治措施

水刷石交活后表面石子密稀不一致，有的石子脱落，造成表面不平，刷石表面的石子面上有污染（主要是水泥浆点较多），饰面浑浊、不清晰。其具体防治措施如下：

隐共筑工程质量与安全管理

（1）石子可用 4 ~ 6 mm 的中、小八厘，要求颗粒坚韧、有棱角、洁净，使用前应过筛，冲洗干净并晾干，袋装或用苫布遮盖存放。使用时，石子和水泥应统一进行配料拌和。

（2）分格条可使用一次性成品分格条，不再起出；也可使用优质红松木制作的分格条，粘贴前应用水浸透（一般应浸 24 h 以上），以增加韧性，便于粘贴与起条，保证灰缝整齐和边角不掉石粒。分格条用素水泥粘贴，两边八字抹成 45° 为宜，过大时石子颗粒不易装到边，喷刷后易出现石子缺少和黑边；过小时，易将分格条挤压变形或起条时掉石子较多。

（3）抹罩面石子浆应掌握好底灰的干湿程度，防止产生假凝现象，造成不易压实抹平。在六七成干的底灰上，先薄薄地刮上一层素水泥浆结合层，水灰比为 0.37 ~ 0.40，然后抹面层石子浆，随刮随抹，不得间隔，如果底灰已干燥，应适当浇水湿润。

（4）开始喷洗时，应以手指按上去无痕，或用刷子刷石子，以不掉粒为宜。喷洗次序由上而下，喷头离墙面 100 ~ 200 mm，喷洗要均匀一致，一般喷洗到石子露出灰浆面 1 ~ 2 mm 为宜。若发现石子不匀，应用铁抹子轻轻拍压；如发现表面有干裂，应用抹子抹压。用小水壶冲洗，速度不要过快或太慢。

（5）接槎处喷洗前，应将已经完成的墙面喷湿 300 mm 左右宽，然后由上往下洗刷。刮风天不宜做水刷石墙面。

第三节　门窗工程

一、木门窗安装工程质量控制

木门窗安装工程质量控制的主要内容有材料质量要求、施工过程质量控制、工程质量检验和工程质量通病及防治措施。

（一）材料质量要求

（1）木门窗的木材品种、材质等级、规格、尺寸、框扇的线型以及人造木板的甲醛含量均应符合设计要求。

（2）木门窗的防火、防腐、防虫处理应符合设计要求。制作木门窗所用的胶料，宜采用国产的酚醛树脂胶和脲醛树脂胶。普通木门窗可采用半耐水的腿醛树脂胶，高档木门窗应采用耐水的酚醛树脂胶。

（3）工厂生产的木门窗必须有出厂合格证。由于运输堆放等原因而受损的门窗框、扇，应进行预处理，达到合格要求后，方可用于工程中。

（4）小五金及其配件的种类、规格、型号必须符合设计要求，质量必须合格，并与门窗框、扇相匹配，且产品质量必须有出厂合格证。

（5）防腐剂氟硅酸钠，其纯度不应小于 95%，含水率不应大于 1%，细度要求应全部通过 1600 孔 /cm² 的筛。或用稀释的冷底子油，涂刷木材面与墙体接触部位。

（6）对人造木板的甲醛含量应进行复验。

（二）施工过程质量控制

木门窗安装工程施工过程质量控制的主要内容包括以下几个方面：

（1）门窗工程施工前，应进行样板间的施工，经业主、设计、监理验收确认后，才可全面施工。

（2）木门窗及门窗五金运到现场，必须按图样检查框、扇型号，检查产品防锈红丹漆有无薄刷、漏涂等现象，不合格产品严禁用于工程。

（3）门窗框、扇进场后，框的靠墙、靠地一面应刷防腐涂料，其他各面应刷清漆一道，刷油后码放在干燥通风仓库。门窗框安装应安排在地面、墙面的湿作业完成后，窗扇安装应在室内抹灰施工前进行；门窗安装应在室内抹灰完成和水泥地面达到一定强度后再进行。

（4）木门窗框安装宜采用预留洞口的施工方法（后塞口的施工方法），若采用先立框的方法施工，则应注意避免门窗框在施工中被污染、挤压变形、受损等等现象。

（5）木门窗与砖石砌体、混凝土或抹灰层接触处做防腐处理，埋入砌体或混凝土的木砖应进行防腐处理。

（6）在砌体上安装门窗时，严禁采用射钉固定。

（7）木门窗与墙体间缝隙的填嵌料应符合设计要求，填嵌要饱满。寒冷地区外门窗（或门窗框）与砌体间的空隙应填充保温材料。

（8）对预埋件、锚固件及隐蔽部位的防腐、填嵌处理，应进行隐蔽工程质量验收。

（三）工程质量检验

木门窗安装工程主控项目的质量检验主要工作内容有以下几个方面：

（1）木门窗的木材品种、材质等级、规格、尺寸、开启方向、安装位置及连接方式应符合设计要求。

检查方法：观察检查，尺量检查，并检查成品门的产品合格证书。

（2）木门窗的安装，预埋木砖的防腐处理，木门窗框固定点的数量、位置及固定方法符合设计要求。

检查方法：观察检查，手板检查，并检查隐蔽工程验收记录和施工记录。

（3）木门窗扇的安装必须牢固，并应开关灵活，关闭严密，无倒翘现象。

检查方法：观察检查、开启和关闭检查、手板检查。

（4）木门窗配件（型号、规格、数量、安装、位置、功能）符合设计要求。

检查方法：观察检查、开启与关闭检查、手板检查。

（四）工程质量通病及防治措施

1.门窗框安装不牢、松动

由于木砖的数量少、间距大，或木砖本身松动，门窗框与木砖固定用的钉子小，钉嵌不牢，门窗框安装后松动，造成边缝空裂，无法进行门窗扇的安装，影响使用。其具体防治措施如下：

（1）进行结构施工时一定要在门窗洞口处预留木砖，其数量及间距应符合规范

建筑工程质量与安全管理研究

要求，木砖一定要进行防腐处理；加气墙、空心砖墙应采用混凝土块木砖；现制混凝土墙及预制混凝土隔断应在混凝土浇筑前安装燕尾式木砖固定在钢筋骨架上，木砖的间距控制在 50 ~ 60 cm 为宜。

（2）门框安装好后，要搞好成品保护，防止推车时碰撞，必须将其门框后缝隙嵌实，并达到规定强度后，方可进行下一道工序。

（3）严禁将门窗框作为脚手板的支撑或提升重物的支点，防止门窗框损坏和变形。

2.门窗框、扇配（截）料时预留的加工余量不足

木门窗框、门窗扇的毛料加工余量不足。一是影响门窗框、门窗扇表面不平、不光、俄槎；二是造成门窗框、门窗扇截面尺寸达不到设计要求，影响门窗框、门窗扇的强度和刚度。其具体防治措施如下：

（1）一面刨光者留 3 mm，两面刨光者留 5 mm。

（2）有走头的门窗框冒头，要考虑锚固长度，可加长 200 mm；无走头者，为防止打眼拼装时加楔劈裂，亦应加长 40 mm，其他门窗框中冒头、窗框中竖梃、门窗扇冒头、玻璃棋子应按图纸规格加长 10mm，门窗扇梃加长 40mm。

（5）门框立梃要按图纸规格加长 70 mm，以便下端固定在粉刷层内。

3.框与扇接触面不平

门窗扇安装好关闭时，扇和框的边框不在同一平面内，扇边高出框边，或框边高出扇边，影响美观，同时也降低了门窗的密封性能。其主要防治措施如下：

（1）在制作门窗框时，裁口的宽度必须与门窗扇的边梃厚度相适应，裁口要宽窄一致，顺直平整，边角方正。

（2）在安装门窗扇前，根据实测门窗框裁口尺寸画线，按线将门窗扇锯正刨光，使表面平整、顺直，边缘嵌入框的裁口槽内，缝隙合适，接触面平整。

（3）对门窗框与扇接触面不平的，可按以下方法处理：如扇面高出框面不超过 2 mm 时，可将门窗扇的边梃适当刨削至基本平整；如扇面高出框面超过 2 mm 时，可将裁口宽度适当加宽至与扇梃厚度吻合；如果局部不平，可根据情况进行刨削平整。

二、塑料门窗安装工程质量控制

塑料门窗安装工程质量控制的主要内容有材料质量控制、施工过程质量控制、工程质量检验和工程质量通病及防治措施。

（一）材料质量控制

塑料门窗安装工程所需材料的质量要求具体如下：

（1）塑料门窗进场时应检查原材料的质量证明文件，即门窗材料应有产品合格证书、性能检测报告、进场验收记录和复验报告。外观质量不得有开焊、端裂、变形等损坏现象。

（2）门窗采用的异型材、密封条等原材料应符合国家现行标准《门、窗用未增塑聚氯乙烯（PVC-U）型材》与《塑料门窗用密封条》中的有关规定。

（3）门窗采用的紧固件、五金件、增强型钢及金属衬板等应进行表面防腐处理。

（4）紧固件的镀层金属及其厚度宜符合现行国家标准《紧固件：电镀层》中的有关规定，紧固件的尺寸、螺纹、公差、十字槽及机械性能等技术条件应当符合现行国家标准《十字槽盘头自攻螺钉》《十字槽沉头自攻螺钉》中的有关规定。

（5）五金件的型号、规格和性能均应符合现行国家标准的有关规定，滑撑铰链不得使用铝合金材料。

（6）组合窗及其拼樘料应采用与其内腔紧密吻合的增强型钢作为内衬，型钢两端应比拼樘料长出 1 ～ 15 mm。外窗拼樘料的截面尺寸及型钢的形状、壁厚应符合要求。

（7）固定片材质应采用 Q235—A 冷轧钢板，其厚度应不小于 15 mm，最小宽度应不小于 15 mm，且表面应进行镀锌处理。

（8）全防腐型门窗应采用相应的防腐型五金件及紧固件。

（9）建筑外窗的水密性、气密性、抗风压性能、保温性能、中空玻璃露点、玻璃遮阳系数和可见风透射比，应符合设计要求。

（10）建筑外窗进入施工现场时，应按地区类别对其水密性、气密性、抗风压性能、保温性能、中空玻璃露点、玻璃遮阳系数和可见风透射比等性能进行复验，复验合格方可用于工程。

（二）施工过程的质量控制

塑料门窗安装工程施工过程质量控制工作的主要内容有以下几个方面：

（1）安装前应按设计要求核对门窗洞口的尺寸和位置，左右位置挂垂线控制，窗台标高通过 50 线控制，合格后方可进行安装。

（2）储存塑料门窗的环境温度应小于 50℃，与热源的距离不应小于 1 m。门窗在安装现场放置的时间不应超过两个月。

（3）塑料门窗安装应采用预留洞口的施工方法（后塞口的施工方法），不得采用边安装、边砌口或先安装、后砌口的施工方法。

（4）当洞口需要设置预埋件时，要检查其数量、规格、位置是否符合要求。

（5）塑料门窗安装前，应当先安装五金配件及固定片（安装五金配件时，必须加衬增强金属板）。安装时应先钻孔，然后再拧入自攻螺钉，不得直接钉入。

（6）检查组合窗的拼樘料与窗框的连接是否牢固，通常是将两窗框与拼樘料卡接，卡接后用紧固件双向拧紧，其间距应小于或等于 600 mm。

（7）塑料门、窗框放入洞口后，按已弹出的水平线、垂直线位置，检查其垂直、水平、对中、内角方正等，符合要求后才可临时固定。

（8）窗框与洞口之间的伸缩缝内腔，应采用闭孔泡沫塑料、发泡聚苯乙烯等弹性材料分层填塞。对于保温、隔声等级较高的工程，应采用相应的隔热、隔声材料填塞。填塞后，一定要撤掉临时固定的木楔或垫块，其空隙也要用弹性闭孔材料填塞。

（9）检查排水孔是否畅通，位置和数量是否符合设计要求。

（10）塑料门窗框与墙体间缝隙用闭孔弹性材料填嵌饱满后，检查其表面是否应采用密封胶密封。检查密封胶是否黏结的牢固，表面是否光滑、顺直、有无裂纹。

（三）工程质量检验

塑料门窗安装工程主控项目的质量检验主要工作内容有以下几个方面：

（1）塑料门窗的品种、类型、规格、尺寸、开启方向、安装位置、连接方式以及填嵌密封处理应符合设计要求，内衬增强型钢的壁厚及设置应当符合国家现行产品标准的质量要求。

检查方法：观察、尺量检查，检查产品合格证书、性能检测报告、进场验收记录和复验报告；检查隐蔽工程验收记录。

（2）塑料门窗框、副框和扇的安装必须牢固。固定片或膨胀螺栓的数量与位置应正确，连接方式应符合设计要求。固定点应距窗角、中横框、中竖框 150 ~ 200mm，固定点间距应不大于 600mm。

检查方法：观察、手扳检查、检查隐蔽工程验收记录。

（3）塑料门窗拼樘料要求内衬增强型钢的规格、壁厚必须符合设计要求，型钢应与型材内腔紧密吻合，其两端必须与洞口固定牢固。窗框必须与拼樘料连接紧密，固定点间距应不大于 600 mm。

检查方法：观察、手扳检查、尺量检查。

（4）塑料门窗配件的型号、规格、数量应符合设计要求，安装应牢固，位置应正确，功能应满足使用要求。

检查方法：观察、手扳检查、尺量检查。

（5）塑料门窗扇应开关灵活、关闭严密，无倒翘。推拉门窗扇必须要有防脱落措施。

检查方法：观察、开启与关闭检查、手扳检查。

（6）塑料门窗框与墙体间缝隙应采用闭孔弹性材料填嵌饱满，表面应采用密封胶密封。密封胶应黏结牢固，表面应光滑、顺直、无裂纹。

检查方法：观察、检查隐蔽工程验收记录。

（四）工程质量通病及防治措施

因无保护膜，施工时的砂浆及浆液等极易造成塑料门窗表面污染，清理时用开刀、刮板等刮铲，表面极易出现划痕。其防治措施如下：

（1）安装前必须认真查看已粘好的保护膜有没有损坏。

（2）湿作业前应对塑料门窗进行保护和遮挡，发现污染及时清理，并用软棉丝擦净。

第五章　建筑工程施工质量验收

第一节　施工质量验收基本知识

一、施工质量验收的依据

1. 工程施工承包合同

工程施工承包合同所规定的有关施工质量方面的条款，既是发包方所要求的施工质量目标，也是承包方对施工质量责任的明确承诺，理所当然成为施工质量验收的重要依据。

2. 工程施工图纸

由发包方确认并提供的工程施工图纸，以及按规定程序和手续实施变更的设计和施工变更图纸，是工程施工合同文件的组成部分，也是直接指导施工与进行施工质量验收的重要依据。

3. 工程施工质量验收统一标准（简称"统一标准"）

工程施工质量验收统一标准是国家标准，如由住房和城乡建设部、国家市场监督管理总局联合发布的《建筑工程施工质量验收统一标准》，规范全国建筑工程施工质量验收的基本规定、验收的划分、验收的标准及验收的组织和程序。根据我国现行的工程建设管理体制，国务院各工业交通部门负责对全国专业建设工程质量进行监督管理，因此，其相应的专业建设工程施工质量验收统一标准，是各专业工程建设施工质量验收的依据。

4. 专业工程施工质量验收规范（简称"验收规范"）

专业工程施工质量验收规范是在工程施工质量验收统一标准的指导下，结合专业工程特点和要求进行编制的，它是施工质量验收统一标准的进一步深化和具体化，作为专业工程施工质量验收的依据，"验收规范"和"统一标准"必须配合使用。

5. 建设法律法规、管理标准和技术标准

现行的建设法律法规、管理标准和相关的技术标准是制定施工质量验收"统一标准"和"验收规范"的依据，而且其中强调了相应的强制性条文。所以，也是组织和指导施工质量验收、评判工程质量责任行为的重要依据。

二、施工质量验收的层次

建筑工程项目往往体型较大，需要的材料种类和数量也较多，施工工序和工程项目多，如何使验收工作具有科学性、经济性及可操作性，合理确定验收层次十分必要，根据《建筑工程施工质量验收统一标准》的规定，一般将工程项目按照独立使用功能划分为若干单位（子单位）工程；每一个单位工程按照专业、建筑部位划分为地基基础、主体等若干个分部工程；每一个分部工程按照主要工种、材料、施工工艺、设备类别划分为若干个分项工程；每一个分项工程按照楼层、施工段、变形缝等划分为若干检验批。

上述过程逆向就构成了工程施工质量验收层次，即检验批、分项工程、分部（子分部）工程、单位（子单位）工程四个验收层次，其中检验批是工程验收的最小单位，是分项工程乃至整个建筑工程质量验收的基础，此外，建筑工程采用的主要材料、半成品、成品、建筑构配件、器具和设备应进行现场验收；隐蔽工程要求在隐蔽前由施工单位通知相关单位进行隐蔽工程验收。

单位（子单位）工程质量验收即为该项目的竣工验收，是项目建设程序的最后一个环节，是全面考核项目建设成果、检查设计与施工质量、确认项目是否投入使用的重要步骤。

三、施工质量验收的基本规定

1. 施工质量验收规范体系

为加强建筑工程质量管理，保证工程质量，约束和规范建筑工程质量验收方法、程序和质量标准。我国现行的《建筑工程施工质量验收统一标准》和 15 个专业工程施工质量验收规范组成了完整的工程质量验收规范体系。

（1）《建筑工程施工质量验收统一标准》

1）提出了工程施工质量管理和质量控制的要求。

2）提出了检验批质量检验的抽样方案要求。

3）确定了建筑工程施工质量验收项目划分、判定的依据及验收程序的原则。

4）规定了各专业验收规范编制的统一原则。

5）对单位工程质量验收的内容、方法和程序等等作出了具体规定。

（2）15 个建筑工程专业施工质量验收规范。

1）《建筑地基基础工程施工质量验收规范》

2）《砌体结构工程施工质量验收规范》

3）《混凝土结构工程施工质量验收规范》

4）《钢结构工程施工质量验收规范》

5）《木结构工程施工质量验收规范》

6）《屋面工程质量验收规范》

7）《地下防水工程质量验收规范》

8）《建筑地面工程施工质量验收规范》

9）《建筑装饰装修工程质量验收规范》

10）《建筑给水排水及采暖工程施工质量验收规范》

11）《通风与空调工程施工质量验收规范》

12）《建筑电气工程施工质量验收规范》

13）《电梯工程施工质量验收规范》

14）《智能建筑工程质量验收规范》

15）《建筑节能工程施工质量验收规范》

（3）现行建筑工程施工质量验收规范体系的特点。

1）体现了"验评分离、完善手段、过程控制"的指导思想。

2）同一对象只有一个标准，避免了交叉干扰，便于执行。

3）自2001版规范开始，验收结论只设"合格"一个质量等级，取消"优良"等级。

2．建筑工程施工质量验收的基本规定

（1）建筑工程施工质量验收的要求。

1）工程质量验收均应在施工单位自行检查评定的基础上进行。

2）参加工程施工质量验收的各方人员应当具备规定的资格。

3）检验批的质量应按主控项目和一般项目验收。

4）对涉及结构安全、节能、环境保护和主要使用功能的试块、试块及材料，应在进场时或施工中按规定进行见证检验。

5）隐蔽工程应在隐蔽前由施工单位通知监理单位进行验收，并应形成验收文件，验收合格后才可继续施工。

6）对涉及结构安全、节能、环境保护和使用功能的重要分部工程应按在验收前按规定进行抽样检验。

7）工程外观质量应由验收人员通过现场检查后共同确认。

（2）对专项验收要求的规定

专项验收按相应专业验收规范的要求进行，为适应建筑工程行业的发展，鼓励新技术的推广应用，保证建筑工程验收的顺利进行，当专业验收规范对工程中的验收项目未作出相应规定时，应由建设单位组织监理、设计、施工等相关单位制定专项验收要求。涉及结构安全、节能、环境保护等项目的专项验收要求应由建设单位组织专家论证。

（3）特殊情况下调整抽样复验、试验数量的规定

符合下列条件之一时，可按相关专业验收规范的规定适当调整抽样复验、试验数量，调整后的抽样复验、试验方案应由施工单位编制，并须报监理单位审核确定。

1）同一项目中由相同施工单位施工的多个单位工程，使用同一生产厂家的同品种、

同规格和同批次的材料、构配件、设备等，如果按每一个单位工程分别进行复验，势必造成重复而浪费人力、物力，所以可适当调整抽样复检、试验的数量。

2）当同一施工单位在现场加工的成品、半成品、构配件用于同一项目中的多个单位工程时，可适当调整其抽样复验、试验的数量，但对施工安装后的工程质量应按分部工程的要求进行检测试验，不能减少抽样数量。

3）在同一项目中，针对同一抽样对象的已有检验成果可以重复利用，如混凝土结构的隐蔽工程检验批和钢筋工程检验批，就有很多相同之处，可以重复利用检验成果，但须分别填写验收资料。

第二节 建筑工程施工质量验收的划分

一、施工质量验收层次划分的目的

建筑工程施工质量验收涉及建筑工程施工过程控制和竣工验收控制，是工程施工质量控制的重要环节，故合理划分建筑工程施工质量验收层次是非常必要的，特别是不同专业工程的验收批如何确定，将直接影响质量验收工作的科学性、经济性和实用性以及可操作性。因此有必要建立统一的工程施工质量验收的层次划分。通过验收批和中间验收层次及

最终验收单位的确定，实施对工程施工质量的过程控制和终端把关，确保工程施工质量达到工程项目决策阶段所确定的质量目标和水平。

二、施工质量验收的作用

质量验收的作用，一是保证作用，即通过质量验收，保证前一道工序各项工程的质量达到合格标准之后，才转入下一道工序各项工程的施工；二是信息反馈作用，通过质量验收，可以积累大量的信息，定期对这些信息进行分析、研究，进而提出合理的质量改进措施，使工程质量处于受控状态，从而预防施工过程当中出现的质量问题。

三、建筑工程质量验收相关规定

1.建筑工程质量验收合格规定

建筑工程检验批、分项工程、分部（子分部）工程、单位（子单位）工程质量验收合格规定见表5-1。

表5-1 建筑工程质量验收合格规定

类别	内容及要求

检验批	检验批质量验收合格应符合下列规定： （1）主控项目的质量经抽样检验均应合格； （2）一般项目的质量经抽样检验合格，当采用计数抽样时，合格点率应符合有关专业验收规范的规定，且不得存在严重缺陷，于计数抽样的一般项目，正常检验一次、二次抽样可按《建筑工程施工质量验收统一标准》附录判定；具有完整的施工操作依据、质量验收记录
分项工程	分项工程质量验收合格应符合下列规定： （1）所含检验批的质量均应验收合格； （2）所含检验批的质量验收记录均应完整
分部工程	分部工程质量验收合格应符合下列规定： （1）所含分项工程的质量均应验收合格； （2）质量控制资料均应完整； （3）有关安全、节能、环境保护和主要使用功能的抽样检验结构应符合相应规定； （4）观感质量应符合要求
单位工程	单位工程质量验收合格应当符合下列规定： （1）所含分部工程的质量均应验收合格； （2）质量控制资料应均完整； （3）所含分部工程中有关安全、节能、环境保护和主要使用功能的检验资料应均完整； （4）主要使用功能的抽查结果均应符合相关专业验收规范的规定； （5）观感质量均要符合要求

2. 建筑工程质量验收记录合格规定

建筑工程检验批、分项工程、分部（子分部）工程、单位（子单位）工程质量验收记录合格规定见表5-2

表5-2　建筑工程质量验收记录合格规定

类别	内容及要求
检验批	检验批质量验收记录可按《建筑工程施工质量验收统一标准》附录E填写，填写时应具有现场验收检查原始记录
分项工程	分项工程质量验收记录可按《建筑工程施工质量验收统一标准》附录F填写
分部工程	分部工程质量验收记录可按《建筑工程施工质量验收统一标准》附录G填写
单位工程	单位工程质量竣工验收记录、质量控制资料核查记录、安全与功能检验资料核查及主要功能抽查记录、观感质量检查记录应按《建筑工程施工质量验收统一标准》附录H填写

3. 建筑工程的非正常验收规定

《统一标准》列入了有关非正常验收的内容。对第一次验收未能符合规范要求的情况作出了具体规定，在保证最终质量的前提之下，给出了非正常验收的四种形式，见表5-3。

表 5-3　建筑工程非正常验收的形式

形式	验收规定	理解及说明
返工更换验收	《统一标准》第 5.0.6 条第 1 款规定："经返工或返修的检验批，应重新进行验收"	这种情况，是指在检验批验收时，其主控项目不能满足验收规范规定或一般项目超过偏差限值的子项不符合检验规定的要求时，应及时进行处理的检验批。其中，严重的缺陷应推倒重来，如某住宅楼一层砌砖，验收时发现砖的强度等级为 MU5，达不到设计要求的 MU10，推倒后重新使用 MU10 砖砌筑，其砖砌体工程的质量，应重新按程序进行验收。若一般的缺陷通过翻修或更换器具、设备能够予以解决，应允许施工单位在采取相应的措施后重新验收。如能够符合相应的专业工程质量验收规范，则应认为该检验批合格。重新验收质量时，要对检验批重新抽样、检查和验收，并且重新填写检验批质量验收记录表
检测鉴定验收	《统一标准》第 5.0.6 条第 2 款规定："经有资质的检测机构检测鉴定能够达到设计要求的检验批，应予以验收。"	这种情况，是指个别检验批发现试块强度等不满足要求等问题，难以确定是否验收时，应请具有资质的法定检测单位检测。当鉴定结果能够达到设计要求时，该检验批仍应认为通过验收
设计复核验收	《统一标准》第 5.0.6 条第 3 款规定："经有资质的检测机构检测鉴定达不到设计要求、但经原设计单位核算认可能够满足安全和使用功能的检验批，可予以验收。"	这种情况，如经检测鉴定达不到设计要求，但经原设计单位核算，仍可满足结构安全和使用功能的情况，该检验批可以予以验收。一般情况下，规范标准给出了满足结构安全和使用功能的最低限度要求，而设计往往在此基础上留有一些余量。不满足设计要求和符合相应规范标准的要求，两者并不矛盾
加固处理验收	《统一标准》第 5.0.6 条第 4 款规定："经返修或加固处理的分项、分部工程，满足安全及使用功能要求时，可按技术处理方案和协商文件的要求予以验收"	这种情况是出现更为严重的缺陷或者超过检验批的更大范围内的缺陷，可能影响结构的安全性和使用功能。若经法定检测单位检测鉴定以后认为达不到规范标准的相应要求，即不能满足最低限度的安全储备和使用功能，则必须按一定的技术方案进行加固处理，使之能保证其满足安全使用的基本要求。这样会造成一些永久性的缺陷，如改变结构外形尺寸，影响一些次要的使用功能等。为了避免社会财富更大的损失，在不影响安全与主要使用功能条件下可按处理技术方案和协商文件进行验收，责任方应承担经济责任，但不能作为轻视质量而回避责任的一种出路，这是应该特别注意的

第三节　建筑工程施工质量验收规定

建筑工程质量验收时，一个单位工程最多可划分为单位工程、子单位工程、分部工程、子分部工程、分项工程和检验批六个层次，对于每一个验收层次的验收，国家标准只给出了合格条件，没有给出优良标准，也就是说现行国家质量验收标准为强制性标准对于工程质量验收只设一个"合格"质量等级，工程质量在被评定合格的基础上，希望有更高质量等级评定的，可按照另外制定的推荐性标准执行。

一、检验批质量验收规定

（一）主控项目和一般项目的质量经抽样检验合格

1. 主控项目

主控项目的条文是必须达到的要求，是保证工程安全和使用功能的重要检验项目，是对安全、卫生、环境保护和公众利益起决定性作用的检验项目，也是确定该检验批主要性能的检验项目，主控项目中所有子项目必须全部符合各专业验收规范规定的质量指标，方能判定该主控项目质量合格，反之，只要其中某一子项甚至某一抽查样本检验后达不到要求，即可判定该检验批质量为不合格，则该检验批拒收，换而言之，主控项目中某一子项甚至某一抽查样本的检查结果若为不合格时，即行使对检验批质量的否决权，主控项目的主要内容有：

（1）重要材料、构件及配件、成品以及半成品、设备性能及附件的材质、技术性能等，检查出厂证明及试验数据，如水泥、钢材的质量，预制楼板、墙板、门窗等等构配件的质量，风机等设备的质量等，检查出厂证明，其技术数据、项目应符合有关技术标准的规定。

（2）结构的强度、刚度和稳定性等检验数据、工程性能的检测，如混凝土、砂浆的强度，钢结构的焊缝强度，管道的压力试验，风管的系统测定与调整，电气的绝缘、接地测试，电梯的安全保护、试运转结果等，检查测试记录，其数据及项目要符合设计要求和相关验收规范规定。

（3）一些重要的允许偏差项目，必须控制在允许偏差限值内。

2. 一般项目

一般项目是指除主控项目以外，对检验批质量有影响的检验项目，当其中缺陷（指超过规定质量指标的缺陷）的数量超过规定的比例，或样本的缺陷程度超过规定的限度后，对检验批质量会产生影响。一般项目的主要内容有：

（1）允许有一定偏差的项目，而放在一般项目中，用数据规定的标准，可以有个别偏差范围，最多不超过20%的检查点可超过允许偏差值，但也不能超过允许值的150%。

（2）对不能确定偏差值而又允许出现一定缺陷的项目，则以缺陷的数量来区分，如砖砌体预埋拉结筋留置间距的偏差、混凝土钢筋露筋等。

（3）一些无法定量而采用定性的项目，如碎拼大理石地面颜色协调，无明显裂缝和坑洼；卫生器具给水配件安装项目，接口严密，启闭部分灵活；管道接口项目，无外露油麻等。

（二）具有完整的施工操作依据、质量检查记录

质量控制资料反映了检验批从原材料到最终验收的各施工工序的操作依据、检查情况以及保证质量所必需的管理制度等，对其完整性的检查，实际是对过程控制的确认，这为检验批合格的前提。

二、分项工程质量验收规定

（一）分项工程所含的检验批均应符合合格质量的规定

分项工程是由所含性质、内容一样的检验批汇集而成的，分项工程质量的验收则是在检验批验收的基础上进行的，这是一个统计过程，有时也有一些直接的验收内容，所以在验收分项工程时应注意：

（1）核对检验批的部位、区段是否全部覆盖分项工程的范围，有无缺漏的部位没有验收到。

（2）一些在检验批中无法检验的项目，在分项工程中直接验收，如砖砌体工程中的全高垂直度、砂浆强度的评定等。

（3）检验批验收记录的内容及签字人是否正确并齐全。

（二）分项工程所含的检验批的质量验收记录应完整

分项工程质量合格的条件比较简单，只要构成分项工程各检验批的验收资料文件完整，并且均已验收合格，则分项工程验收合格。

三、分部（子分部）工程质量验收规定

（一）分部（子分部）工程所含分项工程的质量均应验收合格

分部（子分部）工程所含分项工程的质量均要验收合格，实际验收中，这项内容也是一项统计工作。在做这项工作时应注意以下三点：

（1）检查每个分项工程验收是否正确。

（2）注意查对所含分项工程，有没有漏、缺的分项工程没有进行归纳，或是没有进行验收。

（3）注意检查分项工程的资料是否完整，每个验收资料的内容是否有缺漏项，以及各分项工程验收人员的签字是否齐全及符合规定。

（二）质量控制资料应完整

质量控制资料完整是工程质量合格的重要条件，在分部工程质量验收时，应根据各专业工程质量验收规范的规定，对质量控制资料进行系统地检查，着重检查资料的齐全、项目的完整、内容的准确和签署的规范。

质量控制资料检查实际也是统计、归纳工作，主要包括以下三个方面的资料：

（1）核查和归纳各检验批的验收记录资料，查对其是否完整，有些龄期要求较长的检测资料，在分项工程验收时，如若不能及时提供，应在分部（子分部）工程验

收时进行补查。

（2）检验批验收时，要求检验批资料准确完整后，方能对其开展验收，对在施工中质量不符合要求的检验批、分项工程按有关规定进行处理后的资料归档审核。

（3）注意核对各种资料的内容、数据以及验收人员签字的规范性。对于建筑材料的复验范围，各专业验收规范都做了具体规定，检验时按产品标准规定的组批规则、抽样数量、检验项目进行，但有的规范另有不同要求，这一点在质量控制资料核查时须引起注意。

（三）分部工程有关安全及功能的检验和抽样检测结果应符合有关规定

这项验收内容包括安全检测资料与功能检测资料两个部分。涉及结构安全及使用功能检验（检测）的要求，应按设计文件及各专业工程质量验收规范中所做的具体规定执行，抽测其检测项目在各专业质量验收规范中已有明确规定，在验收时应注意以下三个方面的工作：

（1）检查各规范中规定的检测的项目是否都进行了验收，不能进行检测的项目应该说明原因。

（2）检查各项检测记录（报告）的内容、数据是否符合要求，包括检测项目的内容，所遵循的检测方法标准、检测结果的数据是否达到了规定的标准。

（3）核查资料的检测程序、有关取样人、检测人、审核人、试验负责人，及公章签字是否齐全等。

（四）观感质量验收应符合要求

观感质量验收是指在分部工程所含的分项工程完成后，在前三项检查的基础上，对已完工部分工程的质量，采用目测、触摸与简单量测等方法所进行的一种宏观检查方式。

分部（子分部）工程观感质量验收，其检查的内容和质量指标已包含在各个分项工程内，对分部工程进行观感质量检查和验收，并不增加新的项目，只不过是转换一下视角而已，采用一种更直观、便捷、快速的方法，对工程质量从外观上做一次重复的、扩大的、全面的检查，这是由建筑施工特点所决定的。

在进行质量检查时，注意一定要在现场将工程的各个部位全部看到，能操作的应实地操作，观察其方便性、灵活性或有效性等；能打开观察的应打开观察，全面检查分部（子分部）工程的质量。

观感质量验收并不给出"合格"或"不合格"的结论，而是给出"好、一般、差"的总体评价，所谓"一般"，是指经观感质量检验能符合验收规范的要求；所谓"好"，是指在质量符合验收规范的基础上，能达到精致、流畅、匀净的要求，精度控制好；所谓"差"，是指勉强达到验收规范的要求，但质量不够稳定，离散性较大，给人以粗疏的印象。

观感质量验收中若发现有影响安全、功能的缺陷，有超过偏差限值，或者明显影响观感效果的缺陷，不能评价，应处理后再进行验收。

评价时，施工企业应先自行检查合格后，由监理单位来验收，参加评价的人员应具有相应的资格，由总监理工程师组织，不少于三位监理工程师来检查，在听取其他参加人员的意见后，共同作出评价，但是总监理工程师的意见应为主导意见，在作评价时，可分项目逐点评价，也可按项目进行大的方面的综合评价，最后对分部（子分部）作出评价。

（五）分部（子分部）工程质量验收记录及填写说明

分部（子分部）工程质量应由总监理工程师（建设单位项目专业负责人）组织施工项目经理和有关勘察、设计单位项目负责人进行验收，并按表5-4记录。

分部（子分部）工程质量验收记录填写说明如下：

1. 表名及表头部分

（1）表名分部（子分部）工程的名称填写要具体，写在分部（子分部）工程的前边，并分别划掉分部或子分部。

（2）表头部分的工程名称填写工程全称，与检验批、分项工程、单位工程验收表的工程名称一致。

2. 验收内容

（1）分项工程应按分项工程第一个检验批施工先后的顺序,将分项工程名称填上,在第二栏内分别填写各项工程实际的检验批数量,并把各分项工程评定表按顺序附在表之后。

表5-4 _____分部工程质量验收记录

编号：_____

单位（子单位）工程名称				子分部工程数量		分项工程数量	
施工单位				项目负责人		技术（质量）负责人	
分包单位				分包单位负责人		分包内容	
序号	子分部工程名称	分项工程名称	检验批数量	施工单位检查结果		监理单位验收结论	
1							
2							
3							
4							
5							
6							
7							
8							
质量控制资料							
安全与功能检验结果							
观感质量检验结果							
综合验收结论							
施工单位；项目负责人：__年__月__日		勘察单位；项目负责人：__年__月__日		建设单位；项目负责人：__年__月__日		监理单位；总监理工程师：__年__月__日	

注；1. 地基与基础分部工程的验收应由施工、勘察、设计单位项目负责人和总监理工程师参加并签字。
2. 主体结构、节能分部工程的验收应由施工、设计单位项目负责人和总监理工程师参加并签字。

（2）质量控制资料

1）按《建筑工程施工质量验收统一标准》附表单位工程质量控制资料核查记录中的相关内容来确定所验收的分部（子分部）工程的质量控制资料项目，并按资料检查的要求，逐项进行核查。

2）能基本反映工程质量情况，达到保证结构安全和使用功能的要求，可通过验收，全部项目都通过，可在施工单位检查评定栏内打"√"标注检查合格，并送监理单位或建设单位验收，监理单位总监理工程师组织审查，符合要求后，在验收意见栏内签注"同意验收"。

（3）安全和功能检验（检测）报告

1）本项目指竣工抽样检测的项目，能在分部（子分部）工程中检测的，尽量放在分部（子分部）工程中检测。

2）每个检测项目均通过审查，即可在施工单位检查评定栏内打"√"标注检查合格，由项目经理送监理单位或建设单位验收，监理单位总监理工程师或建设单位项目专业负责人组织审查，符合要求后，在验收意见栏内签注"同意验收"。

（4）观感质量验收，由施工单位项目经理组织进行现场检查，经检查合格后，将施工单位填写的内容填写好后，由项目经理签字后交监理单位或建设单位验收。

3. 验收单位签字认可

按表列参与工程建设责任单位的有关人员应亲自签名，以示负责，并且方便追查质量责任。

四、单位（子单位）工程质量验收合格条件

单位工程质量验收也称质量竣工验收，是建筑工程投入使用前的最后一次验收，也是最重要的一次验收。验收合格的条件包括以下五个方面：

1. 单位（子单位）工程所含分部（子分部）工程的质量均应验收合格，这项工作，总承包单位应事先进行认真准备，将所有分部、子分部工程质量验收的记录表及时进行收集整理，并列出目次表，依序将其装订成册，在核查以及整理过程中，应注意以下三点：

（1）核查各分部工程中所含的子分部工程是否齐全。

（2）核查各分部、子分部工程质量验收记录表的质量评价是否完善，如分部、子分部工程质量的综合评价，质量控制资料的评价，地基与基础、主体结构和设备安装分部、子分部工程的有关安全及功能的检测和抽测项目的检测记录，以及分部、子分部观感质量的评价等。

（3）核查分部、子分部工程质量验收记录表的验收人员是否是规定的具有相应资质的技术人员，并进行评价与签认。

2. 质量控制资料应完整

（1）建筑工程质量控制资料是反映建筑工程施工过程中各个环节工程质量状况的基本数据和原始记录，反映完工项目的测试结果和记录，这些资料是反映工程质量的客观见证，是评价工程质量的主要依据。工程质量资料是工程的"合格证"和技术"证

明书"。

（2）单位（子单位）工程质量验收，质量控制资料应完整，总承包单位应将各分部（子分部）工程应有的质量控制资料进行核查，图纸会审及变更记录，定位测量放线记录，施工操作依据，原材料、构配件等等质量证书，按规定进行检验的检测报告，隐蔽工程验收记录，施工中的有关施工试验、测试、检验等，以及抽样检测项目的检测报告等，由总监理工程师进行核查确认，可按单位工程所包含的分部、子分部分别核查，也可综合抽查，其目的是强调对建筑结构、设备性能、使用功能方面等主要技术性能的检验。

（3）由于每个工程的具体情况不一，因此资料是否完整，要视工程特点和已有资料的情况而定，总之，有一点是验收人员应掌握的，即看其是否可以反映工程的结构安全和使用功能，以及是否达到设计要求，如果资料能保证该工程结构安全和使用功能，能达到设计要求，则可认为是完整的；否则，不能判定为完整。

3. 单位（子单位）工程所含分部工程有关安全和功能的检测资料应完整

（1）在分部、子分部工程中提出了一些检测项目，在分部、子分部工程检查和验收时，应进行检测来保证和验证工程的综合质量和最终质量，这种检测（检验）应由施工单位来进行，检测过程中可请监理工程师或者建设单位有关负责人参加监督检测工作，达到要求后，形成检测记录并签字认可，在单位工程、子单位工程验收时，监理工程师应对各分部、子分部工程应检测的项目进行核对，对检测资料的数量、数据及使用的检测方法、检测标准、检测程序进行核查并核查有关人员的签认情况等。

（2）这种对涉及安全和使用功能的分部工程检验资料的复查，不但要全面检查其完整性（不得有漏检缺项），而且对分部工程验收时补充进行的见证抽样检验报告也要复核，这种强化验收的手段体现了对安全和主要使用功能的重视。

4. 主要功能项目的抽查结果应符合相关专业质量验收规范的规定

（1）使用功能的检查是对建筑工程和设备安装工程最终质量的综合检验，也是用户最为关心的内容，因此，在分项、分部工程验收合格的基础上，竣工验收时再做全面检查，通常主要功能抽测项目应为有关项目最终的综合性的使用功能，如室内环境检测、屋面淋水检测、照明全负荷试验检测、智能建筑系统运行等。

（2）抽查项目是在检查资料文件的基础上由参加验收的各方人员商定，并用计量、计数的抽样方法确定检查部位。检查按有关专业工程施工质量验收标准的要求进行。

5. 观感质量验收应符合要求

单位工程观感质量的验收方法与内容与分部、子分部工程的观感质量评价一样，只是分部、子分部工程的范围小一些而已，一些分部、子分部工程的观感质量，可能在单位工程检查时已经看不到了，所以单位工程的观感质量更宏观一些，其内容按各有关检验批的主控项目、一般项目有关内容综合掌握，给出"好""一般""差"的评价。

第四节　建筑工程质量验收的程序和组织

一、检验批及分项工程的验收程序和组织

检验批及分项工程应由监理工程师（建设单位项目技术负责人）组织施工单位项目专业质量（技术）负责人等进行验收。

验收前，施工单位先填好检验批和分项工程的验收记录表（有关监理记录和结论不填），并由项目专业质量检验员和项目专业技术负责人分别在检验批和分项工程质量检验记录的相关栏目中签字，然后由监理工程师组织，严格按规定程序进行验收。

二、分部工程的验收程序和组织

分部工程应由总监理工程师（建设单位项目负责人）组织施工单位项目负责人和技术、质量负责人等进行验收，由于地基基础、主体结构技术性能要求严格，技术性强，关系到整个工程的安全，所以，地基与基础、主体结构分部工程的验收由勘察、设计单位工程项目负责人和施工单位技术、质量部门负责人参加相关分部工程验收。

三、单位工程质量验收程序与组织

1. 工程预验收

（1）单位（子单位）工程完工后，施工单位首先应依据施工合同、质量标准、设计图纸等组织有关人员进行自检并对检查结果进行评定，符合要求的单位（子单位）工程可填写单位工程竣工验收报审表，以及质量竣工验收记录、质量控制资料核查记录、安全和功能检验资料核查及观感质量检查记录等资料，并将单位工程竣工验收报审表及有关竣工资料报送项目监理机构申请工程预验收。

（2）项目监理机构收到预验收申请后，总监理工程师应组织各专业监理工程师审查工单位提交的单位工程竣工验收报审表以及其他有关竣工资料，并对工程质量进行竣工预验收，存在质量问题时，应由施工单位及时整改，整改合格后总监理工程师签认单位工程竣工验收报审表及有关资料。

（3）单位工程竣工资料应提前报请城建档案馆验收并获得预验收许可。

2. 竣工验收

（1）施工单位向建设单位提交工程竣工验收报告和完整的工程资料，申请工程竣工验收。

（2）建设单位收到施工单位提交的工程竣工报告后，当由建设单位项目负责人组织监理、设计、施工、勘察等单位项目负责人进行单位（子单位）工程验收。

（3）在整个单位工程进行验收时，已验收的子单位工程的验收资料应作为单位工程验收的附件。

（4）单位工程中的分包工程完工后，分包单位应对所承包的工程项目进行自检

并按验收统一标准的程序进行验收，验收时，总包单位应派人参加，分包单位应当将所分包工程的质量控制资料整理完整，并移交给总包单位，在竣工验收时，分包单位负责人也应当参加验收。

（5）参建各方当验收意见一致时，验收人员应分别在单位工程质量验收记录表上签字确认，当参建各方对工程质量验收意见不一致时，可以请当地建设行政主管部门或工程质量监督机构（也可以是其委托的部门、单位或各方认可的咨询单位）协调处理。

（6）单位工程质量验收合格后，建设单位应在规定时间内将工程竣工验收报告和竣工资料报县级以上人民政府建设行政主管部门或者其他有关部门备案。

第六章 建筑工程质量事故的处理

第一节 建筑工程质量事故概述

"百年大计，质量第一"是建筑工程行业的一贯方针。然而，因为影响建筑产品质量的因素繁多，在施工过程中稍有不慎，就极易引起系统性因素的质量变异，从而产生质量问题、质量事故、甚至发生严重的工程质量事故。因此，必须采取有效的措施，对常见的质量问题和事故事先加以预防，并对已经出现的质量事故及时进行分析与处理。

一、建筑工程质量事故的特点

确定建筑工程质量的优劣，可从设计和施工两方面考虑。我国《建筑结构设计统一标准》规定，建筑的结构必须满足下列各项功能的要求：

（1）能承受在正常施工及正常使用时可能出现的各种作用；

（2）在正常使用时具有良好的工作性能；

（3）在正常维护下具有足够的耐久性能；

（4）在偶然事件发生时及发生后，仍能保持必须的整体稳定性。

"缺陷"指建筑工程中经常发生的和普遍存在的一些工程质量问题，工程质量缺陷不同于质量事故，但是质量事故开始时往往表现为一般质量缺陷而易被忽视。根据我国有关质量、质量管理和质量保证方面的国家标准的定义，凡工程产品质量没有满足某个规定的要求，就称之为质量不合格；然而没有满足某个预期的使用要求或合理的期望（包括与安全性有关的要求），则称之为质量缺陷，在建设工程中通常所称的工程质量缺陷，一般是指房屋建筑工程的质量不符合国家工程建设强制性标准或行业现行有关技术标准、设计文件及合同中对质量的要求。随着建筑物的使用或时间的推移，质量缺陷逐渐发展，就有可能演变为事故，待认识到问题的严重性时，则往往处理困难或无法补救。因此，对质量缺陷均应认真分析，找出原因，进行必要处理。

工程质量事故，是指由于建设、勘察、设计、施工、监理等单位违反工程质量有关法律法规和工程建设标准，使工程产生结构安全、重要使用功能等方面的质量缺陷。这种由工程质量不合格和质量缺陷而造成或引发经济损失、工期延误或危及人的生命和社会正常秩序的事件，称为工程质量事故。

建筑工程项目的建设，具有综合性、可变性、多发性等特点，导致建筑工程质量事故更具有复杂性、严重性、可变性、多发性特点。

1. 复杂性

建筑生产与一般工业相比具有产品固定，生产流动；产品多样，结构类型不一，露天作业多，自然条件复杂多变；材料品种、规格多，材料性能各异；多工种、多专业交叉施工，相互干扰大，工艺要求不同、施工方法各异、技术标准不一等特点。因此，影响工程质量的因素繁多，造成质量事故的原因错综复杂，即便是同一类质量事故，而原因却可能截然不同。例如，就钢筋混凝土楼板开裂质量事故而言，其产生的原因就可能是：设计计算有误；结构构造不良；地基不均匀沉陷；或温度应力、地震力、膨胀力、冻涨力的作用；也可能是施工质量低劣、偷工减料或材质不良等等。在进行事故处理时，更会由于施工场地狭窄，及与完好建筑物间的联系等而产生更大的复杂性，诸如车辆、施工机具难于接近施工点，操作不慎会影响相邻建筑物的结构等等。所以使得对质量事故进行分析，判断其性质、原因及发展，确定处理方案与措施等都增加了复杂性及困难。

2. 严重性

工程项目一旦出现质量事故，其影响较大。轻者影响工程顺利进行、拖延工期、增加工程费用，重者则会留下隐患成为危险的建筑，影响使用功能或不能使用，更严重的还会引起建筑物的失稳、倒塌，造成人民生命、财产的巨大损失。因此对于建筑工程质量事故问题不能掉以轻心，必须高度重视，加强对工程建筑质量的监督管理，防患于未然，力争将事故消灭在萌芽之中，以确保建筑物的安全。

3. 可变性

许多建筑工程的质量事故出现后，其质量状态并非稳定于发现时的初始状态，而是有可能随时间、环境、施工情况等而不断地发展、变化着。例如，地基基础或桥墩的超量沉降可能随上部荷载的不断增大而继续发展；混凝土结构出现的裂缝可能随环境温度的变化而变化，或随荷载的变化及持续时间的变化而变化等。因此，有些在初始阶段并不严重的质量问题，如不及时处理和纠正，有可能发展成一般质量事故，一般质量事故有可能发展成为严重或重大质量事故。比如，开始时微细的裂缝可能发展为结构断裂或建筑物倒塌事故；土坝的涓涓渗漏有可能发展为溃坝。所以在分析、处理工程质量事故时，一定要注意质量事故的可变性，应及时采取可靠的措施，防止事故进一步恶化而发生质量事故；或加强观测与试验，取得可靠数据，预测未来发展的趋势。

4. 多发性

建筑工程质量事故多发性有两层意思，一是有些事故像"常见病""多发病"一样经常发生，而成为质量通病。例如，混凝土、砂浆强度不足，预制构件裂缝等。二是有些同类事故一再发生。例如，悬挑结构断塌事故，近几年在全国十几个省、市先后发生数十起，一再重复出现。

二、工程质量问题的分类

工程质量问题一般分为工程质量不合格、工程质量缺陷、工程质量通病与工程质量事故四种。

（1）工程质量不合格是指工程质量未满足设计、规范、标准的要求。

（2）工程质量缺陷是指各类影响工程结构、使用功能和外形观感的常见性质量损伤。

（3）工程质量通病是指建筑工程中经常发生的、普遍存在的工程质量问题。

（4）工程质量事故是指凡是工程质量不合格必须进行返修、加固或者报废处理，由此造成直接经济损失在5000元（含5000元）以上的。

三、建筑工程质量事故的分类

建设工程质量事故的分类方法有多种，既可按造成损失严重程度划分，又可按其产生的原因划分，也可按其造成的后果或事故责任区分。各部门、各专业工程，甚至各地区在不同时期界定和划分质量事故的标准尺度也不一样。

1. 按事故发生的时间分类

（1）施工过程中发生的质量事故。

（2）使用过程中发生的质量事故。

（3）改建扩建中发生的质量事故。

从国内外大量的统计资料分析，绝大多数质量事故都发生在施工阶段到交工验收前这段时间内。

2. 按事故损失的严重程度划分

（1）一般质量事故：凡具备下列条件之一者即一般质量事故。

1）直接经济损失在5000元（含5000元）以上，不满50000元的；

2）影响使用功能和工程结构安全，造成永久质量缺陷的。

（2）严重质量事故：凡具备下列条件之一者为严重质量事故。

1）直接经济损失在5万元（含5万元）以上，不满10万元的；

2）严重影响使用功能或工程结构安全，存在重大质量隐患的；

3）事故性质恶劣或造成2人以下重伤的。

（3）重大质量事故：凡具备下列条件之一者为重大质量事故，属于建设工程重大事故范畴。

1）工程倒塌或报废；

2）由于质量事故，造成人员死亡或重伤3人以上；

3）直接经济损失10万元以上。

按国家建设行政主管部门规定建设工程重大事故分为四个等级。工程建设过程中或由于勘察设计、监理、施工等过失造成工程质量低劣，而在交付使用后发生的重大质量事故，或因工程质量达不到合格标准，而需加固补强、返工或报废，直接经济损失 10 万元以上的重大质量事故。另外，由于施工安全问题，如施工脚手、平台倒塌、机械倾复、触电、火灾等造成建设工程重大事故。建设工程重大事故分为以下四级：

1）凡造成死亡 30 人以上或直接经济损失 300 万元以上为一级；

2）凡造成死亡 10 人以上 29 人以下或直接经济损失 100 万元以上，不满 300 万元为二级；

3）凡造成死亡 3 人以上，9 人以下或重伤 20 人以上或直接经济损失 30 万元以上，不满 100 万元为三级；

4）凡造成死亡 2 人以下，或重伤 3 人以上，19 人以下或者直接经济损失 10 万元以上，不满 30 万元为四级。

（4）特别重大事故：凡具备国务院发布的《特别重大事故调查程序暂行规定》所列发生一次死亡 30 人及其以上，或直接经济损失达 500 万元及其以上，或其他性质特别严重，上述影响三个之一均属特别重大事故。

（5）直接经济损失在 5000 元以下的列为质量问题。

3. 按事故性质分类

（1）倒塌事故：建筑物整体或局部倒塌。

（2）开裂事故：砌体或混凝土结构出现裂缝。

（3）错位偏差事故：结构构件尺寸、位置偏差过大；预埋件、预留洞等等错位偏差超过规定等。

（4）地基工程事故：地基失稳或变形，斜坡失稳等。

（5）基础工程事故：基础错位、变形过大，设备基础振动过大等。

（6）结构或构件承载力不足事故：混凝土结构中漏放或少放钢筋；钢结构中构件连接达不到设计要求等。

（7）建筑功能事故：房屋漏水、渗水，隔热或隔声功能达不到设计要求，装饰工程质量达不到标准等。

（8）其他事故：塌方、滑坡、火灾等事故。

（9）自然灾害事故：地震、风灾、水灾等事故。

4. 按事故造成的后果分类

（1）未遂事故

及时发现质量问题，经及时采取措施，未造成经济损失、延误工期或其它不良后果者，均属未遂事故。

（2）已遂事故

凡出现不符合质量标准或设计要求，造成经济损失、延误工期或其它不良后果者，全构成已遂事故。

5. 按事故责任分类

（1）指导责任事故

由于在工程中实施指导或领导失误而造成的质量事故。比如，由于工程负责人片面追求施工进度，放松或不按质量标准进行控制和检验，降低施工质量标准等。

（2）操作责任事故

是指在施工过程中，由于实施操作者不按规程和标准实施操作而造成的质量事故。例如，浇筑混凝土时随意加水；混凝土拌合料产生了离析现象仍浇筑入模；压实土方含水量以及压实遍数未按要求控制操作等。

6. 按事故发生原因分类

（1）技术原因引发的质量事故

是指在工程项目实施中由于设计、施工在技术上的失误而造成的事故。例如，结构设计计算错误；地质情况估计错误；采用了不适宜的施工方法或施工工艺等。

（2）管理原因引发的质量事故

主要指管理上的不完善或失误引发的质量事故。例如，施工单位或监理方的质量体系不完善；检验制度不严密；质量控制不严格；质量管理措施落实不力；检测仪器设备管理不善而失准，进场材料检验不严等原因引起的质量事故。

（3）社会、经济原因引发的质量事故

主要指由于社会、经济因素及在社会上存在的弊端和不正之风引起建设中的错误行为，而导致出现质量事故，例如，某些施工企业盲目追求利润而置工程质量于不顾，在建筑市场上随意压价投标，中标后则依靠违法手段或修改方案追加工程款，或偷工减料，或层层转包，凡此种种，这些因素经常是导致重大工程质量事故的主要原因，应当给予充分的重视。

第二节　建筑工程质量事故成因

一、建筑工程质量事故的一般原因

由于建筑工程工期较长，所用材料品种繁杂；在施工过程中，受社会环境和自然条件方面异常因素的影响；使产生的工程质量问题表现形式千差万别，类型多种多样。这使得引起工程质量问题的成因也错综复杂，往往一项质量问题是由于多种原因引起，如经济的、社会的和技术的原因等。虽然每次发生质量问题的类型各不相同，但是通过对大量质量问题调查与分析发现，其发生的原因有不少相同或相似之处，归纳其最基本的因素主要有：

1. 违背基本建设程序

基本建设程序是工程项目建设活动规律的客观反映，是我国经济建设经验的总结。《建设工程质量管理条例》明确指出：从事建设工程活动，必须严格执行基本建设程序，坚持先勘察、后设计、再施工的原则。县级以上人民政府及其有关部门不得超越权限审批建设项目或者擅自简化基本建设程序。但是，在具体的建设过程中，违反基本建设程序的现象屡禁不止，比如"七无"工程：无立项、无报建、无开工许可、无招投标、无资质、无监理、无验收；"三边"工程：边勘察、边设计、边施工。

2.违反法规行为

违反法规是指无证设计；无证施工；越级设计；越级施工；工程招、投标中的不公平竞争；超常的低价中标；非法分包、转包、挂靠；擅自修改设计等等行为。

3.工程地质勘察失误或地基处理失误

是指没有认真进行地质勘察或地质勘察过程中钻孔间距太大，不能反映实际地质情况，勘察报告不准确、不详细，未能查明诸如孔洞、墓穴、软弱土层等地层特征，致使地基基础设计时采用不正确的方案，造成地基不均匀沉降、结构失稳、上部结构开裂甚至倒塌。

4.设计问题

设计问题是指盲目套用图纸，结构方案不正确，计算简图与结构实际受力不符；荷载或内力分析计算有误；忽视构造要求，沉降缝、伸缩缝设置不符合要求；有些结构的抗倾覆、抗滑移未做验算；有的盲目套用图纸，这些是导致工程事故的直接原因。

5.施工及使用过程中的问题

施工管理人员及技术人员的素质差是造成工程质量事故的又一主要原因。主要表现在：

（1）缺乏基本的业务知识，不具备上岗操作的技术资质，盲目蛮干。

（2）不按照图纸施工，不遵守会审纪要、设计变更及其他技术核定制度和管理制度，主观臆断。如不按图纸施工，将铰接做成刚接，将简支梁做成连续梁，导致结构破坏；挡土墙不按图设滤水层、排水孔，导致压力增大，墙体破坏或倾覆；不按有关的施工规范和操作规程施工，浇筑混凝土时振捣不良，造成薄弱部位；砖砌体砌筑上下通缝，灰浆不饱满等均能导致砖墙或砖柱破坏。

（3）施工管理混乱，施工组织、施工工艺技术措施不当，违章作业。不熟悉图纸，盲目施工；施工方案考虑不周，施工顺序颠倒；图纸未经会审，仓促施工；技术交底不清，违章作业；不重视质量检查以及验收工作，一味赶进度，赶工期。

（4）建筑材料及制品质量低劣，使用不合格的工程材料、半成品、构件等，必然会导致质量事故的发生。

例如，钢筋物理力学性能不良会导致钢筋混凝土结构产生裂缝；骨料中活性氧化硅会导致碱骨料反应使混凝土产生裂缝；水泥安定性不合格会造成混凝土爆裂；水泥受潮、过期、结块，砂石含泥量及有害物含量超标，外加剂掺量等不符合要求时，会影响混凝土强度、和易性、密实性、抗渗性，从而导致混凝土结构强度不足、裂缝、渗漏等质量问题。此外，预制构件截面尺寸不足，支承锚固长度不足，未可靠地建立预应力值，漏放或少放钢筋，板面开裂等均可能出现断裂、坍塌。变配电设备质量缺陷导致自燃或火灾，电梯质量不合格危及人身安全，均可造成工程质量问题。

（5）施工中忽视结构理论问题，如：不严格控制施工荷载，造成构件超载开裂；不控制砌体结构的自由高度（高厚比），造成砌体在施工过程中失稳破坏；模板和支架、脚手架设置不当发生破坏等。

6. 自然条件影响

建筑施工露天作业多，受自然因素影响大，空气温度、湿度、暴雨、大风、洪水、雷电、日晒和浪潮等均可能成为质量问题的原因。

7. 建筑物使用不当

有些建筑物在使用过程中，需要改变其使用功能，增大使用荷载；或者需要增加使用面积，在原有建筑物上部增层改造；任意拆除承重结构部位；或者随意凿墙开洞，削弱承重结构的截面面积等，这些均超出了原设计规定，埋下了工程事故的隐患。

二、建筑工程质量事故的成因分析

由于影响工程质量的因素众多，一个工程质量问题的实际发生，既可能因设计计算和施工图纸中存在错误，也可能因施工中出现不合格或质量问题，也可能因使用不当，或者由于设计、施工甚至使用、管理、社会体制等多种原因的复合作用。要分析究竟是哪种原因所引起，必须对质量问题的特征表现，以及其在施工中和使用中所处的实际情况和条件进行具体分析。分析方法很多，但是其基本步骤和要领有：

1. 基本步骤

（1）进行细致的现场调查研究，观察记录全部实况，充分了解与掌握引发质量问题的现象和特征。

（2）收集调查与质量问题有关的全部设计和施工资料，分析摸清工程在施工或使用过程中所处的环境及面临的各种条件和情况。

（3）找出可能产生质量问题的所有因素。

（4）分析、比较和判断，找出最可能造成质量问题的原因。

（5）进行必要的计算分析或模拟试验予以论证确认。

2. 分析要领

（1）确定质量问题的初始点，即所谓原点，它是一系列独立原因集合起来形成的爆发点。

测其反映出质量问题的直接原因，而在分析过程中具有关键作用。

（2）围绕原点对现场各种现象和特征进行分析，区别导致同类质量问题的不同原因，逐步揭示质量问题萌生、发展和最终形成的过程。

（3）综合考虑原因复杂性，确定诱发质量问题的起源点即真正原因。工程质量问题原因分析是对一堆模糊不清的事物和现象客观属性和联系的反映，它的准确性和监理工程师的能力学识、经验和态度有极大关系，其结果不单是简单的信息描述，而是逻辑推理的产物，其推理可用于工程质量的事前控制。

第三节　建筑工程质量事故处理

一、建筑工程质量事故处理的任务和特点

（一）建筑工程质量事故处理的主要任务

这里所述的质量事故处理，一般情况下包括以下两方面的内容：一是事故部分或不合格品的位置，诸如：返工重做、返修、加固补强等；二是防止事故再发生而采取的纠正和预防措施。

事故处理的主要任务有以下七项：

1. 创造正常施工条件

国内外大量统计资料表明，工程质量事故大多数发生在施工期，并且事故往往影响施工的正常进行，只有及时、正确地处理事故，才能创造正常施工条件。

2. 确保建筑物安全

对结构裂缝、变形等明显的质量缺陷，必须作出正确的分析、鉴定，估计可能出现的发展变化及其危害性，并作适当处理，以确保结构安全。对结构构件中的隐患，如混凝土或砂浆强度不足，构件中漏放钢筋或者钢筋严重错位等事故，都需要从设计、施工等方面进行周密的分析和必要的计算，并采用适当的处理措施，排除这些隐患，保证建筑物安全使用。

3. 满足使用要求

建筑物尺寸、位置、净空、标高等方面的过大误差事故；隔热保温、隔声、防水、防火等建筑功能事故；以及损害建筑物外观的装饰工程事故等，均可能影响生产或使用要求，所以，必须进行适当的处理。

4. 保证建筑物具有一定的耐久性

有些质量事故虽然在短期内不影响使用和安全，但可能降低耐久性。如混凝土构件中受拉区较宽的裂缝；混凝土密实性差；钢构件防锈质量不良等，均可能减少建筑物使用年限，也应做适当处理。

5. 防止事故恶化，减少损失

由于不少质量事故随时间和外界条件而变化，须及时采取措施，避免事故不断扩大而造成不应有的损失。例如持续发展的过大的地基不均匀沉降，混凝土和砌体受压区中宽度不大的裂缝等均应及时处理，防止发展成倒塌而造成人身伤亡事故。

6. 有利于工程交工验收

施工中发生的质量事故，必须在后续工程施工前，对事故原因、危害、是否处理和怎样处理等问题作出必要的结论，并应使有关方面达成共识，避免到工程交工验收时，发生不必要的争议而延误工程的使用。

7. 防止事故再发生

防止同类事故或类似事故的再次发生而采取必要的纠正措施和预防措施。针对实际存在的事故原因而采取相应的技术组织措施，称其为纠正措施。例如沉桩设备功率太小，导致沉桩达不到设计要求，应采用更换设备的纠正措施。利用适当的信息来源，调查分析潜在的事故原因，并采取相应的技术组织措施，称为预防措施，例如从钢材市场情况获悉，钢筋不合格品比例不小，相应采取加强原材料采购质量控制等措施，防止不合格材料进场，同样能有效地防止事故的再发生。因此采取必要的纠正和预防措施，可以从根本上消除事故再发生。

（二）建筑工程质量事故处理的主要特点

工程质量事故处理有以下特点。

1. 复杂性

由于使用功能和建筑地区条件不同，建筑物种类繁多，加上施工中各种因素的影响，造成建筑施工中出现许多复杂的技术问题。如果事故发生在使用阶段，还涉及到使用不当等问题。尤其需要注意的是同一形态的事故，往往其产生的原因、性质与危害程度截然不同。所有这些众多的因素，都造成不少质量事故本身的复杂性。在进行事故处理时，更会由于施工场地狭窄，及与完好建筑物间的联系等而产生更大的复杂性，诸如车辆、施工机具难于接近施工点，操作不慎会影响相邻建筑物的结构等等。

2. 危险性

除了事故的复杂性给其处理工作带来的危险性外，还应注意以下两方面的危险因素：一是有些事故随时可能诱发建（构）筑物的突然倒塌；二是事故排除过程中，也可能造成事故恶化和人员伤亡。

3. 连锁性

建筑物局部出现质量事故，处理时不仅要修复事故部位，而且还应当考虑修复工程对下部结构乃至地基的影响，例如板承载能力不足的加固，往往引起从板、梁、柱到基础的连锁性加固。

4. 选择性

同一事故的处理方法和处理时间可有多种选择。在处理时间方面，一般均应选择及时进行处理，但是并非所有的事故都是处理越早越好，相反，有些事故因为匆忙处理，而不能取得预期的效果，甚至造成事故重复处理。在处理方法选择方面，应综合考虑安全、经济、可行、方便、可靠等因素，经过分析比较后，选定最优方案。

5. 技术难度大

通常修复补强工程比新建工程的技术难度大得多。因此除了正确分析事故原因，并提出有针对性的措施外，还必须严格控制处理设计、施工准备和操作检查验收，以及处理效果检验等项工作的质量。

6. 要有高度责任性

因为事故处理不仅涉及结构安全和建筑功能等方面的技术问题，而且还牵涉到单位之间的关系和人员处理，所以事故处理都必须十分慎重，对有关人员的政纪或者法纪处分更应慎之又慎。

二、建筑工程质量事故处理的原则和要求

（一）建筑工程质量事故处理必须具备的条件

1. 事故情况清楚

一般包括事故发生时间，事故情况描述，并附有必要的图纸与说明，事故观测记录和发展变化规律等。

2. 事故性质明确

主要应明确区分以下三个问题。

（1）是结构性的还是一般性的问题。如建筑物裂缝是由于承载力不足引起，还是由于地基不均匀沉降或温、湿度变形而造成；又比如构件产生过大的变形，是因结构刚度不足，还是施工缺陷所造成等等。

（2）是表面性的还是实质性的问题。如混凝土表面出现蜂窝麻面，就需要查清内部有无孔洞；又如结构裂缝，需要查清裂缝深度，对钢筋混凝土结构，还要查明钢筋锈蚀情况等。

（3）区分事故处理的迫切程度。如事故不及时处理，建筑物会不会突然倒塌？是否需要采取防护措施，以免事故扩大恶化等。

3. 事故原因分析准确、全面

如地基承载能力不足而造成事故，应该查清是地基土质不良，还是地下水位改变，或者出现侵蚀性环境；是原地质勘察报告不准，还是发现新的地质构造，或者是施工工艺或组织管理不善而造成等等。又如结构或构件承载力不足，是设计截面太小，还是施工质量低劣，或是超载等。

4. 事故评价基本一致

对发生事故部分的建筑结构质量进行评估，主要包括建筑功能、结构安全、使用要求以及对施工的影响等等评价。

5. 处理目的、要求明确

常见的处理目的要求有：恢复外观；防渗堵漏；封闭保护；复位纠偏；减少荷载；结构补强；限制使用；拆除重建等。事故处理前，有关单位对处理的要求应基本统一，避免事后无法作出一致的结论。

6. 事故处理所需资料齐全

包括有关施工图纸、施工原始资料（材料质量证明，各种施工记录，试验报告，检查验收记录等）、事故调查报告、有关单位对事故处理的意见和要求等。

（二）一般原则与注意事项

1. 一般原则

（1）正确确定事故性质。这是事故处理的先决条件。

（2）正确确定处理范围。除了事故直接发生部位（如局部倒塌区）外，还应检查事故对相邻结构的影响，正确的确定处理范围。

（3）满足处理的基本要求。事故处理应达到以下五项基本要求：安全可靠，不

留隐患；满足使用或生产要求；经济合理；材料、设备和技术条件满足需要；施工方便、安全。

（4）选好处理方案和时间。根据事故原因和处理目的，正确选用处理方案和时间。

（5）制定措施。制定有效、可行的纠正措施与预防措施。

2. 注意事项

（1）注意综合治理

首先要防止原有事故的处理引发新的事故；其次注意处理方法的综合应用，以利取得最佳效果。如构件承载能力不足，不仅可选择补强加固，还应考虑结构卸荷、增设支撑、改变结构方案等多种方案的综合应用。

（2）注意消除事故的根源

这不仅是一种处理方向和方法，而且还是防止事故再次发生的重要措施。例如超载引起的事故，应严格控制施工或作用荷载；地基浸水引起地基下沉，应消除浸水原因等。

（3）注意事故处理期的安全

一般应注意以下五个问题。

第一，不少严重事故岌岌可危，随时可能发生倒塌，只有在得到可靠地支护后，才准许进行事故处理，以防发生人员伤亡。

第二，对需要拆除的结构部分，应在制定安全措施后，方可开始拆除工作。

第三，凡涉及结构安全的，都应对处理阶段的结构强度和稳定性进行核算，提出可靠的安全措施，并在处理中严密监视结构的稳定性。

第四，重视处理中所产生的附加内力，以及由此引起的不安全因素。

第五，在不卸荷条件下进行结构加固时，要注意加固方法对结构承载力的影响。

（4）加强事故处理的检查验收工作

为确保事故处理的工程质量，必须从准备阶段开始，进行严格的质量检查验收。处理工作完成后，如果有必要，还应对处理工程的质量进行全面检验，以确认处理效果。

（三）事故不需要做专门处理的条件

工程质量缺陷虽已超出标准规范的规定而构成事故，但可以针对工程的具体情况，通过分析论证，从而作出不需要专门处理的结论。常见的有以下几种情况。

（1）不影响结构安全和正常使用：例如有的建筑物错位事故，如要纠正，困难很大或将造成重大损失，经过全面分析论证，只要不影响生产工艺和正常使用，可以不做处理。

（2）施工质量检验存在问题：例如有的混凝土结构检验强度不足，往往因为试块制作、养护、管理不善，其试验结果并不能真实地反映结构混凝土质量，在采用非破损检验等方法测定其实际强度已达到设计要求时，可不作处理。

（3）不影响后续工程施工和结构安全：例如后张法预应力屋架下弦产生少量细裂缝、小孔洞等局部缺陷，只要经过分析验算证明，施工中不会发生问题，就可继续施工。因为一般情况下，下弦混凝土截面中的施工应力大于正常的使用应力，只要通过施工的实际考验，使用时不会发生问题，因此不需要专门处理，仅仅需做表面修补。

（4）利用后期强度：有的混凝土强度虽未达到设计要求，但相差不多，同时短期内不会满荷载（包括施工荷载），此时可考虑利用混凝土后期强度，只要使用前达到设计强度，也可不做处理，但应严格控制施工荷载。

（5）通过对原设计进行验算可以满足使用要求：基础或结构构件截面尺寸不足，或材料力学性能达不到设计要求而影响结构承载能力，可以根据实测的数据，结合设计的要求进行验算，如仍能满足使用要求，并经设计单位同意后，可不做处理。但应指出：这是在挖设计潜力，因此需要特别慎重。

最后要强调指出：不论哪种情况，事故虽然可以不处理，但是仍然需要征得设计等有关单位的同意，并备好必要的书面文件，经有关单位签证后，供交工和使用参考。

三、建筑工程质量事故处理的依据

工程质量事故发生后，事故的处理主要应解决：查明原因，落实措施，妥善处理，消除隐患，界定责任。其中核心及关键是查明原因。

工程质量事故发生的原因是多方面的，引发事故的原因不同，事故责任的界定与承担也不同，事故处理的措施也不同。总之，对于所发生的质量事故，无论是分析原因、界定责任，以及做出处理决定，都需要以切实可靠的客观依据为基础。概括起来进行工程质量事故处理的主要依据有以下四个方面。

（一）质量事故的实况资料

要查明质量事故的原因和确定处理对策，首要的是要掌握质量事故实际情况。有关质量事故实况的资料主要来自以下几个方面。

1.施工单位的质量事故调查报告

质量事故发生后，施工单位有责任就所发生的质量事故进行周密的调查研究以掌握情况，并在此基础上写出调查报告，提交监理工程师和业主。在调查报告中首先应就与质量事故有关的实际情况做详尽的说明，其内容应包括：

（1）质量事故发生的时间、地点。

（2）质量事故状况的描述。例如，发生事故的类型（如混凝土裂缝、砖砌体裂缝等）；发生的部位（楼层、梁、柱等处）；分布状态及范围；缺陷程度（裂缝长度、宽度、深度等）。

（3）事故发展变化的情况。

如是否扩大其范围、程度，是否已稳定等。

（4）有关质量事故的观测记录。

2.监理单位调查研究所获得的第一手资料

其内容与施工单位调查报告中的有关内容大致相似，可用来与施工单位所提供的情况对照、核实。

（二）有关合同及合同文件

1．涉及的文件

所涉及的文件主要有：设计委托合同；工程承包合同；监理委托合同，设备与器材购销合同等。

2．有关合同和合同文件在处理质量事故中的作用

有关合同文件是判断在施工过程中有关各方是否按照合同有关条款实施其活动的依据。例如，施工单位是否按规定时间要求通知监理进行隐蔽工程检验，监理人员是否按规定时间实施检查和验收；施工单位在材料进场时，是否按规定进行检验等，借以探寻产生质量事故的原因。另外，有关合同文件还是界定质量责任的重要依据。

（三）有关技术文件和档案

1．有关的设计文件

如施工图纸和技术说明等，它是施工的重要依据。在处理质量事故中起两方面作用：一方面是可以对照设计文件，核查施工质量是否完全符合设计的规定和要求；另一方面是可以根据所发生的质量事故情况，核查设计中是否存在问题和缺陷成为质量事故的一方面原因。

2．与施工有关的技术文件和档案、资料

这类文件、档案主要有：

（1）施工组织设计或施工方案、施工计划。

（2）施工记录、施工日志等。借助这些资料可以追溯与探寻事故的可能原因。

（3）有关建筑材料的质量证明资料。例如，材料的批次、出厂日期、出厂合格证可检测报告、施工单位抽检或试验报告等。

（4）现场制备材料的质量证明资料。例如，混凝土搅拌料的配合比、水灰比、坍落度记录；混凝土试块强度试验报告，沥青拌合料配合比、出机温度和摊铺温度记录等。

（5）对事故状况的观测记录、试验记录或试验报告等。例如，对地基沉降的观测记录；对建筑物倾斜和变形的观测记录；对混凝土结构物钻取试样的记录与试验报告等。

（6）其它有关资料。上述各类技术资料对于分析质量事故原因，判断其发展变化趋势，推断事故影响以及严重程度，决定处理措施等都是不可缺少的。

（四）有关的建设法规

1．勘察、设计、施工、监理等单位资质管理方面的法规

《中华人民共和国建筑法》明确规定"国家对从事建筑活动的单位实行资质审查制度"。从事建筑活动的建筑施工企业、勘察单位、设计单位和工程监理单位，按照其拥有的注册资本、专业技术人员、技术装备和已完成的建筑工程业绩等资质条件，划分为不同的资质等级，经资质审查合格，取得相应等级的资质证书后，方可在其资质等级许可的范围内从事建筑活动。

《建设工程勘察设计资质管理规定》《工程设计资质标准》《建筑业企业资质标准》

《建筑业企业资质管理规定》和《工程监理企业资质管理规定》等。这类法规主要内容涉及：勘察、设计、施工和监理等单位的等级划分；明确各级企业应具备的条件；确定各级企业所能承担的任务范围；以及其等级评定的申请、审查、批准、升降管理等。

2. 从业者资格管理方面的法规

《中华人民共和国建筑法》规定从事建筑活动的专业技术人员，应当依法取得相应的执业资格证书，并在执业资格证书许可的范围内从事建筑活动。如对注册建筑师、注册结构工程师和注册监理工程师等有关人员实行资格认证制度。《中华人民共和国注册建筑师条例实施细则》《注册结构工程师执业资格制度暂行规定》与《监理工程师考试和注册试行办法》等。这类法规主要涉及建筑活动的从业者应具有相应的执业资格；注册等级划分；考试和注册办法；执业范围；权利、义务及管理等。

3. 建筑市场方面的法规

这类法律、法规主要涉及工程发包、承包活动，以及国家对建筑市场的管理活动。如《中华人民共和国合同法》和《中华人民共和国招标投标法》是国家对建筑市场管理的两个基本法律。这类法律、法规、文件主要是为了维护建筑市场的正常秩序和良好环境，充分发挥竞争机制，保证工程项目质量，提高建设水平。例如《招标投标法》明确规定"投标人不得以低于成本的报价竞标"，就是防止恶性杀价竞争，导致偷工减料引起工程质量事故。《合同法》明文"禁止承包人将工程分包给不具备相应资质条件的单位，禁止分包单位将其承包的工程再分包。建设工程主体结构的施工必须由承包人自行完成。"对违反者处以罚款，没收非法所得直到吊销资质证书，这均是为了保证工程施工的质量，防止因操作人员素质低造成质量事故。

4. 建筑施工方面的法规

以《中华人民共和国建筑法》为基础，国务院颁布了《建筑工程勘察设计管理条例》《建设工程质量管理条例》《建设工程安全生产管理条例》《房屋建筑工程质量保修办法》《实施工程建设强制性标准监督规定》《住宅室内装饰装修管理办法》《建筑施工企业安全生产许可证管理规定》《建设工程质量检测管理办法》以及《建设工程质量监督机构监督工作指南》和《建设工程监理规范》等法规和文件。主要涉及到施工技术管理、施工机械设备管理、建设工程监理、建筑安全生产管理和建设工程质量监督管理。它们与现场施工密切相关，因而与工程施工质量有密切关系或者直接关系。这类法律、法规文件涉及的内容十分广泛，其特点是大多与现场施工有直接关系，例如《建设工程监理规范》明确了现场监理工作的内容、深度、范围、程序、行为规范和工作制度。特别是国务院颁布的《建设工程质量管理条例》，以《建筑法》为基础，全面系统地对与建设工程有关的质量责任和管理问题，做了明确的规定，可操作性强。它不但对建设工程的质量管理具有指导作用，而且是全面保证工程质量和处理工程质量事故的重要依据。

5. 关于标准化管理方面的法规

这类法规主要涉及技术标准（勘察、设计、施工、安装、验收等）、经济标准和管理标准（如建设程序、设计文件深度、企业生产组织和生产能力标准、质量管理与质量保证标准等）。例如建设部发布了《实施工程建设强制性标准监督规定》《建筑材料行业标准化管理办法》是典型的标准化管理类法规，它的实施为《建设工程质量管理条例》提供了技术法规支持，是参与建设活动各方执行工程建设强制性标准和政府实施监督的依据，同时也是保证建设工程质量的必要条件，是分析处理工程质量事故，判定责任方的重要依据。

四、建筑工程质量事故处理的程序

（一）事故报告

工程质量事故发生后，事故现场有关人员应当立即向工程建设单位负责人报告；工程建设单位负责人接到报告后，应当于 1 小时内向事故发生地县级以上人民政府住房和城乡建设主管部门及有关部门报告。情况紧急时，事故现场有关人员可直接向事故发生地县级以上人民政府住房和城乡建设主管部门报告。

住房和城乡建设主管部门接到事故报告后，应当依照下列规定上报事故情况，并同时通知公安、监察机关等有关部门。

（1）较大、重大及特别重大事故逐级上报至国务院住房和城乡建设主管部门，一般事故逐级上报至省级人民政府住房和城乡建设主管部门，必要时可以越级上报事故情况。

（2）住房和城乡建设主管部门上报事故情况，应当同时报告本级人民政府；国务院住房和城乡建设主管部门接到重大和特别重大事故的报告后，应当立刻报告国务院。

（3）住房和城乡建设主管部门逐级上报事故情况时，每级上报时间不得超过 2 小时。

（4）事故报告应包括下列内容。

1）事故发生的时间、地点、工程项目名称、工程各参建单位名称；

2）事故发生的简要经过、伤亡人数（包括下落不明的人数）和初步估计的直接经济损失；

3）事故的初步原因；

4）事故发生后采取的措施及事故控制情况；

5）事故报告单位、联系人及联系方式；

6）其它应当报告的情况。

（5）事故报告后出现新情况，以及事故发生之日起 30 日内伤亡人数发生变化的，应及时补报。

（二）建筑工程质量事故处理的程序

建筑工程质量事故处理的程序：事故调查→事故原因分析→事故调查报告→结构可靠性鉴定→确定处理方案→事故处理设计→事故处理施工→验收和检验→结论。

1. 事故调查

事故调查包括事故情况与性质；涉及工程勘察、设计、施工各部门；并与使用条件和周边环境等各个方面有关。一般可分为初步调查，详细调查与补充调查。

初步调查：主要针对工程事故情况、设计文件、施工内业资料、使用情况等方面，进行调查分析，根据初步调查结果，判别事故的危害程度，确定是否需采取临时支护措施，以确保人民生命财产安全，并对事故处理提出初步处理意见。

详细调查：是在初步调查的基础上，认为有必要时，进一步对设计文件进行计算复核与审查，对施工进行检测确定是否符合设计文件要求，以及对建筑物进行专项观测与测量。如设计情况；地基及基础情况；结构实际情况；荷载情况；建筑物变形观测；裂缝观测等。

补充调查：是在已有调查资料还不能满足工程事故分析处理时，需增加的项目，一般需做某些结构试验与补充测试，如工程地质补充勘察，结构、材料的性能补充检测，载荷试验、建筑物内部缺陷的检查；较长时期的观测等。

住房和城乡建设主管部门应当按照有关人民政府的授权或委托，组织或者参与事故调查组对事故进行调查，并履行下列职责。

（1）核实事故基本情况，包括事故发生的经过、人员伤亡情况及直接经济损失；

（2）核查事故项目基本情况，包括项目履行法定建设程序情况、工程各参建单位履行职责的情况；

（3）依据国家有关法律法规和工程建设标准分析事故的直接原因和间接原因，必要时组织对事故项目进行检测鉴定和专家技术论证；

（4）认定事故的性质和事故责任；

（5）依照国家有关法律法规提出对事故责任单位和责任人员的处理建议；

（6）总结事故教训，提出防范和整改措施；

（7）提交事故调查报告。

2. 事故原因分析

在事故调查的基础上，对事故的性质、类别、危害程度以及发生的原因进行分析，为事故处理提供必须的依据。原因分析时，往往会存在原因的多样性和综合性，要正确区别分清同类事故的各种不同原因，通过详细的计算与分析、鉴别找到事故发生的主要原因。在综合原因分析中，除确定事故的主要原因外，应正确评估相关原因对工程质量事故的影响，以便能采取切实有效的综合加固修复方法。

（1）确定事故原点：事故原点的状况往往反映出事故的直接原因。

（2）正确区别同类型事故的不同原因：根据调查的情况，对事故进行认真、全面的分析，找出事故根本原因。

（3）注意事故原因的综合性要全面估计各类因素对事故的影响，以便采取综合治理措施。

常见的质量事故原因有以下几类：违反基本建设程序，无证设计，违章施工；地基承载能力不足或地基变形过大；材料性能不良，构件制品质量不合格；设计构造不当，结构计算错误；不按设计图纸施工，随意改变设计；不按规范要求施工，操作质量低劣；施工管理混乱，施工顺序错误；施工或使用荷载超过设计规定，楼面堆载过大；温度、湿度等环境影响，酸、碱、盐等化学腐蚀；其它外因作用，如大风、爆炸、地震等。

3. 事故调查报告

事故调查报告应当包括下列内容：

（1）事故项目及各参建单位概况；

（2）事故发生经过和事故救援情况；

（3）事故造成的人员伤亡和直接经济损失；

（4）事故项目有关质量检测报告和技术分析报告；

（5）事故发生的原因和事故性质；

（6）事故责任的认定和事故责任者的处理建议；

（7）事故防范和整改措施。

事故调查报告应当附具有关证据材料。事故调查组成员应当在事故调查报告上签名。

4.结构可靠性鉴定

根据事故调查取得的资料，对结构的安全性、适用性和耐久性进行科学的评定，为事故的处理决策确定方向。可靠性鉴定一般由专门从事建筑物鉴定的机构作出。

5.确定处理方案

根据事故调查报告、实地勘察结果和事故性质以及用户的要求确定优化方案。事故处理方案的制定，应以事故原因分析为基础，如果某些事故一时认识不清，而且一时不至产生严重的恶化，可以继续进行调查、观测，以便掌握更充分的资料数据，做进一步分析，找出原因，以利制定处理方案；切勿急于求成，不能对症下药，采取的处理措施不能达到预期效果，造成重复处理的不良后果。

制定的事故处理方案，应体现安全可靠，不留隐患，满足建筑物的功能和使用要求，技术可行经济合理等原则。如果各方一致认为质量缺陷不需专门的处理，必须经过充分的分析和论证。

6.事故处理设计

（1）按照有关设计规范的规定进行；

（2）考虑施工的可行性；

（3）重视结构环境的不良影响，防止事故再次发生。

7.事故处理施工

发生的质量事故，不论是否是由于施工承包单位方面的责任原因造成的，质量事故的处理通常都是由施工承包单位负责实施。施工应严格按照设计要求和有关的标准、规范的规定进行，并应注意以下事项：把好材料质量关；复查事故实际状况；做好施工组织设计；加强施工检查；确保施工安全。

8.工程验收和处理效果检验

在质量事故处理完毕后，对处理的结果应该根据规范规定和设计要求进行检查验收，评定处理结果是否符合设计要求。

9.事故处理结论

建筑工程质量事故处理结论包括以下几种。

（1）事故已排除，可继续施工；

（2）隐患已消除，结构安全有保证；

（3）经修补、处理后，完全能满足使用要求；

（4）基本上满足使用要求，但是使用时应有附加的限制条件，例如限制荷载等；

（5）对耐久性的结论；

（6）对建筑物外观影响的结论；

（7）对短期难以作出结论的，可提出进一步观测检验的意见。

五、建筑工程质量事故处理的方法与验收

（一）建筑工程质量事故处理的方法

事故处理方法，应当正确地分析和判断事故产生的原因，通常可以根据质量问题的情况，确定以下几种不同性质的处理方法。

1. 返工处理

即推倒重来，重新施工或更换零部件，自检合格后重新进行检查验收。当工程质量未达到规定的标准和要求，存在着严重质量问题，对结构的使用与安全构成重大影响，且又无法通过修补处理的情况下，可对检验批、分项、分部甚至整个工程返工处理。例如，某防洪堤坝填筑压实后，其压实土的干密度未达到规定值，经核算将影响土体的稳定且不满足抗渗能力要求，可挖除不合格土，重新填筑，进行返工处理。又如某公路桥梁工程预应力按规定张力系数为 1.3，实际仅为 0.8，属于严重的质量缺陷，也无法修补，只有返工处理。对某些存在严重质量缺陷，且无法采用加固补强等修补处理或修补处理费用比原工程造价还高的工程，应当进行整体拆除，全面返工。

2. 修补处理

即经过适当的加固补强、修复缺陷，自检合格后重新进行检查验收。这是最常用的一类处理方案，通常当工程的某个检验批、分项或分部的质量虽未达到规定的规范、标准或设计要求，存在一定缺陷，但通过修补或更换器具、设备后还可达到要求的标准，又不影响使用功能和外观要求，在此情况下，可以进行修补处理。属于修补处理这类具体方案很多，诸如封闭保护、复位纠偏、结构补强、表面处理等等。某些事故造成的结构混凝土表面裂缝，可根据其受力情况，仅作表面封闭保护。某些混凝土结构表面的蜂窝、麻面，经调查分析，可进行剔凿、抹灰等表面处理，一般不会影响其使用和外观。对较严重的质量问题，可能影响结构的安全性和使用功能，必须按一定的技术方案进行加固补强处理，这样往往会造成一些永久性缺陷，如改变结构外形尺寸，影响一些次要的使用功能等。

3. 让步处理

即对质量不合格的施工结果，经设计人的核验，虽没达到设计的质量标准，却尚不影响结构安全和使用功能，经业主同意后可予验收。例如，某些隐蔽部位结构混凝土表面裂缝，经检查分析，属于表面养护不够的干缩微裂，不影响使用及外观，可让步处理。

4. 降级处理

如对已完工部位，因轴线、标高引测差错而改变设计平面尺寸，且严重超过规范标准规定，若要纠正会造成重大经济损失，若经过分析、论证其偏差不影响生产工艺

和正常使用，在外观上也无明显影响，经承发包双方协商验收。

5. 不做处理

有些轻微的工程质量问题，虽超过了有关规范规定，已具有质量事故的性质，但可针对具体情况通过有关各方分析讨论，认定可不需专门处理。如面积小、点数多、程度轻的混凝土蜂窝麻面、露筋等在施工规范允许范围内的缺陷，可通过后续工序进行修复。

（二）建筑工程质量事故处理决策的辅助方法

对质量事故处理的决策，是一项复杂而重要的工作，其直接关系到工程的质量、工期和费用。所以，要做出对质量事故处理的决定，特别是对需要做出返工或不做处理的决定，更应当慎重对待，在对于某些复杂的质量事故做出处理决定前，可采取以下辅助方法做进一步论证。

1. 实验验证

即对某些有严重质量缺陷的项目，可采取合同规定的常规试验方法进一步进行验证，以便确定缺陷的严重程度。例如混凝土构件的试件强度低于要求的标准不太大（例如 10% 以内）时，可进行加载试验，以证明其是否满足使用要求，又如市政道路工程的沥青层面厚度误差超过了规范允许范围，可采用弯沉试验，检查路面的整体强度等。根据对试验验证检查的分析、论证，再研究处理决策。

2. 定期观测

有些工程，在发现其质量缺陷时其状态可能尚未达到稳定仍然会继续发展，在这种情况下一般不宜过早做出决定，可以对其进行一段时间的观测，然后再根据情况做出决定。属于这类的质量缺陷如建筑物沉降超过预计和规定的标准；建筑物墙体产生裂缝并处于发展状态等。有些有缺陷的工程，短期内其影响可能不十分明显，需要较长时间的观察检测或沉降观测才能得出结论。对此，监理工程师应与建设单位及施工单位协商，是否可以留待责任期解决或采取修改合同，延长责任期的办法。

3. 专家论证

对于某些工程缺陷，可能涉及的技术领域比较广泛，则可采取专家论证。采用这种办法时，应事先做好充分准备，尽早为专家提供尽可能详尽的情况和资料，以便使专家能够进行较充分的、全面和细致的分析、研究，提出切实的意见与建议。实践证明，采取此种方法，对重大事故问题做出恰当处理的决定十分有益。

4. 方案比较

这是比较常用的一种方法。同类型和同一性质的事故可先设计多种处理方案，然后结合当地的资源情况、施工条件等逐项给出权重，做出对比，从而选择具有较高处理效果又便于施工的处理方案。例如，结构构件承载力达不到设计要求，可采用改变结构构造来减少结构内力、结构卸荷或结构补强等不同处理方案，可将其每一方案按经济、工期、效果等指标列项并分配相应权重值，进行对比，辅助决策。

（三）质量事故处理的资料

处理工程质量事故，必须分析原因，作出正确的处理决策，这就要以充分的、准确的有关资料作为决策的基础和依据，一般质量事故处理，必须具备以下资料：

（1）与工程质量事故有关的施工图。

（2）与工程施工有关的资料、记录。

例如，建筑材料的试验报告，各种中间产品的检验记录和试验报告（如沥青拌合料温度量测记录、混凝土试块强度试验报告等），以及施工记录等。

（3）事故调查分析报告。

事故调查分析报告一般应包括以下内容：

1）质量事故的情况。包括发生质量事故的时间、地点，事故情况，有关的观测记录，事故的发展变化趋势，是否已趋稳定等。

2）事故性质。应区分是结构性问题还是一般性问题；是内在的实质性的问题，还是表面性的问题；是否需要及时处理，是否需要采取保护性措施。

3）事故原因。阐明造成质量事故的主要原因，例如，对混凝土结构裂缝是由于地基不均匀沉降原因导致的，还是由于温度应力所至，或者是由于施工拆模前受到冲击、振动的结果，还是由于结构本身承载力不足等。对此应附有有说服力的资料、数据说明。

4）事故评估。应阐明该质量事故对于建筑物功能、使用要求、结构承受力性能及施工安全有何影响，并应附有实测、验算数据和试验资料。

5）事故涉及的人员与主要责任者的情况等。

（4）设计单位、施工单位、监理单位和建设单位对事故处理的意见和要求。、

（5）事故处理后的资料事故处理后，应该由监理工程师提出事故处理报告，其内容包括：

1）质量事故调查报告；

2）质量事故原因分析；

3）质量事故处理依据；

4）质量事故处理方案、方法以及技术措施；

5）质量事故处理施工过程的各种原始记录资料；

6）质量事故检查验收记录；

7）质量事故结论等。

（四）建筑工程质量事故处理的验收

质量事故的技术处理是否达到了预期目的，消除了工程质量不合格和工程质量问题，是否仍留有隐患。监理工程师应通过组织检查和必要的鉴定，进行验收并予以最终确认。

1.检查验收

工程质量事故处理完成后，在施工单位自检合格报验的基础上，按施工验收标准及有关规范的规定进行，结合监理人员的旁站、巡视和平行检验结果，依据质量事故技术处理方案设计要求，通过实际量测，检查各种资料数据进行验收，并应办理交工验收文件，组织各有关单位会签。

2.必要的鉴定

为确保工程质量事故的处理效果，凡涉及结构承载力等使用安全与其他重要性能的处理工作，通常需做必要的试验和检验鉴定工作或质量事故处理施工过程中建筑材料及构配件保证资料严重缺乏，或对检查验收结果各参与单位有争议时，常见的检验工作有：混凝土钻芯取样，用于检验密实性和裂缝修补效果，或是检测实际强度；结构荷载试验，确定其实承载力；超声波检测焊接或结构内部质量；池、罐、箱柜工程的渗漏检验等。检测鉴定必须委托政府批准的有资质的法定检测单位进行。

3. 验收结论

对所有质量事故无论经过技术处理、通过检查鉴定验收还是不需专门处理的，均应有明确的书面结论。若对后续工程施工有特定要求，或者对建筑物使用有一定限制条件，应在结论中提出。

验收结论通常有以下几种：

（1）事故已排除，可以继续施工。

（2）隐患已消除，结构安全有保证。

（3）经修补处理后，完全能够满足使用要求。

（4）基本上满足使用要求，但使用时应有附加限制条件，例如限制荷载等。

（5）对耐久性的结论。

（6）对建筑物外观影响的结论。

（7）对短期内难以作出结论的，可以提出进一步观测检验意见。

对于处理后符合规定的，监理工程师应确认，并应注明责任方主要承担的经济责任。对经处理仍不能满足安全使用要求的分部工程，单位（子单位）工程，应拒绝验收。

第七章 建筑工程施工安全技术措施

第一节 建筑工程安全管理基础

一、建筑工程安全管理制度

（一）建筑安全管理概述

《辞海》将"安全生产"解释为：为预防生产过程中发生人身、设备事故，形成良好劳动环境和工作秩序而采取的一系列措施与活动。《中国大百科全书》将"安全生产"解释为：旨在保护劳动者在生产过程中安全的一项方针，也是企业管理必须遵循的一项原则，要求最大限度地减少劳动者的工伤和职业病，保障劳动者在生产过程中的生命安全和身体健康。后者将安全生产解释为企业生产的一项方针、原则和要求；前者则解释为企业生产的一系列措施和活动。根据现代系统安全工程的观点，安全生产，从一般意义上讲，是指在社会生产活动中，通过人、机、物料、环境的和谐运作，使生产过程中潜在的各种事故风险和伤害因素始终处于有效控制状态，切实保护劳动者生命安全和身体健康。

1. 建筑工程项目安全生产管理的定义

建筑工程项目安全生产管理，是指住房城乡建设主管部门、建筑安全监督管理机构、建筑施工企业及有关单位对建筑安全生产过程中的安全工作，进行计划、组织、指挥、控制、监督、调节和改进等一系列致力于满足生产安全的管理活动。

2. 建筑工程施工安全生产的特点

（1）产品的固定性导致作业环境局限性。建设产品坐落在一个固定的位置上，导致了必须在有限的场地和空间上集中大量的人力、物资、机具来进行交叉作业，导致作业环境的局限性，因而易产生物体打击等伤亡事故。

（2）露天作业导致作业条件恶劣性。建设工程施工大多是在露天空旷的场地上完成的，导致工作环境相当艰苦，容易发生伤亡事故。

（3）体积庞大带来了施工作业高空性。建设产品体积十分庞大，操作工人大多在十几米，甚至几百米上进行高处作业，因而容易产生高处坠落的伤亡事故。

（4）流动性大、工人素质低带来了安全管理的难度性。因为建设产品的固定性，当这一产品完成后，施工单位就必须转移到新的施工地点去，施工人员流动性大，素质较差，要求安全管理举措必须及时、到位，带来施工安全管理的难度性。

（5）手工操作多、体力消耗大、强度高带来了个体劳动保护的艰巨性。在恶劣的作业环境下，施工工人的手工操作多，体能耗费大，劳动时间和劳动强度都比其他行业要大，其职业危害严重，带来了个人劳动保护的艰巨性。

（6）产品多样性、施工工艺多变性要求安全技术措施和安全管理的保证性。建设产品多样性、施工生产工艺复杂多变性，如一栋建筑从基础、主体至竣工验收，各道施工工序均有其不同的特性，其不安全的因素各不相同。同时，随着工程建设进度的推进，施工现场的不安全因素也在随时变化，要求施工单位必须针对工程进度和施工现场实际情况不断及时地采取安全技术措施和安全管理措施予以保证。

（7）施工场地窄小带来了多工种立体交叉性。近年来，建筑由低向高发展，施工现场却由宽到窄发展，致使施工场地和施工条件要求的矛盾日益突出，多工种交叉作业增加，导致机械伤害、物体打击事故增多。

施工安全生产的上述特点，决定了施工生产的安全隐患多存在于高处作业、交叉作业、垂直运输、个体劳动保护以及使用电气工具上，伤亡事故也多发生在高处坠落、物体打击、机械伤害、起重伤害、触电、坍塌等方面。同时，超高层、新、奇、个性化的建筑产品的出现，给建筑施工带来了新的挑战，也给建设工程安全管理和安全防护技术提出了新的要求。

（二）建筑施工现场安全生产的基本要求

长期以来，建筑施工现场总结制定了一些行之有效的安全生产基本要求与规定，主要有以下几个方面。

1. 安全生产六大纪律

（1）进入现场必须戴好安全帽、扣好帽带；并正确使用个人劳动防护用品。

（2）2 m 以上的高处、悬空作业无安全设施的，必须系好安全带、扣好保险钩。

（3）高处作业时，不准往下或向上乱抛材料和工具等物件。

（4）各种电动机械设备必须有可靠有效的安全接地和防雷装置，方能开动使用。

（5）不懂电气和机械的人员，严禁使用和玩弄机电设备。

（6）吊装区域非操作人员严禁入内，吊装机械必须完好，拔杆垂直下方不准站人。

2. 施工现场"十不准"

（1）不准从正在起吊、运吊中的物件下通过。

（2）不准从高处往下跳或奔跑作业。

（3）不准在没有防护的外墙和外壁板等建筑物上行走。

（4）不准站在小推车等不稳定的物体上操作。

（5）不得攀登起重臂、绳索、脚手架、井字架、龙门架和随同运料的吊盘以及吊装物上下。

（6）不准进入挂有"禁止出入"或设有危险警示标志的区域、场所。

（7）不准在重要的运输通道或上下行走通道上逗留。

（8）未经允许不准私自进入非本单位作业区域或管理区域，尤其是存有易燃易爆物品的场所。

（9）严禁在无照明设施无足够采光条件的区域、场所内行走、逗留。

（10）不准无关人员进入施工现场。

3. 安全生产十大禁令

（1）严禁赤脚，穿拖鞋、高跟鞋及不戴安全帽人员进入施工现场作业。

（2）严禁一切人员在提升架、吊机的吊篮上面及在提升架井口或吊物下操作、站立、行走。

（3）严禁非专业人员私自开动任何施工机械及驳接、拆除电线与电器。

（4）严禁在操作现场（包括在车间、工场）玩耍、吵闹和从高空抛掷材料、工具、砖石及一切物资。

（5）严禁土方工程的凿岩取土及不按规定放坡或者不加支撑的深基坑开挖施工。

（6）严禁在不设栏杆或其他安全措施的高空作业和单皮墙、出砖线上面行走。

（7）严禁在未设安全措施的同一部位同时进行上下交叉作业。

（8）严禁带小孩进入施工现场（包括车间、工场）作业。

（9）严禁在高压电源的危险区域进行冒险作业，不穿绝缘鞋进行机械操作；严禁用手直接提拿灯头及电线移动照明。

（10）严禁在有危险品、易燃品的厂房、木工棚场及现场仓库内吸烟、生火。

4. 十项安全技术措施

（1）按规定使用安全"三宝"。

（2）机械设备防护装置一定要齐全、有效。

（3）塔式起重机等起重设备必须限位，保险装置齐全、安全可靠，不准"带病"运转，不准超负荷作业，不准在运转中维修保养。

（4）架设电线线路必须符合《施工现场临时用电安全技术规范》，电气设备须全部接零保护。

（5）电动机械和手持电动工具要设置漏电保护装置。

（6）脚手架材料及脚手架的搭设必须符合规范要求。

（7）各种缆风绳及其设置必须符合规范要求。

（8）在建工程的楼梯口、电梯口、预留洞口、通道口，必须有防护设施。

（9）严禁赤脚或穿高跟鞋、拖鞋进入施工现场，高空作业不准穿硬底和带钉易滑的鞋靴。

（10）施工现场的悬崖、陡坡等危险地区应设警示标志，夜间要设红灯示警。

5. 防止违章和事故的十项操作要求

（1）新工人未经三级安全教育，复工换岗人员未经安全岗位教育，不盲目操作。

（2）特殊工种人员、机械操作工未经专门安全培训，无有效安全上岗操作证，不盲目操作。

（3）施工环境和作业对象情况不清，施工前无安全措施或者作业安全交底不清，不盲目操作。

（4）新技术、新工艺、新设备、新材料、新岗位无安全措施，未进行安全培训教育、交底，不盲目操作。

（5）安全帽和作业所必需的个人防护用品不落实，不盲目操作。

（6）电焊机、钢筋机械、起重机等设施设备和现场各工序项目施工后，未经验收合格，不盲目操作。

（7）作业场所安全防护措施不落实，安全隐患不排除，威胁人身和国家财产安全时，不盲目操作。

（8）凡上级或管理干部违章指挥，有冒险作业情况时，不盲目操作。

（9）高处作业、带电作业、禁火区作业等其他危险作业的，全应由上级指派，并经安全交底，未经指派批准，未经安全交底和无安全防护措施，不盲目操作。

（10）隐患未排除，有自己伤害自己、自己伤害他人、自己被他人伤害的不安全因素存在时，不盲目操作。

6. 防止触电伤害的十项基本安全操作要求

（1）非电工严禁拆、接电气线路、插头、插座、电气设备、电灯等。

（2）使用电气设备前必须要检查线路、插头、插座、漏电保护装置是否完好。

（3）电气线路或机具发生故障时，应找电工处理，非电工不得自行修理或排除故障。

（4）使用振捣器等手持电动机械和其他电动机械从事湿作业时，应由电工接好电源，安装漏电保护器，操作者必须穿好绝缘鞋、戴好绝缘手套后再进行作业。

（5）搬迁或移动电气设备必须先切断电源。

（6）搬运钢管及其他金属物时，严禁触碰到电线。

（7）禁止在电线上晒物料。

（8）禁止使用照明器烘烤、取暖，禁止擅自使用电炉和其他电加热器。

（9）在架空输电线路附近工作时，应停止输电，不能停电时，应有隔离措施，要保持安全距离，防止触碰。

（10）电线必须架空，不得在地面、施工楼面随意乱拖，若必须通过地面、楼面时应有过路保护，物料、车、人不准压、踏、碾磨电线。

7. 起重吊装"十不吊"规定

（1）起重臂和吊起的重物下面有人停留或行走不准吊。

（2）起重指挥应由技术培训合格的专职人员担任，无指挥或者信号不清不准吊。

（3）钢筋、型钢、管材等细长和多根物件必须捆扎牢靠，多点起吊。单头"千斤"或捆扎不牢靠不准吊。

（4）多孔板、积灰斗、手推翻斗车不用四点吊或大磨板外挂板不用卸甲不准吊。

预制钢筋混凝土楼板不准双拼吊。

（5）吊砌块必须使用安全可靠的砌块夹具，吊砖须使用砖笼，并堆放整齐。木砖、预制埋件等零星物件要用盛器堆放稳妥，叠放不齐不准吊。

（6）楼板、大梁等吊物上站人不准吊。

（7）埋入地面的板桩、井点管等以及粘连、附着的物件不准吊。

（8）多机作业，应保证所吊重物距离不小于3 m，在同一轨道上多机作业，无安全措施不准吊。

（9）六级以上强风区不准吊。

（10）斜拉重物或超过机械允许载荷不准吊。

8. 气割、电焊"十不烧"规定

（1）焊工必须持证上岗，无特种作业人员安全操作证的人员，不准进行焊、割作业。

（2）凡属一、二、三级动火范围的焊、割作业，未经办理动火审批手续，不准进行焊、割。

（3）焊工不了解焊、割现场周围情况，不得进行焊、割。

（4）焊工不了解焊件内部是否安全时，不得进行焊、割。

（5）各种装过可燃气、易燃液体和有毒物质的容器，未经彻底清洗，排除危险性之前，不准进行焊、割。

（6）用可燃材料作保温层、冷却层、隔声、隔热设备的部件，或者火星能飞溅到的地方，在未采取切实可靠的安全措施前，不准焊、割。

（7）有压力或密封的管道、容器，不准焊、割。

（8）焊、割部位附近有易燃易爆物品，在未作清理或未采取有效的安全措施之前，不准焊、割。

（9）附近有与明火作业相抵触的工种在作业时，不准焊、割。

（10）与外单位相连的部位，在没有弄清有无险情，或明知存在危险而未采取有效的措施之前，不准焊、割。

9. 防止机械伤害的"一禁、二必须、三定、四不准"

（1）不懂电器和机械的人员严禁使用和摆弄机电设备。

（2）机电设备应完好，必须有可靠、有效的安全防护装置。

（3）机电设备停电、停工休息时必须拉闸关机，按要求上锁。

（4）机电设备应做到定人操作，定人保养、检查。

（5）机电设备应做到定机管理，定期保养。

（6）机电设备应做到定岗位和岗位职责。

（7）机电设备不准带"病"运转。

（8）机电设备不准超负荷运转。

（9）机电设备不准在运转时维修保养。

（10）机电设备运行时，操作人员不准将头、手、身伸入运转的机械行程范围之内。

10. 防止车辆伤害的十项基本安全操作要求

（1）未经劳动、公安等部门培训合格持证人员，不熟悉车辆性能者不得驾驶车辆。

（2）应坚持做好例行保养工作，车辆制动器、喇叭、转向系统、灯光等影响安全的部件如作用不良不准出车。

（3）严禁翻斗车、自卸车车厢乘人，严禁人货混装，车辆载货应不超载、超高、超宽，捆扎应牢固可靠，应当防止车内物体失稳跌落伤人。

（4）乘坐车辆应坐在安全处，头、手、身不得露出车厢外，要避免车辆启动制动时跌倒。

（5）车辆进出施工现场，在场内掉头、倒车，在狭窄场地行驶时应有专人指挥。

（6）现场行车进场要减速，并做到"四慢"，即道路情况不明要慢，线路不良要慢，起步、会车、停车要慢，在狭路、桥梁弯路、坡路、岔道、行人拥挤地点及出入大门时要慢。

（7）在临近机动车道的作业区以及在道路中的路障应加设安全色标、安全标志和防护措施，并要确保夜间有充足的照明。

（8）装卸车作业时，若车辆停在坡道上，应在车轮两侧用楔形木块加以固定。

（9）人员在场内机动车道应该避免右侧行走，并做到不平排结队有碍交通；避让车辆时，禁止避让于两车交会之中，不站于旁有堆物无法退让的死角。

（10）机动车辆不得牵引无制动装置的车辆；牵引物体时，物体上不得有人，人不得进入正在牵引的物与车之间；坡道上牵引时，车与被牵引物下方不得有人作业和停留。

（三）建筑工程安全生产管理制度

1. 建筑施工企业安全生产许可制度

为了严格规范建筑施工企业安全生产条件，进一步加强安全生产监督管理，防止和减少生产安全事故，国家对建筑施工企业实行安全许可制度，未取得安全生产许可证的建筑施工企业，不得从事建筑施工活动。《建筑施工企业安全生产许可证管理规定》（简称《规定》）的主要内容如下。

（1）安全生产许可证的申请条件

建筑施工企业取得安全生产许可证，应具备下列安全生产条件：

1）建立健全安全生产责任制，制定完备的安全生产规章制度和操作规程。

2）保证本单元安全生产条件所需资金的投入。

3）设置安全生产管理机构，按照国家有关规定配备专职安全生产管理人员。

4）主要负责人、项目负责人、专职安全生产管理人员经建设主管部门或者其他有关部门考核合格。

5）特种作业人员经有关业务主管部门考核合格，取得特种作业操作资格证书。

6）管理人员和作业人员每年至少进行一次安全生产教育培训并考核合格。

7）依法参加工伤保险，依法为施工现场从事危险作业的人员办理意外伤害保险，为从业人员交纳保险费。

8）施工现场的办公、生活区及作业场所和安全防护用具、机械设备、施工机具及配件符合有关安全生产法律、法规、标准和规程的要求。

9）有职业危害防治措施，并为作业人员配备符合国家标准或者行业标准的安全防护用具和安全防护服装。

10）有对危险性较大的分部分项工程及施工现场易发生重大事故的部位、环节的预防、监控措施和应急方案。

11）有生产安全事故应急救援预案、应急救援组织或者应急救援人员，配备必要应急救援器材、设备。

12）法律、法规规定的其他条件。

（2）安全生产许可证的申请与颁发

1）建筑施工企业从事建筑施工活动前，应当依照本规定向省级以上建设主管部门申请领取安全生产许可证。中央管理的建筑施工企业（集团公司、总公司）应当向国务院建设主管部门申请领取安全生产许可证。其他建筑施工企业，包括中央管理的建筑施工企业（集团公司、总公司）下属的建筑施工企业，应当向企业注册所在地省、自治区、直辖市建设主管部门申请领取安全生产许可证。

2）建筑施工企业申请安全生产许可证时，应向建设主管部门提供下列材料：

①建筑施工企业安全生产许可证申请表。

②企业法人营业执照。

③安全生产许可证的申请条件规定的相关文件、材料。建筑施工企业申请安全生产许可证，应当对申请材料实质内容的真实性负责，不得隐瞒有关情况或者提供虚假材料。

3）建设主管部门应当自受理建筑施工企业的申请之日起45日内审查完毕；经审查符合安全生产条件的，颁布安全生产许可证；不符合安全生产条件的，不予颁发安全生产许可证，书面通知企业并说明理由，企业自接到通知之日起应进行整改，整改合格后方可再次提出申请。

4）建设主管部门审查建筑施工企业安全生产许可证申请，涉及铁路、交通、水利等有关专业工程时，可以征求铁路、交通、水利等等有关部门的意见。

5）安全生产许可证的有效期为3年。安全生产许可证有效期满需要延期的，企业应当于期满前3个月向原安全生产许可证颁布管理机关申请办理延期手续。

6）企业在安全生产许可证有效期内，严格遵守有关安全生产的法律法规，未发生死亡事故的，安全生产许可证有效期届满时，经原安全生产许可证颁布管理机关同意，不再审查，安全生产许可证有效期延期3年。

7）建筑施工企业变更名称、地址、法定代表人等，应当在变更后10日内，到原安全生产许可证颁布管理机关办理安全生产许可证变更手续。

8）建筑施工企业破产、倒闭、撤销的，应当将安全生产许可证交回原安全生产许可证颁发管理机关予以注销。建筑施工企业遗失安全生产许可证，应当立即向原安全生产许可证颁发管理机关报告，并在公众媒体上声明作废后，方可以申请补办。

9）安全生产许可证分正本和副本，正、副本具有同等法律效力。

（3）安全生产许可证的监督管理

1）县级以上人民政府建设主管部门应当加强对建筑施工企业安全生产许可证的

监督管理。建设主管部门在审核发放施工许可证时，应当对已经确定的建筑施工企业是否有安全生产许可证进行审查，对没有取得安全生产许可证的，不得颁发施工许可证。

2）跨省从事建筑施工活动的建筑施工企业有违反本规定行为的，由工程所在地省级人民政府建设主管部门将建筑施工企业在本地区的违法事实、处理结果和处理建议抄告原安全生产许可证颁发管理机关。

3）建筑施工企业取得安全生产许可证后，不得降低安全生产条件，并应当加强日常安全生产管理，接受建设主管部门的监督检查。安全生产许可证颁发管理机关发现企业不再具备安全生产条件的，应当暂扣或者吊销安全生产许可证。

4）安全生产许可证颁发的管理机关或者其上级行政机关发现有下列情形之一的，可以撤销已经颁发的安全生产许可证：

①安全生产许可证颁发管理机关工作人员滥用职权、玩忽职守颁发安全生产许可证的。

②超越法定职权颁发安全生产许可证的。

③违反法定程序颁发安全生产许可证的。

④对不具备安全生产条件的建筑施工企业发布安全生产许可证的。

⑤依法可以撤销已经颁发的安全生产许可证的其他情形。

依照以上规定撤销安全生产许可证，建筑施工企业的合法权益受到损害的，建设主管部门应依法给予赔偿。

5）安全生产许可证颁发管理机关应当建立健全安全生产许可证档案管理制度，定期向社会公布企业取得安全生产许可证的情况，每年向同级安全生产监督管理部门通报建筑施工企业安全生产许可证颁发和管理情况。

6）建筑施工企业不得转让、冒用安全生产许可证或者使用伪造的安全生产许可证。

7）建设主管部门工作人员在安全生产许可证颁发、管理和监督检查工作中，不得索取或者接受建筑施工企业的财物，不得谋取其他利益。

8）任何单位或者个人对违反本规定的行为，有权利向安全生产许可证颁发管理机关或者监察机关等有关部门举报。

（4）法律责任

1）违反《规定》，建设主管部门工作人员有下列行为之一的，给予降级或者撤职的行政处分；构成犯罪的，依法追究刑事责任：

①向不符合安全生产条件的建筑施工企业颁发安全生产许可证的。

②发现建筑施工企业未依法取得安全生产许可证擅自从事建筑施工活动，不依法处理的。

③发现取得安全生产许可证的建筑施工企业不再具备安全生产条件，不依法处理的。

④接到对违反本规定行为的举报后，不及时处理的。

⑤在安全生产许可证颁发、管理与监督检查工作中，索取或者接受建筑施工企业的财物，或者谋取其他利益的。

由于建筑施工企业弄虚作假，造成第1）项行为的，对建设主管部门工作人员不予处分。

2）取得安全生产许可证的建筑施工企业，发生重大安全事故的，暂扣安全生产许可证并且限期整改。

3）建筑施工企业不再具备安全生产条件的，暂扣安全生产许可证并限期整改；情节严重的，吊销安全生产许可证。

4）建筑施工企业未取得安全生产许可证擅自从事建筑施工活动的，责令其在建项目停止施工，没收违法所得，并处10万元以上50万元以下的罚款；造成重大安全事故或者其他严重后果，构成犯罪的，依法追究刑事责任。

5）安全生产许可证有效期满未办理延期手续，继续从事建筑施工活动的，责令其在建项目停止施工，限期补办延期手续，没收违法所得，并且处5万元以上10万元以下的罚款；逾期仍不办理延期手续，继续从事建筑施工活动的，依照《规定》第二十四条的规定处罚。

6）建筑施工企业转让安全生产许可证的，没收违法所得，处10万元以上50万元以下的罚款，并吊销安全生产许可证；构成犯罪的，依法追究刑事责任；接受转让的，依照《规定》第二十四条的规定处罚。

7）冒用安全生产许可证或者使用伪造的安全生产许可证的，依照《规定》规定处罚。

8）建筑施工企业隐瞒有关情况或者提供虚假材料申请安全生产许可证的，不予受理或者不予颁发安全生产许可证，并给予警告，1年内不得申请安全许可证。

9）建筑施工企业以欺骗、贿赂等不正当手段取得安全生产许可证的，撤销安全生产许可证，3年内不得再次申请安全生产许可证；构成犯罪的，依法追究刑事责任。

10）暂扣、吊销安全生产许可证的行政处罚，由安全生产许可证的颁发管理机关决定；其他行政处罚，由县级以上地方人民政府建设主管部门决定。

2.政府安全监督制度

建筑安全生产监督管理是指各级人民政府、住房城乡建设主管部门及其授权的建筑安全生产监督机构对建筑安全生产所实施的行业监督管理。

《建设工程安全生产管理案例》对建设工程安全生产的监督管理作了明确规定，其内容如下所述。

（1）政府安全监督检查的管理体系

1）国务院负责安全生产监督管理的部门依照《中华人民共和国安全生产法》的规定，对全国建设工程安全生产工作实施综合监督管理。

2）县级以上地方人民政府负责安全生产监督管理的部门依照《中华人民共和国安全生产法》的规定，对本行政区域内建设工程安全生产工作实施综合监督管理。

3）国务院住房城乡建设主管部门对全国的建设工程安全生产实施监督管理，国务院铁路、交通、水利等等有关部门按照国务院规定的职责分工，负责有关专业建设工程安全生产的监督管理。

4）县级以上地方人民政府住房城乡建设主管部门对本行政区域内的建设工程安全生产实施监督管理。县级以上地方人民政府交通、水利等有关部门在各自的职责范围内，负责本行政区域内的专业建设工程安全生产的监督管理。

（2）政府安全监督检查的职责与权限

1）住房城乡建设主管部门和其他有关部门应当将依法批准开工报告的建设工程和拆除工程的有关备案资料主要内容抄送同级负责安全生产监督管理的部门。

2）住房城乡建设主管部门在审核发放施工许可证时，应对建设工程是否有安全施工措施进行审查，对没有安全施工措施的，不得颁发施工许可证。

3）住房城乡建设主管部门或者其他有关部门对建设工程是否有安全施工措施进行审查时，不得收取费用。

4）县级以上人民政府负有建设工程安全生产监督管理职责的部门在各自的职责范围内履行安全监督检查职责时，有权采取下列措施：

①要求被检查单位提供有关建设工程安全生产的文件以及资料。

②进入被检查单位施工现场进行检查。

③纠正施工中违反安全生产要求的行为。

④对检查中发现的安全事故隐患，责令立即排除；重大安全事故隐患排除前或者排除过程中无法保证安全的，责令从危险区域内撤出作业人员或者暂时停止施工。

5）住房城乡建设主管部门或者其他有关部门可以将施工现场的监督检查委托给建设工程安全监督机构具体实施。

6）国家对严重危及施工安全的工艺、设备、材料实行淘汰制度。具体目录由国务院住房城乡建设主管部门会同国务院其他有关部门制定并公布。

7）县级以上人民政府住房城乡建设主管部门和其他有关部门应当及时受理对建设工程生产安全事故及安全事故隐患的检举、控告与投诉。

3. 安全生产教育培训制度

（1）安全教育和培训的时间

根据建设部《建筑业企业职工安全培训教育暂行规定》，安全教育和培训的时间应满足以下要求：

1）企业法定代表人、项目经理每年接受安全培训的时间，不得少于 30 学时。

2）企业专职安全管理人员每年必须接受安全专业技术业务培训，时间不得少于40 学时

3）企业其他管理人员和技术人员每年接受安全培训的时间，不得少于 20 学时

4）企业特殊工种每年接受有针对性的安全培训，时间不得少于 20 学时。

5）企业其他职工每年接受安全培训的时间，不得少于 15 学时

6）企业待岗、转岗、换岗的职工，在重新上岗前，必须接受一次安全培训，时间不得少于 20 学时。

7）建筑业企业新进场的工人，必须接受公司，项目、班组的三级安全培训教育，经考核合格后方能上岗，时间分别不得少于 15 学时、15 学时、20 学时

（2）安全教育和培训的形式以及内容

安全教育主要包括安全生产思想、安全知识、安全技能和法制教育四个方面的内容。

施工现场常用的几种安全教育形式如下。

1）新工人三级安全教育

①三级安全教育是企业必须坚持的安全生产基本制度，对新工人（包括新招收的合同工、临时工、学徒工、劳务工及实习和代培人员）均必须进行公司（厂）、项目、班组的三级安全教育。

②三级安全教育一般由安全、教育和劳资等部门配合组织进行，经教育考试匕才准许进入生产岗位，不合格者必须补课、补考。

③对新工人的三级安全教育，要建立档案、职工安全生产教育卡等，新工人工作一个阶段后还应进行重复性的安全再教育，以加深安全的感性和理性认识。

④三级安全教育的主要内容如下：

公司（厂）进行安全基本知识、法规、法制教育；工程处（项目部、车间）进行现场规章制度和违章守纪教育；班组安全生产教育由班组长主持进行，或由班组安全员及指定技术熟练、重视安全生产的老工人讲解，进行本工种岗位安全操作班组安全制度、纪律教育。

2）特种作业人员培训

①《特种作业人员安全技术培训考核管理规定》对特种作业的定义、范围、人员条件和安全技术培训、考核、发证、复审及其监督管理工作都作了明确规定。

②特种作业的定义是指容易发生事故，对操作本人、他人的安全健康及设备、设施的安全可能造成重大危害的作业。特种作业的范围由特种目录规定。特种作业人员是指直接从事特种作业的从业人员。

③特种作业范围的工种有电工、电（气）焊工、架子工、司护工、爆破工、机械操作工、起重工、塔式起重机司机及指挥人员、人货两用电梯司机、信号指挥、厂内车辆驾驶、起重机机械拆装作业人员、物料提升机操作员。

④从事特种作业的人员，必须经国家规定的有关部门进行安全教育和安全技术培训，并经考核合格取得操作证后，才准独立作业。

3）经常性教育

①经常性的普及教育贯穿于管理工作的全过程，并根据接受教育对象的不同特点，采取多层次、多渠道和多种方法进行，可以取得良好的效果。

经常性教育的主要内容如下：上级的劳动保护、安全生产法规及有关文件指示。各部门、科室和每个职工的安全责任。遵章守纪。事故案例及教育和安全技术先进经验、革新成果等。

②采用新技术、新工艺、新设备、新材料和调换工作岗位时，要对操作人员进行新技术操作和新岗位的安全教育，未经教育者不得上岗操作。

③班组应每周安排一次安全活动日，可利用班前和班后进行，它的内容如下：学习党、国家和上级主管部门及企业随时下发的安全生产规定文件和操作规程。回顾上周安全生产情况，提出下周安全生产要求。分析班组工人安全思想动态及现场安全生产形势，表扬好人好事和总结需吸取的教训。

④适时安全教育。根据建筑施工的生产特点进行"五抓紧"的安全教育：工程突

击赶任务，往往不注意安全，要抓紧安全教育。工程接近尾声时，容易忽视安全，要抓紧安全教育。施工条件好时，容易麻痹，要抓紧安全教育。季节气候变化外界不安全因素多，要抓紧安全教育。节假日前后。思想不稳定，要抓紧安全教育，使之做到警钟长鸣。

⑤纠正违章教育。企业对由于违反安全规章制度而导致重大险情或未遂事故的，进行违章纠正教育。教育内容为：违反的规章条文，它的意义及其危害。务必使教育者充分认识自身的过失和吸取教训，对于情节严重的违章事件，除教育责任者本人之外，还应通过适当的形式以现身说法，扩大教育面。

4.特种作业人员持证上岗培训

《建设工程安全生产管理条例》第二十五条规定："垂直运输机械作业人员、安装拆卸工、爆破作业人员、起重信号工、登高架设作业人员等特种作业人员，必须按照国家有关的规定经过专门的安全作业培训，并取得特种作业操作的资格证书后，方可上岗作业。"

（1）特种作业人员应当符合的条件

1）年满18周岁，且不超过国家法定退休年龄。

2）经社区或者县级以上医疗机构体检健康合格，并无妨碍从事相应特种作业的器质性心脏病、癫痫病、美尼尔氏症、眩晕症、癔症、帕金森病、精神病、痴呆症以及其他疾病与生理缺陷。

3）具有初中及以上文化程度。

4）具备必要的安全技术知识与技能。

5）相应特种作业规定的其他条件。

（2）特种作业的培训内容

1）安全技术理论。

2）实际操作技能。

（3）特种作业的考核发证

1）特种作业操作证由安全监管局统一式样、标准及编号，有效期为6年，在全国范围内有效。

2）特种作业操作证每3年复审1次。特种作业人员在特种作业操作证有效期内，连续从事本工种10年以上，严格遵守有关安全生产法律法规的，经原考核发证机关或者从业所在地考核发证机关同意，特种作业操作的复审时间可以延长至每6年1次。

3）特种作业操作证申请复审或者延期复审前，特种作业人员应当参加必要的安全培训并考试合格。安全培训时间不少于8个学时，主要培训法律、法规、标准、事故案例与有关新工艺、新技术、新装备等知识。

二、施工安全事故处理

（一）安全事故等级的划分

施工安全事故是指工程施工过程中造成人员伤亡、伤害、职业病、财产损失或其他损失的意外事件。如果该意外事件的后果是人员死亡、受伤或身体的损害就称为人员伤亡事故，如果没有造成人员伤亡即是非人员伤亡事故。

国务院《生产安全事故报告和调查处理条例》将伤亡事故分为特别重大事故、重大事故、较大事故、一般事故四个等级。

（二）建筑施工伤亡事故的处理程序

1.事故发生及时报告

建筑施工现场发生伤亡事故后，负伤人员或最先发现事故的现场人员应立即将事故概况（包括伤亡人数，发生事故的时间、地点、原因）等报告本单位工程项目经理部领导或安全技术人员，单位负责人接到报告后，应当于1 h内向事故发生地县级以上人民政府安全生产监督管理部门和负有安全生产监督管理职责的有关部门报告，并有组织、有指挥地抢救伤员、排除险情。安全生产监督管理部门和负有安全生产监督管理职责的有关部门根据事故的严重程度和施工现场情况，用快速办法分别通知和报告公安机关、劳动部门、工会、人民检察院及上级主管部门。

2.发生事故后迅速抢救伤员并保护好事故现场

事故发生后，首先迅速采取必要措施抢救伤员和排除险情，预防事故的蔓延扩大。同时，为了调查事故、查清事故原因，必须保护好事故现场。因抢救负伤人员和排除险情而必须移动现场物件时，要进行录像、摄影或画清事故现场示意图，并作出标记。因为事故现场是提供有关物证的主要场所，为调查事故原因不可缺少的客观条件，所以要严加保护。要求现场各种物体的位置、颜色、形状及其物理、化学性质等尽可能保持事故发生时的状态，必须采取一切措施，防止人为或自然因素的破坏。

清理事故现场应在调查组确认现场取证完毕，并征得上级劳动安全监察部门、行业主管部门、公安部门、工会等同意后进行。不得借口恢复生产，擅自清理现场将现场破坏。

3.组织事故调查组

一般事故，由企业负责人或其指定人员组织生产、技术、安全等有关人员及工会成员组成事故调查组；较大事故，由企业主管部门会同事故发生地的市（或者相当于设区的市一级）劳动安全监察、公安、工会组成的事故调查组对事故进行调查；重大事故，由省、自治区、直辖市主管部门或者国务院有关主管部门会同同级劳动部门、公安部门、监察部门、工会组成事故调查组，进行调查。根据事故的性质，可邀请人民检察院派员参加或有关专家、工程技术人员进行鉴定。但与事故有直接利害关系的人员不得参加事故调查组。

4.现场勘察

在事故发生后，调查组必须到现场进行勘察。现场勘察是一项技术性很强的工作，涉及广泛的科学技术知识和实践经验，对事故的现场勘察必须及时、全面、细致、客观。现场勘察的主要内容包括以下几项：

（1）作出笔录

发生事故的时间、地点、气象等；现场勘查人员的姓名、单位、职务；现场勘查起止时间、勘查过程；能量逸散所造成的破坏情况、状态、程度等；设备损坏或异常情况及事故前后的位置；事故发生前劳动组合、现场人员的位置和行动；散落情况；重要物证的特征、位置以及检验情况等。

（2）现场拍照

方位拍照，反映事故现场在周围环境中的位置；全面拍照。反映事故现场各部分之间的联系；中心拍照，反映事故现场中心情况；细目拍照，揭示事故直接原因的痕迹物、致害物等；人体拍照，反映伤亡者主要受伤和造成死亡伤害部位。

（3）现场绘图

根据事故类别和规模以及调查工作的需要应绘出下列示意图：建筑物平面图、剖面图；事故发生时人员位置及疏散（活动）图；破坏物立体图或展开图；涉及范围图；设备或工、器具构造图等。

5. 分析事故原因、确定事故性质

通过事故的调查，分析事故原因，总结教训，制订预防措施，避免类似事故的重复发生；确定事故性质，明确事故的责任人，给依法处理提供证据。

（1）查明事故经过，弄清楚造成事故的各种因素，包括人、物、生产管理和技术管理方面的问题，经过认真、客观、全面、细致、准确地分析，确定事故的性质和责任。

（2）事故分析步骤，首先整理和仔细阅读调查材料，按《企业职工伤亡事故分类》规定，对受伤部位、受伤性质、起因物、致害物、伤害方法、不安全状态和不安全行为七项内容进行分析，确定直接原因、间接原因和事故责任者。

（3）分析事故原因时，应根据调查所确认的事实，从直接原因入手，逐步深入到间接原因。通过对直接原因和间接原因的分析，确定事故中的直接责任者以及领导责任者，再根据其在事故发生过程中的作用，确定主要责任者。

（4）事故的性质，通常分为以下三类：

1）责任事故，即由于人的过失造成的事故。

2）非直接责任事故，即由于人们不能预见或者不可抗拒的自然条件变化所造成的事故；或者在技术改造、发明创造、科学试验活动中，由于科学条件限制而发生的无法预料的事故。但是，能够预见并可采取措施加以避免的伤亡事故，或由于没有经过认真研究解决技术问题而造成的事故，不能包括在内。

3）破坏性事故，即为达到既定目的而故意制造的事故。对已确定为破坏性事故的，应由公安机关和企业保卫部门认真追查破案、依法处理。

6. 写出事故调查报告

事故调查组应着重将事故发生经过、原因、责任分析和处理意见以及本次事故教训和改进工作的建议等，按照《死亡、重伤事故调查报告书》规定内容逐项写出文字报告，经调查组全体人员签字后报批。如果调查组内部意见有分歧，应在弄清楚事实的基础上，对照政策法规反复研究，统一认识。对于个别同志持有不同意见，允许保留，并在签字时写明自己的意见。事故调查报告提交期限为事故发生之日起 60 日内，特殊情况的延长期限最长不超过 60 日。事故调查报告应当包括下列内容：

1）事故发生单位概况。

2）事故发生经过和事故救援情况。

3）事故造成的人员伤亡和直接经济损失。

4）事故发生的原因和事故性质。

5）事故责任的认定以及对事故责任者的处理建议。

6）事故防范和整改措施。

7. 事故的审理与结案

事故的审理与结案内容主要包括以下几项：

（1）事故的审理和结案的权限和期限。企业以及其主管部门负责处理的内容包括：①执行对事故有责任人员的行政处分；②组织防范措施的实施；③做好事故的善后处理。

企业及其主管部门根据事故调查组提出的调查报告中的处理意见和防范措施建议，写出《企业职工伤亡事故调查处理报告书》，报经劳动监察部门审查同意批复后视为结案。

企业在接到对伤亡事故处理的结案批复文件后，要在企业职工中公开宣布批复意见和处理结果。关于对事故责任者的处理，根据其情节轻重和损失大小，按照是主要责任、重要责任、一般责任，还是领导责任等，予以相应处分。对有关人员的处分要存入受处分人的档案。但是依法应由司法机关处理的除外。

一般情况下，重大事故、较大事故、一般事故处理应当在75天内结案；特别重大事故，在90天内结案，特殊情况不得超过180天。

（2）事故档案。事故的教训是用鲜血换来的宝贵财富，应予以记载并归档案保存。这是研究改进措施，进行安全教育，并展开科学研究难得的资料。所以，要把事故调查处理的文件、图集、照片、录像带、资料等长期完整的保存下来。

当事故处理结案后，应归档的事故资料如下：

1）职工伤亡事故登记表。

2）职工死亡、重伤事故调查报告书及批复材料。

3）现场调查记录、图纸、照片。

4）技术鉴定和试验报告。

5）物证、人证材料。

6）直接和间接经济损失材料。

7）事故责任者的自述材料。

8）医疗部门对伤亡人员的诊断书。

9）发生事故时的工艺条件、操作情况和设计材料。

10）处分决定和受处分人员的检查材料。

11）有关事故的通报、简报及文件。

12）注明参加事故调查的人员姓名、职务、单位等。

第二节　土方工程施工安全技术

土方工程施工中安全是一个很突出的问题，因土方坍塌造成的事故占每年工程死亡人数的 5% 左右，成为五大伤亡之一。土方工程为建筑工程中主要的分部分项工程之一，包括土方的挖掘、运输、填筑和压实等主要过程，以及所需的排水、降水和土壁支撑的设计、施工准备的辅助过程。施工中常见的土方工程有基坑（槽）开挖、场地平整、路基填筑、基坑（槽）回填及地坪填土等。其施工常具有量大面广、劳动繁重、施工条件复杂和施工工期长等特点，而且受气候、水文、地质等难以确定的因素影响较多。由于设计、施工、组织等方面的原因，在土方工程施工中安全事故时有发生，并且事故类型较多，这其中最常见的有两种事故，即土方坍塌和地基基础质量事故。在建筑施工安全中坍塌事故近几年来呈上升趋势，并成为继高处坠落、触电、物体打击和机器伤害"四大伤害"后的第五大伤害事故。"五大伤害事故"占建筑安全事故总数的 86.6%，而土方工程中塌方伤害事故占坍塌事故总数的 65%，可见土方坍塌给施工安全带来了严重的危害。

一、土方工程

土方工程是建筑工程施工中的主要工程之一，土方工程施工的对象和条件又比较复杂，如地质、地下水、气候、开挖深度、施工现场与设备等，对于不同的工程均不同，所以，在土方施工中需根据现有条件做好确保施工安全的施工方案。

1.土方施工工程危险源识别与监控

（1）土方施工工程事故的类型。

1）影响周边附近建筑物的安全和稳定。

2）土方塌落伤人。

3）边坡上堆放材料倾落。

4）发生机械事故。

（2）分析引发事故的主要原因。

1）开挖较深，不放坡或者放坡不够；或通过不同土层时没有根据具体的特性分别确定不同的坡度，致使边坡失稳而造成塌方。

2）土方开挖前没做好排水处理，防止地表水、施工用水和生活用水侵入施工现场或冲刷边坡。

3）边坡顶部堆载过大，或受外力震动影响，造成坡体内剪应力增大，土体失稳而塌方。

4）开挖土方土质松软，开挖次序、方法不当从而造成塌方。

（3）危险源的监控。

1）根据土的各类、力学性质确定适当的边坡坡度。

2）当基坑较大时，放坡改为直立放坡，并进行可靠的支护。

3）操作人员上下深坑（槽）应当预先搭设稳固安全的阶梯，避免上下时发生人员坠落事故。

4）做好地面排水和降低地下水水位的工作。

5）在雨季挖土方，应特别注意边坡的稳定，大雨时应暂停土方工程施工。

2. 上方机械挖上的安全技术措施

（1）机械挖土，启动前应检查离合器，钢丝绳等，经空车试运转正常后再开始作业。

（2）机械操作中进铲不应过深，提升不应过猛。

（3）夜间挖土方时，应尽量安排在地形平坦，施工干扰较少与运输道路畅通的地段，施工场地应有足够的照明。

（1）机械不得在输电线路下工作，在输电线路一侧工作时，无论在任何情况下，机械的任何部位与架空输电线路的最近距离应符合安全操作规程要求

（5）机械应停在坚实的地基上，如基础过差，应采取走道板等加固措施，不得将挖土机履带与挖空的基坑平行2 m 停驶运土汽车不宜靠近基坑平行行驶，防止塌方翻车。

（6）向汽车上卸土应在车子停稳定后进行，禁止铲斗从汽车驾驶室上越过。

（7）车辆进出门口的人行道下，如果有地下管线（道）必须铺设厚钢板，或浇筑混凝土加固。

（8）挖土机械不得在施工中碰撞支撑，以免引起支撑破坏失效或拉损。

3. 土方工程开挖安全技术措施

（1）进入现场必须遵守安全生产纪律。

（2）挖土中发现管道、电缆及其他埋设物应及时报告，不得擅自处理。

（3）挖土时要注意土壁的稳定性，发现有裂缝及倾斜坍塌可能时，人员应立即离开并及时处理。

（4）人工挖土时前后操作人员间距不应小于 2 ~ 3 m，推土在 1m 以外，并且高度不得超过 1.5 m。

（5）每日或雨后必须检查土壁及支撑稳定情况，在确保安全的情况下继续工作，并且不得将土和其他物件堆在支撑上，不得在支撑下行走或者站立。

（6）电缆两侧 1 m 范围内应采取应人工挖掘。

（7）配合拉铲的清坡、清底工人，不准在机械回转半径下工作。

（8）基坑四周必须设置 1.5 m 高的护栏，要设置一定数量的临时上下施工楼梯。

（9）在开挖杯形基坑时必须采取切实可靠的排水措施，以免基坑积水，影响基坑土的承载力。

（10）基坑开挖前，必须摸清基坑下的管线排列和地质水文资料，以利于考虑开挖过程中意外应急措施。

（11）清坡、清底人员必须根据设计标高做了清底工作，不得超挖。如果超挖不得将松土回填，以免影响基础质量。

（12）开挖出的土方，应严格按照施工组织设计堆放，不得堆于基坑四周，以免

引起地面堆载超荷引起土体位移、板桩位移或者支撑破坏。

（13）开挖土方必须有挖土令。

二、基坑工程

1. 基坑开挖的安全作业条件

基坑开挖包括人工开挖和机械开挖两类。

（1）适用范围。

1）人工开挖适用范围：一般工业与民用建筑物、构筑物的基槽和管沟等。

2）机械开挖适用范围：工业与民用建筑物、构筑物的大型基坑（槽）及大面积平整场地等。

（2）作业条件。

1）人工开挖安全条件。

①土方开挖前，应摸清地下管线等障碍物，根据施工方案要求，清除地上、地下障碍物。

②建筑物或构筑物的位置或场地的定位控制线、标准水平桩以及基槽的灰线尺寸，必须经检验合格。

③在施工区域内，要挖临时排水沟。

④夜间施工时，在危险地段应设置红色警示灯。

⑤当开挖面标高低于地下水水位时，在开挖之前采取降水措施，一般要求降至开挖面下 500 mm，再进行开挖作业。

2）机械开挖安全作业条件。

①对进场挖土机械、运输车辆及各种辅助设备等应进行维修，按平面图要求堆放。

②清除地上、地下障碍物，做好地面排水工作。

③建筑物或构筑物的位置或场地的定位控制线、标准水平桩及基槽的灰线尺寸，必须经检验合格。

④机械或车辆运行坡度应大于 1∶6，当坡道路面强度偏低时，应填筑适当厚度的碎石和渣土，以免出现塌陷。

2. 土方开挖施工安全的控制措施

施工安全是土方施工中一个很突出的问题，土方塌方为伤亡事故的主要原因。为此，在土方施工中应采取以下措施预防土方坍塌。

（1）土方开挖前要做好排水处理，防止地表水，施工用水和生活用水侵入施工现场或冲刷边坡。

（2）开挖坑（槽），沟深度超过 1.5 m 时，一定要根据土质和开挖深度按规定进行放坡或加可靠支撑如果既未放坡，也不加支撑，不得施工。

（3）坑（槽），沟边 1m 以内不得堆土，堆料或停放工具；1m 以外堆土，其高度不超过 1.5 m 坑（槽）、沟与附近建筑物的距离不得小于 1.5m，危险时必须采取加固措施。

（4）挖土方不得在石头的边坡下或贴近未加固的危险楼房基底下进行，操作时应随时注意上方土壤的变动情况，如发现有裂缝或部分塌落应及时放坡或者加固。

（5）作人员上下深坑（槽）应预先搭设稳固安全的阶梯，避免上下时发生人员坠落事故。

（6）开挖深度超过 2 m 的坑槽沟边沿处，必须设置两道 1.2 m 高的栏杆和悬挂危险标志，并在夜间挂红色标志灯。严禁任何人在深坑（槽）、悬崖、陡坡下面休息。

（7）在雨季挖土方时，必须保持排水畅通，并应特别注意边坡的稳定，大雨时应暂停土方工程施工。

（8）夜间挖土方时，应尽量安排在地形平坦，施工干扰较少和运输道路畅通的地段，施工场地应有足够的照明。

（9）人工挖大孔径桩及扩底桩施工前，必须制订防坠物，以防止人员窒息的安全措施，并指定专人负责实施。

（10）机械开挖后的边坡一般较陡，应用人工进行修整，达到设计要求后再进行其他作业。

（11）土方施工中，施工人员要经常注意边坡是否有裂缝，滑坡迹象，一旦发现情况有异，应该立即停止施工，待处理和加固后方可继续进行施工。

3. 边坡的形式、放坡条件及坡度规定

边坡可做成直坡式、折线式和阶梯式三种形式。当地下水水位低于基坑，含水量正常，且淌露时间不长，基坑（槽）深度不超过表 7-1 的规定时，可挖成直壁。

表 7-1　基坑（槽）做成直立壁不加支撑的允许深度

土的类别	深度不超过 /m
密实、中密的砂土和碎石类（砂填充）	1.00
硬塑、可塑的轻粉质黏土及粉质黏土	1.25
硬塑、可塑的黏土及碎石类（黏土填充）	1.50
坚硬的黏土	2.00

4. 土钉墙支护安全技术

（1）适用范围。土钉墙由密集的土钉群、被加固的原位土体、喷射的混凝土面层和必要的防水系统组成，适用范围如下：

1）可塑、硬塑或坚硬的黏性土；胶结或弱胶结的粉土、砂石或角砾；填土、风化岩层等等。

2）深度不大于 12 m 的基坑支护或边坡加护。

3）基坑侧壁安全等级为二、三级。

（2）安全作业条件。

1）有齐全的技术文件和完整的施工方案，并且已进行交底。

2）挖除工程部位地面以下 3 m 内的障碍物。

3）土钉墙墙面坡度不宜小于 1：0.1。

4）注浆材料强度等级不宜低于 M10。

5）喷射的混凝土面层宜配置钢筋网，钢筋直径宜为 6 ~ 10 mm，间距宜为 150 ~ 300 mm，混凝土强度等级不宜低于 C20，面层厚度不宜小于 80 mm。

6）当地下水水位低于基坑底时，应采取降水或截水措施，坡顶和坡脚应当设排水措施。

（3）基坑开挖。基坑要按设计要求严格分层开挖，在完成上一段作业面土钉且达到设计强度的 70% 时，方可进行下一层土层的开挖。每一层开挖最大深度取决于在支护投入工作前，土壁可以自稳而不发生滑移破坏的能力，在实际工作中，常取基坑每层挖深与土钉竖向间距相等。每层开挖的水平分段也取决于土壤的自稳能力，一般多为 10 ~ 20 m。当基坑面积较大时，允许在距离基坑四周边坡 8 ~ 10 m 的基坑中部自由开挖，但应注意与分层作业区的开挖相协调。

挖土要选用对坡面土体扰动小的挖土设备和方法，严禁边壁出现超挖或造成边壁土体松动，坡面经机械开挖后，要采用小型机械或人工进行切削清坡，以使坡度与坡面平整度达到设计要求。

（4）边坡处理。为防止基坑边坡的裸露土体塌陷，对易塌的土体可采取下列措施：

1）对修整后的边坡，立即喷上一层薄的混凝土，混凝土强度等级不宜低于 C20，凝结后再进行钻孔。

2）在作业面上先构筑钢筋网喷射混凝土面层，后进行钻孔与设置土钉。

3）在水平方向上分小段间隔开挖。

4）先将作业深度上的边壁做成斜坡，待钻孔并设置土钉后再清坡。

5）开挖前，沿开挖垂直面击入钢筋或钢管，或者注浆加固土体。

（5）土钉作业监控要点。

1）土钉作业面应分层分段开挖和支护，开挖作业面应在 24 h 内完成支护，不宜一次挖两层或全面开挖。

2）锚杆钻孔器在孔口设置定位器，使钻孔与定位器垂直，钻孔的倾斜角与设计相符。土钉打入前按设计斜度制作一操作平台，钢管或钢筋沿平台打入，保证土钉与墙的夹角与设计相符。

3）孔内无堵塞，用水冲出清水后，再按下一节钻杆；最后一节遇有粗砂、砂卵土层时，为防止堵塞，孔深应比设计深 100 ~ 200 mm。

4）作土钉的钢管要打扁，钢管伸出土钉墙面 100 mm 左右，钢管四周用钢筋架与钢管焊接，并固定在土钉墙钢筋网上。

5）压浆泵流量经鉴定计量正确，灌浆压力不低于 0.4 MPa，不应大于 2 MPa。

6）土钉灌浆、土钉墙钢筋网及端部连接通过隐蔽验收后，可进行喷射施工。

7）土钉抗拔力达到设计要求后，方可开挖下部土方。

5.内支撑系统基坑开挖安全技术

（1）基坑土方开挖是基础工程中的重要分项工程，也是基坑工程设计的主要内容之一。当有支护结构时，支护结构设计先完成，面对土方开挖方案提出一些限制条件。土方开挖必须符合支护结构设计的工况条件。

（2）基坑开挖前，根据基坑设计及场地条件，编写施工组织设计。挖土机械的通道布置，挖土顺序、土方驳运等，应避免对围护结构、基坑内的工程桩、支撑立柱和周围环境等的不利影响。

（3）施工机械进场前必须验收合格后才能使用。

（4）机械挖土，应严格控制开挖面坡度和分层厚度，防止边坡和挖土机下的土体滑移。挖土机的作业半径不得进入，司机必须持证作业。

（5）当基坑开挖深度较大，坑底土层的垂直渗透系数也相应较大时，应验算坑底土体的抗隆起、抗管涌和抗承压水的稳定性。当承压含水层较浅时，应设置减压井，以降低承压水头或采取其他有效的坑底加固措施。

6. 地下基坑工程施工安全控制措施

（1）核查降水土方开挖、回填是否按施工方案实施。

（2）检查施工单位对落实基坑施工的作业交底记录和开挖，支撑记录。

（3）检查监测工作包括基坑工程和附属建筑物，基坑边地下管线的地下位移，如监测数据超出报警值应当有应急措施。

（4）严禁超挖，改坡要规范，严禁坡顶和基坑周边超重堆载。

（5）必须具备良好的降，排水措施，边挖土边做好纵横明排水沟的开挖工作，并设置足够的排水井和及时抽水。

（6）基坑作业时，施工单位应在施工方案中确定攀登设施及专用通道，作业人员不得攀登模板，脚手架等临时设施。

（7）各类施工机械与基坑（槽），边坡和基础孔边的距离应该根据重量、基坑（槽）边坡和基础桩的支护土质情况确定。

第三节　主体结构施工安全技术

一、砌筑工程施工安全技术

砌筑工程是建筑工程施工中的重要工程之一。砌筑工程施工安全因为技术简单、对人身安全造成的危害不大而被忽略，所以，更应引起施工安全管理人员和作业者的重视。

1. 施工前的准备

（1）砂浆搅拌机械必须符合《建筑机械使用安全技术规程》及《施工现场临时用电安全技术规范》的有关规定，施工中应定期对其进行检查、维修。

（2）悬空作业所用的索具、脚手板、吊篮、吊笼、平台等设备，均需经过技术鉴定或认证方可使用。

（3）保障施工进场道路及运输通道环境符合安全要求并保持畅通。

2. 砌筑安全技术措施

（1）进入现场，必须戴好安全帽，扣好帽带，并且正确使用个人劳动防护用具。

（2）操作人员必须身体健康，并经过专业培训考试合格，在取得有关部门颁发的操作证或特殊工种操作证后，方可独立操作，学员必须在师傅的指导下进行操作。

（3）悬空作业处应有牢靠的立足处，并必须视情况，配置防护网、栏杆或其他安全措施。

（4）砌基础时，应检查和经常注意基坑土质变化情况，有无崩裂现象，堆放的砖块材料应离开坑边 1m 以上，当深基坑装设挡板支撑时，操作人员应设梯级上下，不得攀跳。运行不得碰撞支撑，也勿踩踏砌体和支撑上下。

（5）墙身砌体高度超过地坪 1.2 m 以上，应搭设脚手架在一层以上或高度超过 4 m 时，应采用里脚手架（必须支搭安全网），外脚手架（设护身栏和挡脚板）后方可砌筑。

（6）脚手架上堆料量不得超过规定荷载，堆砖高度不得超过 3 皮侧砖、同一块脚手板上的操作人员不得超过 2 人。

（7）在楼层（特别是预制板面）施工时，堆放机械、砖块等物品不得超过使用荷载，如超过荷载时，必须经过验算采取有效加固措施后方可进行堆放和施工。

二、模板施工安全技术

随着现代高层建筑增多，设计其为钢筋混凝土框架或框架－剪力墙结构越来越多，因此，模板工程成为结构施工中量大而且周转频繁的重要分项工程，技术要求和安全状况也成了施工技术与安全监督的重点和难点。近年来，随着建筑施工倒塌、坍塌造成安全事故的比例呈逐渐上升趋势，造成较大的损失，所以，有必要了解模板的施工特点，掌握模板支撑施工的技术和安全控制方法，规范现场安全管理行为，防止施工安全事故的发生。

（一）模板工程专项方案

1. 模板专项设计方案

模板使用时需要经过设计计算。模板的结构设计，必须能承受作用在支模结构上的垂直荷载和水平荷载（包括混凝土的侧压力、振捣和倾倒混凝土时产生的侧压力、风力等）。在所有可能产生的荷载中要选择最不利的组合验算模板结构，包括模板面、支撑结构、连接配件的强度、稳定性和刚度。在模板结构上，首先须保证模板支撑系统形成空间稳定的结构体系。模板专项设计的内容如下：

（1）根据混凝土施工工艺和季节性施工措施，明确其构造和所承受的荷载。

（2）绘制模板设计图、支撑设计布置图、细部构造和异型模板大样。

（3）按模板承受荷载的最不利组合对模板进行验算。

（4）制定模板安装及拆除的程序和方法。

（5）编制模板及构件的规格、数量汇总表和周转使用计划。

2. 模板施工方案

根据《建设工程安全生产管理条例》的要求，模板工程施工之前应编制专项施工方案。模板工程施工方案主要有以下几个方面内容：

（1）该工程现浇混凝土工程的概况。

（2）拟选定的模板类型。

（3）模板支撑体系的设计计算及布料点的设置。

（4）绘制模板施工图。

（5）模板搭设的程序、步骤及要求。

（6）浇筑混凝土时的注意事项。

（7）模板拆除的程序及要求。

对高度超过 8 m，或跨度超过 18 m，或施工总荷载大于 10 kN/m²，或集中线荷载大于 15 kN/m² 的模板支架，应该组织专家论证，必要时应编制应急预案。

（二）模板的安装

（1）模板支架的搭设。底座、垫板准确地放在定位线上，垫板采用厚度不小于 35 mm 的木板，也可采用槽钢。

（2）基础及地下工程模板安装时应符合下列要求：

1）地面以下支模应先检查土壁的稳定情况，当有裂纹及塌方危险迹象时，应采取安全措施后，方可作业，但深度超过 2 m 时，应为操作人员设置上下扶梯。

2）距离基槽（坑）边缘 1 m 内不得堆放模板，向基槽（坑）内运料应使用起重机、溜槽或绳索；上、下人员应互相呼应，运下的模板禁止立放于基槽（坑）壁上。

3）斜支撑与侧模的夹角不应小于 45°，支撑在土壁上的斜支撑应加设垫板，底部的楔木应与斜支撑连接牢固，高大、细长基础若采用分层支模时，其下层模板应经就位校正并支撑稳固后，再进行上一层模板安装。

4）两侧模板间应用水平支撑连成整体。

（3）柱模板的安装应符合下列要求：

1）现场拼装柱模时，应及时加设临时支撑进行固定，4 片柱模就位组拼经对角线校正无误后，应立即自下而上安装柱箍。

2）若为整体预组合柱模，吊装时应采用卡环和柱模连接，不得用钢筋钩代替。

3）柱模校正（用 4 根斜支撑或用连接的柱模顶四角带花篮螺丝的缆风绳，底端与楼板筋拉环固定进行校正）后，应采用斜撑或水平撑进行四周支撑，以确保整体稳定。当高度超过 4 m 时，应群体或成列同时支模，并应将支撑连成一体，形成整体框架体系。单根支模时，柱宽大于 500 mm，应每边在同一标高上不得少于两根斜支撑或者水平支撑，与地面的夹角为 45° ～ 60°，下端还应有防滑移的措施。

4）边、角柱模板的支撑，除满足上述要求外，在模板里面还应于外边对应的点设置既能承拉又能承压的斜撑。

（4）墙模板的安装应符合下列要求：

1）用散拼定型模板支模时，应自下而上进行，必须在下一层模板全部紧固后，方准上一层安装，当下层不能独立安设支撑件时，应采取临时固定措施。

2）采用预拼装的大块墙模板进行支模安装时，严禁同时起吊两块模板，并应边就位边校正边连接，固定后方可摘钩。

3）安装电梯井内墙模前，必须在板底下 200 mm 处满铺一层脚手板。

4）模板未安装时对拉螺栓前，板面应向后倾一定角度，安装过程应随时拆换支撑或加支撑，以保证墙模随时处于稳定状态。

5）拼接时的 U 形卡应正反交替安装，间距不得大于 300 mm，两块木板对接接缝处的 U 形卡应满装。

6）对拉螺栓与墙模板应垂直、松紧一致，并能保证墙厚尺寸正确。

7）墙模板内外支撑必须坚固、可靠，应确保模板的整体稳定。当墙模板外面无法设置支撑时，应于里面设置能承受拉和压的支撑。多排并列并且间距不大的墙模板，当其支撑互成一体时，应有防止浇筑混凝土时引起的邻近模板变形的措施。

（三）模板拆除

拆模时混凝土的强度应符合设计要求，模板及其他支架拆除的顺序及安全措施应按施工制作方案执行，模板及其他支架拆除顺序和相应的施工安全措施对避免重大工程事故非常重要，在制订施工技术方案时应考虑周全，模板及其支架拆除时，混凝土结构可能尚未形成设计要求的受力体系，必要时应加设临时支撑后浇带模板的拆除及支顶易被忽视而造成结构缺陷，应特别注意。

由于过早拆模，混凝土强度不足而造成混凝土结构构件沉降成变形，缺棱掉角、开裂，甚至坍塌的情况时有发生。

不承重的侧模板包括梁、柱、墙的侧模板，只要混凝土强度能保证其表面以及棱角不因拆除模板而受损即可拆除。

模板之前必须有拆模申请，并根据同条件养护试块强度记录达到规定时，技术负责人方可批准拆模。

模板拆除的顺序和方法应根据模板设计的规定进行。若无设计规定，可按先支的后拆，后支的先拆，先拆非承重的模板，后拆承重的模板及支架的顺序进行拆除。

拆除的模板必须随拆随清理，以免钉子扎脚，阻碍运行，发生事故。

拆除的模板向下运行传递，不能采取猛敲，以致大片明落的方法拆除。用起重机吊运拆除的模板时，模板应堆码整齐并捆牢，才可吊运，否则在空中造成"天女散花"是很危险的。拆除的部件及操作平台上的一切物品，均不可从高空抛下。

三、钢筋加工施工安全技术

1.钢筋加工场地和加工设备安全要求

（1）钢筋调直、切断、弯曲、除锈、冷拉等各种工序的加工机械必须遵守现行国家标准《建筑机械使用安全技术规程》的规定，保证安全装置齐全有效，动力线路、钢管从地坪下引入，机壳要有保护零线。

（2）施工现场用电须符合《施工现场临时用电安全技术规范》的规定。

（3）室外作业应设置机棚，机旁应有堆放原料、半成品的场地。

（4）钢筋加工场地必须设专人看管，非钢筋加工制作人员不得擅自进入钢筋加工场地。

（5）各种加工机械在作业人员下班后一定要拉闸断电。

（6）制作成型钢筋时，场地要平整，工作台要稳固，照明灯须加网罩。

2. 钢筋加工安全要求

（1）钢筋切断机械未达到正常运转时，不可切料。

（2）不得剪切直径及强度超过切断机铭牌额定的钢筋和烧红的钢筋。

（3）切断短料时，手和切刀之间的距离应保持在 150 mm 以上，如手握端小于 400 mm 时，应采用套管或夹具将钢筋短头压住或夹牢。

（4）运转中，严禁用手直接清除切刀附近的转头杂物。钢筋摆动和切刀周围不得停留非操作人员。

（5）钢筋调直在调直块未固定、防护罩未盖好前不得送料。作业中严禁打开各部防护罩及调整间隙。

（6）当钢筋送入后，手与曳轮必须保持一定的距离，不得接近。

（7）钢筋弯曲芯轴、挡铁轴、转盘等应无裂纹和损伤。防护罩坚固可靠，经空运转确认正常后，才可作业。

（8）钢筋弯曲作业时，将钢筋须弯曲一端插入在转盘固定销的间隙内，另一端紧靠机身固定销，并用力压紧，检查机身固定销确实安放在挡住钢筋的一侧，方可开动。

（9）钢筋弯曲作业时，严禁更换芯轴、销子和变换角度以及调速等作业，也不得进行清扫和加油。

（10）对焊机使用前先检查手柄、压力机构、夹具等是否灵活可靠，根据被焊钢筋的规格调好工作电压，通入冷却水并检查有无漏水现象。

（11）调整短路限位开关，使其在对焊焊接到达预定挤压量时能自动切断电源。

（12）电焊机通电后，应检查电气设备、操作机构、冷却系统、气路系统以及机体外壳有无漏电等现象。

（13）点焊机工作时，气路系统、水冷却系统应畅通。气体必须保持干燥，排水温度不超过 40℃，排水量可根据季节调整。

第四节　拆除工程施工安全技术

一、拆除工程施工方法

建筑拆除工程一般可分为人工拆除、机械拆除、爆破拆除三大类。根据被拆除建筑的高度面积、结构形式，采用不同的拆除方法。因为人工拆除、机械拆除、爆破拆除的方法不同，其特点也各有不同，所以，在安全施工管理上各有侧重点。

1. 人工拆除

人工拆除是指员工采用非动力性工具进行的作业。采用手动工具进行人工拆除的建筑一般为砖木结构，高度不超过 6 m（两层），面积不大于 1 000 m。拆除施工程序应从上至下，按板、非承重墙、梁、承重墙、柱的顺序依次进行，或依照先非承重结构后承重结构的原则进行拆除。分层拆除时，作业人员应在脚手架或稳固的结构上操作，被拆除的构件应有安全的放置场所。

人工拆除建筑墙体时，不得采用掏掘或推倒的方法。楼板上严禁多人聚集或集中堆放材料，拆除建筑的栏杆、楼梯、楼板等构件，应当与建筑结构整体拆除的进度相配合，不得先行拆除。建筑的承重梁、柱，应在其所承载的全部构件拆除后，再进行拆除。拆除施工应分段进行，不得垂直交叉作业，拆除原用于有毒、有害、可燃气体的管道及容器时，必须查清其残留物的种类、化学性质及残留量，采取相应措施后，方可进行拆除施工，以达到确保拆除施工人员安全的目的。拆除的垃圾严禁向下抛掷。

2. 机械拆除

机械拆除是指以机械为主、人工为辅相配合的拆除施工方法。机械拆除的建筑一般为砖混结构，高度不超过 20 m（六层），面积不大于 5 000。

拆除施工程序应从上至下，逐层、逐段进行；应先拆除非承重结构，再拆除承重结构，对只进行部分拆除的建筑，必须先给保留部分加固，再进行分离拆除。在施工过程中，必须由专门人员负责随时监测被拆除建筑的结构状态，并且应做好记录，当发现有不稳定状态的趋势时，立即停止作业，采取有效措施，消除隐患，确保施工安全。

机械拆除建筑时，严禁机械超载作业或者任意扩大机械使用范围。供机械设备（包括液压剪液压锤等）使用的场地必须稳固并保证足够的承载力，确保机械设备有不发生塌陷、倾覆的工作面，作业中机械设备不得同时做回转、行走两个动作。机械不得带故障运转，当进行高处拆除作业时，对较大尺寸的构件或沉重的材料（楼板、屋架、梁、柱、混凝土结构件等），必须使用起重机具及时吊下，拆卸下来的各种材料应及时清理，分类堆放在指定场所，严禁向下抛掷。

3. 爆破拆除

爆破拆除是利用炸药爆炸瞬间产生的巨大能量进行建筑拆除的施工方法。采用爆破拆除的建筑一般为混凝土结构，高度超过 20 m（六层），面积大于 5 000 m^2。

爆破拆除工程应该根据周围环境条件、拆除对象类别、爆破规模按照现行国家标准《爆破安全规程》分为 A、B、C 三级，不同级别的爆破拆除工程有相应的设计施工难度。爆破拆除工程设置必须按级别经当地有关部门审核，作出安全评估与审查批准后方可实施。

从事爆破拆除工程的施工单位必须持有所在地有关部门核发的《爆发物品使用许可证》，承担相应等级以下级别的爆破拆除工程，爆破拆除设计人员应具有承担爆破拆除作业范围和相应级别的爆破工程技术人员作业证，从事爆破拆除施工的作业人员，应持证上岗。

运输爆破器材时，必须向所在地有关部门申请领取《爆破物品运输证》，应按照规定路线运输，并应派专人押送，爆破器材至临时保管地点，必须经当地有关部门批准，严禁同室保管与爆破器材无关的物品。

爆破拆除的预拆除施工应确保建筑安全和稳定，爆破拆除的预拆除是指爆破实施前有必要进行部分拆除的施工，预拆除施工可以减少钻孔和爆破装药量，消除下层障碍物（如非承重的墙体）有利于建筑塌落、破碎、解体。预拆除施工可采用机械和人工方法拆除非承重的墙体或不影响结构稳定的构件。

爆破拆除建筑施工时，应对爆破部位进行覆盖和遮挡防护，覆盖材料和遮挡设施应选用不宜抛散和折断，并能防止碎块穿透的材料，固定方便，固牢可靠。

爆破作业是一项特种施工方法，爆破拆除工程的设计和施工须按《爆破安全规程》有关爆破实施操作规定执行。

二、拆除工程安全管理的一般规定

（1）从事拆除施工的企业，必须持有政府主管部门核发的资质证书，并按相应的等级规定承接工程作业，杜绝越级承包工程与转包工程。

（2）任何拆除工程，施工前必须编制施工组织设计，施工组织设计必须贯穿安全、快速、经济、扰民小的原则，编制时必须做好以下三个方面工作：

1）通过查阅图纸，踏看现场，全面掌握拆除工程第一手资料。

2）制定组织有序的、符合安全的施工顺序。

3）制订针对性强的安全技术措施。

在施工过程中，如果必须改变施工方法，调整施工顺序，必须先修改、补充施工组织设计，并以书面形式将修改、补充意见通知施工部门。

三、拆除工程文明施工管理

拆除工程施工现场清运渣土的车辆应在指定地点停放，车辆应封闭或者采用毡布覆盖，出入现场时应有专人指挥。清运渣土的作业时间应遵守有关规定。拆除工程施工时，设专人向被拆除的部位洒水降尘，减少对周围环境的扬尘污染。

拆除工程施工现场区域内地下的各类管线，施工单位应当在地面上设置明显标志，对检查井、污水井应采取相应的保护措施。

施工单位必须落实防火安全责任制，建立义务消防组织，明确责任人，负责施工现场的日常防火安全管理工作。根据拆除工程施工现场作业环境，应制定相应的消防安全措施；并应保证充足的消防水源，现场消火栓控制范围不宜大于 50 m，配备足够的灭火器材，每个设置点的灭火器数量以 2～5 具为宜。

施工现场应建立健全用火管理制度。施工作业用火时，必须履行动火审批手续，经现场防火负责人审查批准，领取用火证后，方可在指定时间、地点作业，作业时应配备专人监护，作业后必须确认无火源危险后方可离开作业地点。

拆除建筑物时，当遇有易燃、可燃物及保温材料时，严禁明火作业，施工现场应设置不小于 3.5 m 宽的消防车道并保持畅通。

第五节　高处作业与安全防护

一、高处作业的分级和标记

（1）高处作业高度在 2～5 m 时，划定为一级高处作业，其坠落半径为 2 m。

（2）高处作业高度在 5～15 m 时，划定为二级高处作业，其坠落半径为 3 m。

（3）高处作业高度在 15 ~ 30 m 时，划定为三级高处作业，其坠落半径为 4 m。

（4）高处作业高度大于 30 m 时，划定为特级高处作业，其坠落半径为 5 m。高处作业又分为一般高处作业和特殊高处作业，其中特殊高处作业又分成八类。

（1）在阵风风力六级（风速为 10.8 m/s）以上的情况下进行的高处作业，称为强风高处作业。

（2）在高温或低温环境下进行的高处作业，称为异温高处作业。

（3）降雪时进行的高处作业，称为雪天高处作业。

（4）降雨时进行的高处作业，称为雨天高处作业。

（5）室外完全采用人工照明时进行的高处作业，称为夜间高处作业。

（6）在接近或接触带电体条件下进行的高处作业，称为带电高处作业。

（7）在无立足点或无牢靠立足点的条件下，进行的高处作业，称为悬空高处作业。

（8）对突然发生的各种灾害事故，进行抢救的高处作业，称为抢救高处作业。

一般高处作业是指除特殊高处作业以外的高处作业。

一般高处作业标记时，写明级别和种类；特殊高处作业标记时，写明级别与类别，种类可省略不写。

二、高处作业安全防护措施

（1）凡是进行高处作业施工的，应使用脚手架、平台、梯子、防护围栏、挡脚板、安全带和安全网等作业前，应认真检查所用的安全投放是否牢固、可靠。

（2）凡从事高处作业人员应接受高处作业安全知识的教育：特殊高处作业人员应持证上岗，上岗前应依据有关规定进行专门的安全技术交底采用新工艺、新技术、新材料和新设备的，要按规定对作业人员进行相关安全技术教育。

（3）高处作业人员应经过体检合格后方可上岗施工单位应为作业人员提供合格的安全帽、安全带等必备的个人安全防护用具，作业人员应按规定正确佩戴和使用。

（4）施工单位应按类别有针对性地将各类安全警示标志悬挂于施工现场各相应部位，夜间应设红灯示警。

（5）高处作业所用工具、材料严禁投掷，上下主体交叉作业确实有需要时，中间须设隔离血设施。

（6）高处作业应设置可靠扶梯，作业人员应沿着扶梯上下，不得沿着立杆与栏杆攀登。

（7）在雨、雪天应采取防护措施，当风速在 10.8 m/s 以上和雷电，暴风，大雾等气候条件不得进行露天高处作业。

（8）高处作业上下应设置联系信号或通信装置，并指定专人负责。

（9）高处作业前，工程项目部应组织有关部门对安全防护设施进行验收，经验收合格签字后方可作业需要临时拆除或变动安全设施的，应经项目技术负责人审批签字，并组织有关部门验收，经验收合格签字后才可实施。

三、高处作业的基本类型

建筑施工中的高处作业主要包括临边、洞口、攀登、悬空、交叉五种基本类型，这些类型的高处作业是高处作业伤亡事故可能发生的主要地点。

1. 临边作业

临边作业是指施工现场中，工作面边沿无围护设施或者围护设施高度低于 80 cm 时的高处作业。下列作业条件属于临边作业：

（1）基坑周边，无防护的阳台、料台与挑平台等。

（2）无防护楼层、楼面周边。

（3）无防护的楼梯口和梯段口。

（4）井架、施工电梯和脚手架等的通道两侧面。

（5）各种垂直运输卸料平台的周边。

2. 洞口作业

洞口作业是指孔、洞口旁边的高处作业，包括施工现场以及通道旁深度在 2m 及 2m 以上的桩孔、沟槽与管道孔洞等边沿作业。

建筑物的楼梯口、电梯口及设备安装预留洞口等（在未安装正式栏杆、门窗等围护结构时），还有一些施工需要预留的上料口、通道口、施工口等。凡是在 2.5 cm 以上，洞口若没有防护时，就有造成作业人员高处坠落的危险；或者若不慎将物体从这些洞口坠落时，还可能造成下面的人员发生物体打击事故。

3. 攀登作业

攀登作业是指借助建筑结构或脚手架上的登高设施或者采用梯子或其他登高设施在攀登条件下进行的高处作业。

在建筑物周围搭拆脚手架、张挂安全网，装拆塔机、龙门架、井字架、施工电梯、桩架，登高安装钢结构构件等作业都属于这种作业。

进行攀登作业时作业人员由于没有作业平台，只能攀登在可借助物的架子上作业，要借助一手攀、一只脚勾或用腰绳来保持平衡，身体重心垂线不通过脚下，作业难度大，危险性大，如若有不慎就可能坠落。

4. 悬空作业

悬空作业是指在周边临空状态下进行的高处作业。其特点是在操作者无立足点或无牢靠立足点条件下进行高处作业。

建筑施工中的构件吊装，利用吊篮进行外装修，悬挑或悬空梁板、雨篷等特殊部位支拆模板、扎筋、浇筑混凝土等项作业都属于悬空作业。由于是在不稳定的条件下施工作业，危险性很大。

5. 交叉作业

交叉作业是指在施工现场的上下不同层次，于空间贯通状态下同时进行的高处作业。现场施工上部搭设脚手架、吊运物料、地面上的人员搬运材料、制作钢筋，或外墙装修下面打底抹灰、上面进行面层装饰等，都是施工现场的交叉作业。在交叉作业中，若高处作业不慎碰掉物料，失手掉下工具或吊运物体散落，都可能砸到下面的作业人员，发生物体打击伤亡事故。

四、高处作业安全技术常识

高处作业时的安全措施有设置防护栏杆、孔洞加盖，安装安全防护门、满挂安全平立网，必要时设置安全防护棚等等。

1.高处作业的一般施工安全规定和技术措施

（1）施工前，应逐级进行安全技术教育及交底，落实所有安全技术措施和个人防护用品，未经落实时不得进行施工。

（2）高处作业中的安全标志、工具、仪表、电气设施和各种设备，必须在施工前加以检查，确认其完好，方能投入使用。

（3）悬空、攀登高处作业以及搭设高处安全设施的人员必须按照国家有关规定经过专门的安全作业培训，并取得特种作业操作资格证书后，才可上岗作业。

（4）从事高处作业的人员必须定期进行身体检查，诊断患有心脏病、贫血、高血压、癫痫病、恐高症及其他不适宜高处作业的疾病时，不得从事高处作业。

（5）高处作业人员应头戴安全帽，身穿紧口工作服，脚穿防滑鞋，腰系安全带。

（6）高处作业场所有坠落可能的物体，应一律先行撤除或予以固定。所用物件均应堆放平稳，不妨碍通行和装卸。工具应随手放入工具袋，拆卸下的物件及余料和废料均应及时清理运走，清理时应采用传递或系绳提溜方式，禁止抛掷。

（7）遇有六级以上强风、浓雾和大雨等恶劣天气，不得进行露天悬空与攀登高处作业。台风暴雨后，应对高处作业安全设施逐一检查，发现有松动、变形、损坏或脱落、漏雨、漏电等现象，应立即修理完善或重新设置。

（8）所有安全防护设施和安全标志等。任何人都不得损坏或者擅自移动和拆除。因作业必须临时拆除或变动安全防护设施、安全标志时，必须经有关施工负责人同意，并采取相应的可靠措施，作业完毕后立即恢复。

（9）施工中对高处作业的安全技术设施发现有缺陷和隐患时，必须立即报告，及时解决。危及人身安全时，必须立即停止作业。

2.高处作业的基本安全技术措施

（1）凡是临边作业，都要在临边处设置防护栏杆，一般上杆离地面高度一般为1.0 ~ 1.2 m，下杆距离地面高度为0.5 ~ 0.6 m；防护栏杆必须自上而下用安全网封闭，或在栏杆下边设置严密固定的高度不低于18 cm的挡脚板或40 cm的挡脚笆。

（2）对于洞口作业，可根据具体情况采取设防护栏杆、加盖板、张挂安全网与装栅门等措施。

（3）进行攀登作业时，作业人员要从规定的通道上下，不能在阳台之间等非规定通道进行攀登，也不得任意利用吊车车臂架等施工设备进行攀登。

（4）进行悬空作业时，要设有牢靠的作业立足处，并视具体情况设防护栏杆、搭设脚手架、操作平台，使用马凳，张挂安全网或其他安全措施；作业所用索具、脚手板、吊篮、吊笼、平台等设备，均需经技术鉴定才能使用。

（5）进行交叉作业时，注意不得上一下同一垂直方向上操作，下层作业的位置必须处于依上层高度确定的可能坠落范围之外。不符合以上条件时，必须设置安全防护层。

（6）结构施工自二层起，凡人员进出的通道口（包括井架、施工电梯的进出口），均应搭设安全防护棚。高度超过 24 m 时，防护棚应当设双层。

（7）建筑施工进行高处作业之前，应进行安全防护设施的检查和验收。验收合格后，方可进行高处作业。

五、脚手架作业安全技术常识

1. 脚手架的作用及常用架型

脚手架的主要作用是在高处作业时供堆料、短距离水平运输及作业人员上一面进行施工作业。高处作业的五种基本类型的安全隐患在脚手架上作业中都会发生。脚手架应满足以下基本要求：

（1）要有足够的牢固性和稳定性，保证施工期间在所规定的荷载与气候条件下，不产生变形、倾斜和摇晃。

（2）要有足够的使用面积，满足堆料、运输、操作和行走的要求。

（3）构造要简单，搭设、拆除和搬运要方便。

常用脚手架有扣件式钢管脚手架、门式钢管脚手架、碗扣式钢管架等。此外，还有附着升降脚手架、悬挂式脚手架、吊篮式脚手架、挂式脚手架等。

2. 脚手架作业一般安全技术常识

（1）每项脚手架工程都要有经批准的施工方案。严格按照此方案搭设和拆除，作业前必须组织全体作业人员熟悉施工和作业要求，进行安全技术交底。班组长要带领作业人员对施工作业环境及所需工具、安全防护设施等进行检查，消除隐患后方可作业。

（2）脚手架要结合工程进度搭设。结构施工时，脚手架要一直高出作业面一步架，但不宜一次搭得过高。未完成的脚手架，作业人员离开作业岗位（休息或下班）时，不得留有未固定的构件，并保证架子稳定。脚手架要经验收签字后方可使用。分段搭设时应分段验收。在使用过程中要定期检查，较长时间停用、台风或暴雨过后使用要进行检查加固。

（3）落地式脚手架基础必须坚实，若是回填土时，必须平整夯实，并做好排水措施，以防止地基沉陷引起架子沉降、变形、倒塌。当基础不能满足要求时，可采取挑、吊、撑等技术措施，将荷载分段卸到建筑物上。

（4）脚手架出入口须设置规范的通道口防护棚；外侧临街或高层建筑脚手架，其外侧应设置双层安全防护棚。

（5）架子使用中，通常架上的均布荷载不应超过规范规定。人员、材料不要太集中。

（6）在防雷保护范围之外，应按规定安装防雷保护装置。

（7）脚手架拆除时，应设警戒区和醒目标志，有专人负责警戒；架体上材料、杂物等应消除干净；架体若有松动或危险的部位，应予以先行加固，再进行拆除。

（8）拆除顺序应遵循"自上而下，后装的构件先拆，先装的后拆，一步一清"的原则，依次进行。不可上下同时拆除作业，严禁采用踏步式、分段、分立面拆除法。

　　（9）拆下来的杆件、脚手板、安全网等等应用运输设备运至地面，禁止从高处向下抛掷。

第八章 建筑工程用电及防火安全管理

第一节 施工机械与临时用电安全技术

一、施工机械安全技术

（一）施工机械安全技术管理的一般规定

（1）施工企业技术部门应在工程项目开工前编制包括主要施工机械设备安装防护技术的安全技术措施，并且报工程项目监理单位审查批准。

（2）施工企业应认真贯彻执行经审查批准的安全技术措施。

（3）施工项目总承包单位应对分包单位、机械租赁方执行安全技术措施的情况进行监督。分包单位、机械租赁方应接受项目经理部的统一管理，严格履行各自机械设备安全技术管理方面的职责。

（4）施工单位对进入施工现场的机械设备的安全装置和操作人员的资质进行审验，不合格的机械和人员不得进入施工现场。

（5）严禁拆除机械设备上的自动控制机构、力矩限位器等安全装置，以及监测、指示、仪表、报警器等自动报警、信号装置。其调试和故障的排除应当由专业人员负责进行。施工机械的电气设备必须由专职电工进行维护和检修。

（6）机械设备在冬季使用时，应执行建筑机械冬期使用的有关规定。

（7）处在运行和运转中的机械严禁对其进行维修、保养或调整等作业。

（8）机械设备应按时进行保养，当发现有漏保、失修或超载带病运转等情况时，有关部门应停止使用。

（9）机械操作人员和配合人员都必须按规定穿戴劳动保护用品，长发不得外露；

高空作业必须系安全带，不得穿硬底鞋和拖鞋；严禁从高处往下投掷物件。

（10）机械进入作业地点后，施工技术人员应向机械操作人员进行施工任务及安全技术措施交底。操作人员应熟悉作业环境和施工条件，听从指挥，遵从现场安全规定。

（11）当使用机械设备与安全发生矛盾时，必须服从安全的要求。

（二）垂直运输机械安全技术管理

垂直运输机械在建筑施工中担负施工现场垂直运（输）送材料、设备和人员上下的重要工作，它是施工安全技术措施中不可缺少的重要环节。垂直运输设施种类繁多，一般归结为塔式起重机、物料提升架、施工升降机、混凝土泵和小型提升机械五大类。

1.塔式起重机

塔式起重机是一种塔身直立，起重臂铰接在塔帽下部，能够作360°回转的起重机，通常用于房屋建筑和设备安装的场所，具有适用范围广、起升高度高、回转半径大、工作效率高、操作简便、运转可靠等特点。

由于塔式起重机机身较高，其稳定性就较差，并且拆装转移较频繁及技术要求较高，也给施工安全带来一定困难，操作不当或违章拆装极有可能发生塔机倾覆的机毁人亡事故，造成严重的经济损失和人身伤亡。因此，机械操作、安装、拆卸人员和机械管理人员必须全面掌握塔机的技术性能，从思想上引起高度重视，从业务上掌握正确的安装、拆卸、操作的技能，保证塔机的正常运行，确保安全生产。

（1）塔式起重机的安全装置。

①起重力矩限制器。

起重力矩限制器是防止塔机超载的安全装置，避免塔机由于严重超载从而引起塔机的倾覆或折臂等恶性事故。

②起重量限制器。

起重量限制器的作用是防止塔机的吊物重量超过最大额定荷载，避免发生机械损坏事故。

③起升高度限位器。

起升高度限位器是用来限制吊钩接触到起重臂头部或载重小车之前，或是下降到最低点（地面或地面以下若干米）以前，使起升机构自动断电并停止工作。

④幅度限位器。

动臂式塔机的幅度限位器的作用是当臂架变幅到仰角极限位置时（一般与水平夹角为63°～73°时）切断变幅机构的电源，使它停止工作，同时还设有机械止挡，以防臂架因起幅中的惯性而后翻。

小车运行变幅式塔机的幅度限位器用来防止运行小车超过最大或最小幅度的两个极限位置。一般小车变幅限位器是安装在臂架小车运行轨道的前后两端，用行程开关达到控制目的。

⑤塔机行走限制器。

塔机行走限制器是行走式塔机的轨道两端尽头所设的止挡缓冲装置，利用安装在台车架上或底架上的行程开关碰撞轨道两端前的挡块切断电源来使塔机停止行走，防止脱轨造成塔机倾覆事故。

⑥钢丝绳防脱槽装置。

钢丝绳防脱槽装置主要是防止当传动机构发生故障时，造成钢丝绳不能够在卷筒上顺排，以致越过卷筒端部凸缘，发生咬绳等事故。

⑦回转限制器。

有些上回转的塔机安装了回转不能超过270°与360°的限制器，防止电源线扭断，造成事故。

⑧风速仪。

风速仪能自动记录风速，当超过六级风速时自动报警，使操作司机及时采取必要的防范措施，如停止作业、放下吊物等。

⑨电气控制中的零位保护和紧急安全开关。

所谓零位保护，是指塔机操纵开关与主令控制器联锁，只有在全部操纵杆处于零位时开关才能接通，从而防止无意操作。

紧急安全开关则是一种能及时切断全部电源的安全装置。

⑩夹轨钳。

夹轨钳装设在台车金属结构上，用以夹紧钢轨，防止塔机在大风情况下被风吹动而行走造成塔机出轨倾翻事故。

⑪吊钩保险。

吊钩保险是安装在吊钩挂绳处的一种防止起重千斤绳因为角度过大或挂钩不妥时，造成起吊千斤绳脱钩，吊物坠落事故的装置。

吊钩保险一般采用机械卡环式，用弹簧来控制挡板，阻止千斤绳滑钩。

（2）塔式起重机的安装与拆卸。

①施工方案与资质管理。

特种设备(塔机、井架、龙门架、施工电梯等)的装拆须编制具有针对性的施工方案，内容应包括：工程概况、施工现场情况、安装前的准备工作及注意事项、安装与拆卸的具体顺序和方法、装拆和指挥人员组织、安全技术要求及安全措施等。

装拆塔式起重机的企业，必须具备装拆作业的资质，作业人员必须经过专门培训并取得上岗证。

安装调试完毕，还必须进行自检、试车及验收，按照检验项目和要求注明检验结果。检验项目应包括特种设备主体结构组合、安全装置的检测、起重钢丝绳与卷筒、吊物平台篮或吊钩、制动器、减速器、电器线路、配重块、空载试验、额定载荷试验、110%的载荷试验、经调试后各部位运转情况、检验结果等。塔机验收合格后，才能交付使用。

使用前必须制定特种设备管理制度，包括设备经理的岗位职责、起重机管理员的岗位职责、起重机安全管理制度、起重机驾驶员岗位职责、起重机械安全操作规程、起重机械的事故应急措施救援预案、起重机械安拆安全操作规程等。

②塔式起重机的基础。

固定式塔式起重机的基础是确保塔机安全的必要条件。其担负着塔机的自重荷载和运行荷载，更重要的是要考虑风荷载。一是基础所在地基的承载力是否能达到设计要求，是否需要进行地基处理；二是塔机基础的自重、配筋、混凝土强度等级是否满足相应型号塔机的技术指标。基础的形式与大小应根据施工现场土质差异而定。

③安装拆卸的安全注意事项。

对装拆人员的要求：参加塔式起重机装拆人员，必须经过专业培训考核，持有效的操作证上岗。装拆人员严格按照塔式起重机的装拆方案和操作规程中的有关规定、程序进行装拆。装拆作业人员严格遵守施工现场安全生产的有关制度，正确使用劳动防护用品。

对塔式起重机装拆的管理要求：装拆塔式起重机的施工企业，必须具备装拆作业的资质，并按装拆塔式起重机资质的等级装拆相对应的塔式起重机。施工企业必须建立塔式起重机的装拆专业班组，并且配有起重工（装拆工）、电工、起重指挥员、塔式起重机操纵司机和维修钳工等。进行塔式起重机装拆，施工企业必须编制专项的装拆安全施工组织设计和装拆工艺要求，并经过企业技术主管领导的审批。塔式起重机装拆前，必须向全体作业人员进行装拆方案和安全操作技术的书面和口头交底，并且履行签字手续。

（3）塔式起重机使用安全要求。

①起重机的安装、顶升、拆卸必须按照原厂规定进行，并制订安全作业措施方案，由专业队（组）在队（组）长统一指导下进行，并要有技术和安全人员在场监护。

②起重机安装后，在无荷载情况下，塔身与地面的垂直度偏差值不得超过3/1000。

③起重机专用的临时配电箱，可设置在轨道中部附近，电源开关应符合规定要求。电缆卷筒必须运转灵活、安全可靠，不得拖缆。

④起重机应进行接地、接零。

⑤起重机必须安装行走、变幅、吊钩高度等限位器和力矩限制器等等安全装置，并保证灵敏、可靠。对有升降式驾驶室的起重机，断绳保护装置必须可靠。

⑥起重机的塔身上，不得悬挂标语牌。

⑦作业前重点检查内容如下：机械结构的外观情况，各传动机构正常；各齿轮箱、液压箱的液位应符合标准。主要部位连接螺栓应无松动，钢丝绳磨损情况及穿绕滑轮应符合规定。供电电缆应无破损。

⑧在中波无线电广播发射天线附近施工时，与起重机接触的人员，应穿戴绝缘手套和绝缘鞋。

⑨检查电源电压达到380V，其变动范围不得超过±20V，送电前启动控制开关应在零位。接通电源，检查金属结构部分无漏电方可上机。

⑩空载运转，确认行走、回转、起重、变幅等各机构的制动器、安全限位、防护装置等正常后，方可作业。

提升重物后，严禁自由下降。重物就位时，可用微动机构或使用制动器使之缓慢下降。

提升的重物平移时，应高出其跨越的障碍物0.5 m以上。

两台或两台以上塔吊靠近作业时，应保证两机之间最小防碰安全距离：移动塔吊，任何部位（包括起吊的重物）之间的距离不得不小于 5 m。两台同是水平臂架的塔吊，臂架与臂架的高差应至少不小于 6 m。处于高位的起重机（吊钩升至最高点）与低位的起重机之间，在任何情况下，其垂直方向的间距不得小于 2 m。

当施工因场地作业条件的限制，不能满足要求时，应同时采取如下两种措施：组织措施，对塔吊作业及行走路线进行规定，由专设的监护人员进行监督执行。技术措施，应采取设置限位装置缩短臂杆、升高（下降）塔身等措施，防止塔吊因误操作而造成超越规定的作业范围，发生碰撞事故。

旋转臂架式起重机的任何部位或被吊物边缘与 10 kV 以下的架空线路边线最小水平距离不得小于 2 m；塔式起重机活动范围应避开高压供电线路，相距应不小于 6 m；当塔吊与架空线路之间间距小于安全距离时，必须采取防护措施，并悬挂醒目的警告标志牌。夜间施工应有 36 V 彩泡（或红色灯泡），当起重机作业半径在架空线路上方经过时，其线路的上方也应有防护措施。

作业后，起重机应停放在轨道中间位置，臂杆应转到顺风方向，并放松回转制动器。小车及平衡重应移到非工作状态位置。吊钩提升到离臂杆顶端 2 ~ 3 m 处。

将每个控制开关拨至零位，依次断开各路开关，关闭操作室门窗，下机后切断电源总开关，打开高空指示灯。

锁紧夹轨器，使起重机与轨道固定，如果遇 8 级大风，则应另拉缆风绳与地锚或建筑物固定。

任何人员上塔帽、吊臂、平衡臂的高空部位检查或修理时，必须佩戴安全带。

塔吊司机属于特种作业人员，必须经过专门培训，取得操作证。司机学习塔型与实际操纵的塔型应一致。严禁未取得操作证的人员操作塔吊。

指挥人员必须经过专门培训，取得指挥证。禁止无证人员指挥。

高塔作业应结合现场实际改用旗语或对讲机进行指挥。

塔式起重机司机必须严格按照操作规程的要求和规定执行，上班前例行保养、检查，一旦发现安全装置不灵敏或失效必须进行整改，符合安全使用要求后才可作业。

2. 物料提升机

物料提升机包括井式提升架（简称"井架"）、龙门式提升架（简称"龙门架"）、塔式提升架（简称"塔架"）和独杆升降台等，它们的共同特点为：

①提升采用卷扬机，卷扬机设于架体外。

②安全设备一般只有防冒顶、防坐冲和停层保险装置，只允许用于物料提升，不得载运人员。

③用于 10 层以下时，多采用缆风绳固定；用于超过 10 层的高层建筑施工时，必须采取附墙方式固定，成为无缆风绳高层物料提升架，并可在顶部设液压顶升构造，实现井架或塔架标准节的自升接高。

塔架是一种采用类似塔式起重机的塔身和附墙构造，两侧悬挂吊笼或混凝土斗，可自升的物料提升架。此外，还有一种用于烟囱等高耸构筑物施工的、随作业平台升高的井架式物料提升机，同时可供人员上下使用，在安全设施方面需相应加强，如增加限速装置和断绳保护等，以确保人员上下的安全。

（1）提升机的基本构造。

井架和龙门架主要由架体、天梁、吊篮、导轨、天轮、电动卷扬机及各类安全装置组成。

（2）安全防护装置。

①安全停靠装置。

当吊篮运行到位时，该装置应能可靠地将吊篮定位，并能承担吊篮自重、额定荷载及运卸料人员和装卸物料时的工作荷载。此时起升钢丝绳应不受力。安全停靠装置的形式不一，有机械式、电磁式、自动或手动型等。

②断绳保护装置。

吊篮在运行过程中发生钢丝绳突然断裂或钢丝绳尾端固定点松脱，吊篮会从高处坠落，严重时将造成机毁人亡的后果。断绳保护装置就是上一述情况发生时，此装置即刻动作，将吊篮卡在架体上，使吊篮不坠落，避免发生严重的事故。断绳保护装置的形式较多，最常见的是弹闸式，其他还有偏心夹棍式、杠杆式和挂钩式等。不论哪种形式，都应能可靠地将吊篮在下坠时固定在架体上，其最大滑落行程在吊篮满载时不得超过 1 m。

吊篮的上下料口处应装设安全门，此门应制成自动开启型。当吊篮落地或停层时，安全门能自动打开，而在吊篮升降运行中此门处于关闭状态，成为一个四边都封闭的"吊篮"，以防止所运载的物料从吊篮中滚落。

④上极限限位器。

上极限限位器是为防止司机误操作或机械、电气故障引起吊篮上升高度失控造成事故而设置的安全装置。该装置应能有效地控制吊篮允许提升的最高极限位置，此极限位置应控制在天梁最低处以下。当吊篮上升达到极限位置时，限位器随即动作，切断电源，使吊篮只能下降，不能上升。

⑤紧急断电开关。

紧急断电开关应设在司机便于操作的位置，在紧急情况下，可及时切断提升机的总控制电源。

⑥信号装置。

该装置由司机控制，能与各楼层进行简单的音响或灯光联络，以确定吊篮的需求情况。

高架提升机除应满足上述安全装置外，还应满足以下要求。

①下极限限位器：该装置是控制吊篮下降的最低极限位置的装置。在吊篮下降到最低限定位置时，即吊篮下降至尚未碰到缓冲器之前，其限位器自动切断电源，并使吊篮在重新启动时只能上升，不能下降。

②缓冲器：在架体底部坑内设置的，为缓解吊篮下坠或下极限限位器失灵时产生的冲击力的一种装置。该装置应能承受并吸收吊篮满载时和规定速度下所产生的相应冲击力。缓冲器可采用弹簧或弹性实体。

③超载限制器：该装置是为保证提升机在额定载重量之内安全使用而设置的。当

荷载达到额定荷载时，即发出报警信号，提醒司机和运料人员注意。当荷载超过额定荷载时，应能切断电源，使吊篮不能启动。

④通信装置：架体高度较高，吊篮停靠楼层数较多，司机不能清楚地看到楼层上人员需要或分辨不清哪层楼面发出信号时，必须装设通信装置。通信装置须是一个闭路的双向电气通信系统，司机应能听到或看清每一站的需求联系，并能与每一站人员通话。

当低架提升机的架设是利用建筑物内部垂直通道，如采光井、电梯井、设备或管道井时，在司机不能看到吊篮运行情况下，也应该装设通信联络装置。

（3）物料提升机的安全使用与管理。

①提升机安装后，应由主管部门组织有关人员按规范和设计的要求进行检查验收，确定合格后发给使用证，方可交付使用。

②由专职司机操作。升降机司机应经专门培训，人员要相对稳定，每班开机前，应对卷扬机、钢丝绳、地锚、缆风绳进行检查，并进行空车运行，确认安全装置安全可靠后才能投入工作。

③每月进行一次定期检查。

④严禁人员攀登、穿越提升机架体和乘坐吊篮上下。

⑤物料在吊篮内应均匀分布，不得超出吊篮，严禁超载使用。

⑥设置灵敏可靠的联系信号装置，司机在通信联络信号不明时不得开机，作业中无论任何人发出紧急停车信号，均应立即执行。

⑦装设摇臂把杆的提升机，吊篮与摇臂把杆不得同时使用。

⑧提升机在工作状态下，不得进行保养、维修、排除故障等工作，若要进行则应切断电源并在醒目处挂"有人检修、禁止合闸"的标志牌，必要时应设专人监护。

⑨卷扬机应安装在平整、坚实的位置上，宜远离危险作业区，视线应良好。因施工条件限制，卷扬机安装位置距施工作业区较近时，其操作棚的顶部应按规定的防护棚要求架设。

⑩作业结束时，司机应降下吊篮，切断电源，锁好控制电箱门，以防其他无证人员擅自启动提升机。

3. 施工升降机

施工升降机是高层建筑施工中供施工人员上下及运送建筑材料和工具设备必备的和重要的垂直运输设施。施工升降机又称为施工电梯，是一种使工作笼（吊笼）沿导轨作垂直（或倾斜）运动的机械。施工升降机在中、高层建筑施工中采用较为广泛，另外还可作为仓库、码头、船坞、高塔、高烟囱长期使用的垂直运输机械。

施工升降机按其传动形式可分为齿轮齿条式、钢丝绳式与混合式三种。

（1）施工升降机的安全装置。

①限速器。

齿条驱动的建筑施工升降机，为了防止吊笼坠落均装有锥鼓式限速器，并可分为单向式和双向式两种，单向限速器只能沿吊笼下降方向起限速作用，双向限速器则可以沿吊笼的升降两个方向起限速作用。

当齿轮达到额定限制转速时，限速器内的离心块在离心力与重力作用下，推动制动轮并逐渐增大制动力矩，直到将工作笼制动在导轨架上为止。在限速器制动的同时，导向板切断驱动电动机的电源。限速器每次动作后，必须进行复位，即便离心块与制动轮的凸齿脱开，并确认传动机构的电磁制动作用可靠，方能重新工作。限速器应按规定期限进行性能检测。

②缓冲弹簧。

在建筑施工升降机底笼的底盘上装有缓冲弹簧，以便当吊笼发生坠落事故时，减轻吊笼的冲击，同时保证吊笼和配重下降着地时呈柔性接触，缓冲吊笼和配重着地时的冲击。缓冲弹簧有圆锥卷弹簧和圆柱螺旋弹簧两种。一般情况下，每个吊笼对应的底架上装有两个圆锥卷弹簧，也有采用四个圆柱螺旋弹簧的。

③上、下极限限位器。

上、下极限限位器是上一、下限位器不起作用时，当吊笼运行超过限位开关和越程（越程是指限位开关与极限限位开关之间所规定的安全距离）时，能及时切断电源使吊笼停车。极限限位器是非自动复位型，动作后需手动复位才能使吊笼重新启动。极限限位器安装在导轨器或吊笼上。

④安全钩。

安全钩是为防止吊笼到达预先设定位置后继续向上运行，上限位器和上极限限位器因各种原因不能及时动作，导致吊笼冲击导轨架顶部而发生倾翻坠落事故设置的。安全钩是安装在吊笼上部的重要的也是最后一道安全装置，其能使吊笼上行到导轨架顶部的时候，安全钩钩住导轨架，保证吊笼不发生倾翻坠落事故。

⑤急停开关。

当吊笼在运行过程中发生各种原因的紧急情况时，司机能在任何时候按下急停开关，使吊笼停止运行。急停开关必须是非自行复位的安全装置，安装在吊笼顶部。

⑥吊笼门、底笼门联锁装置。

施工升降机的吊笼门、底笼门均装有电气联锁开关，它们能有效地防止因吊笼或者底笼门未关闭就启动运行而造成人员坠落和物料滚落，施工升降机只有当吊笼门和底笼门完全关闭时才能启动运行。

⑦楼层通道门。

施工升降机与各楼层均搭设了运料和人员进出的通道，在通道口与升降机结合部必须设置楼层通道门。此门在吊笼上下运行时处于常闭状态，只有当吊笼停靠时才能由吊笼内的人打开。应做到楼层内的人员无法打开此门，以确保通道口处在封闭的条件下不出现危险的边缘。楼层通道门的高度应该不低于 1.8 m，门的下沿离通道面不应超过 50 mm。

⑧通信装置。

由于司机的操作室位于吊笼内，无法知道各楼层的需求情况和分辨不清哪个层面发出信号，因此必须安装一个闭路的双向电气通信装置，司机应能听到或看到每一层的需求信号。

⑨地面出入口防护棚。

施工升降机在安装完毕时，应及时搭设地面出入口的防护棚。防护棚搭设的材质要选用普通脚手架钢管，防护棚长度不应小于 5 m，有条件的可与地面通道防护棚连接起来；宽度应不小于升降机底笼最外部尺寸。其顶部材料可采用 50 mm 厚木板或两层竹笆，上下竹笆间距应当不小于 600 mm。

（2）施工升降机的安装与拆卸。

①施工升降机每次安装与拆卸作业之前，企业应根据施工现场工作环境及辅助设备情况编制安装拆卸方案，经企业技术负责人审批同意后方能实施。

②每次安装或拆除作业之前，应对作业人员按不同的工种和作业内容进行详细的技术、安全交底。参与装拆作业的人员必须持有专门的资格证书。

③升降机的装拆作业必须是经当地建设行政主管部门认可、持有相应的装拆资质证书的专业单位实施。

④升降机每次安装后，施工企业应当组织有关职能部门与专业人员对升降机进行必要的试验和验收。确认合格后应当向当地建设行政主管部门认定的检测机构申报，经专业检测机构检测合格后，才能正式投入使用。

（3）施工升降机的安全使用和管理。

①施工企业必须建立健全施工升降机的各类管理制度，落实专职机构和专职管理人员，明确各级安全使用和管理责任制。

②驾驶升降机的司机应为经有关行政主管部门培训合格的专职人员，严禁无证操作。

③司机应做好日常检查工作，即在电梯每班首次运行时，应分别作空载和满载试运行，将梯笼升高至地面设计高度处停车，检查制动器的灵敏性和可靠性，确认正常后方可投入使用。

④建立和执行定期检查和维修保养制度，每周或每旬对升降机进行全面检查，对查出的隐患按"三定"原则落实整改。整改后须经有关人员复查确认符合安全要求后，方能使用。

⑤梯笼乘人、载物时，应尽量使荷载均匀分布，严禁超载使用。

⑥升降机运行至最上层与最下层时，严禁以碰撞上、下限位开关来实现停车。

⑦司机因故离开吊笼及下班时，应将吊笼降至地面，切断总电源并锁上电箱门，以防止其他无证人员擅自开动吊笼。

⑧风力达 6 级以上，应停止使用升降机，并将吊笼降至地面。

⑨各停靠层的运料通道两侧必须有良好的防护。楼层门应处于常闭状态，其高度应符合规范要求，任何人不得擅自打开或将头伸出门外；当楼层门未关闭时，司机不得开动电梯。

⑩确保通信装置完好，司机应当在确认信号后方能开动升降机。作业中不论任何人在任何楼层发出紧急停车信号，司机都应当立即执行。

升降机应按规定单独安装接地保护和避雷装置。

严禁在升降机运行状态下进行维修、保养工作。若需维修，必须切断电源并在醒目处挂上"有人检修，禁止合闸"的标志牌，并有专人监护。

4.起重吊装安全技术

（1）施工方案。

起重吊装包括结构吊装和设备吊装，其属于高处危险作业，作业条件多变，专业性强，施工技术也比较复杂。施工前应根据工程实际编制专项施工方案，内容包括：现场环境、工程概况、施工工艺、起重机械的选型依据、起重扒杆的设计计算、地锚设计、钢丝绳及索具的设计选用、地基承载力及道路的要求、构件堆放就位图以及吊装过程中的各种安全防护措施以及应急救援预案等。作业方案必须针对工程状况和现场实际具有指导性，并经上级技术部门审批确认符合要求。

（2）起重吊装。

①起重机。

起重机械按施工方案要求选型，运到现场重新组装后，应进行试运转试验和验收，确认符合要求并有记录、签字。起重机经检测合格后，可以继续使用并持有有关部门定期核发的准用证。经检查确认安全装置（包括超高限位器、力矩限制器、臂杆幅度指示器及吊钩保险装置）均符合要求。当该机说明书中尚有其他安全装置时应按说明书规定进行检查。

②起重扒杆。

起重扒杆的选用应符合作业工艺要求，扒杆的规格尺寸通过设计计算确定，其设计计算应按照有关规范标准进行，并经上级技术部门审批。扒杆选用材料、截面以及组装形式，必须按设计图纸要求进行，组装后应经有关部门检验确认符合要求。扒杆与钢丝绳、滑轮、卷扬机等组合好后，应先进行检查、试吊，确认符合设计要求，并且做好试吊记录。

③钢丝绳与地锚。

钢丝绳的结构形式、规格、强度要符合机型要求。钢丝绳在卷筒上要连接牢固，按顺序整齐排列，当钢丝绳全部放出时，筒上至少要留三圈以上。

扒杆滑轮及地面导向滑轮的选用，应与钢丝绳的直径相适应，其直径比值不应小于15，各组滑轮必须用钢丝绳牢靠固定，滑轮出现翼缘破损等缺陷时应及时更换。缆风绳应使用钢丝绳，其安全系数 K=3.5，规格应符合施工方案要求，缆风绳应与地锚牢固连接。

地锚的埋设做法应经计算确定，地锚的位置及埋深应符合施工方案要求和扒杆作业时的实际角度。移动扒杆时，也必须使用经过设计计算的正式地锚，不准随意拴在电杆、树木和构件上。

④吊点。

根据重物的外形、重心及工艺要求选择吊点，并在方案中进行规定。吊点是在重物起吊、翻转、移位等作业中都必须使用的，吊点应与重物的重心在同一垂直线上，且吊点应在重心之上（吊点与重物重心的连线和重物的横截面垂直），使重物垂直起吊，禁止斜吊。

当采用几个吊点起吊时，应使各吊点的合力作用点在重物重心的位置之上。须正确计算每根吊索的长度，使重物在吊装过程中始终保持稳定位置。当构件无吊鼻，需用钢丝绳捆绑时，必须对棱角处采取保护措施，防止切断钢丝。钢丝绳做吊索时，其安全系数 K=6 ~ 8。

⑤司机、指挥人员。

起重机司机属于特种作业人员，应经正式培训考核并取得合格证书。合格证书或者培训内容，必须与司机所驾驶起重机类型相符。汽车吊、轮胎吊必须由起重机司机驾驶，严禁同车的汽车司机与起重机司机相互替代（司机持有两种证的除外）。

起重机的信号指挥人员应经正式培训考核并取得合格证书。其信号应符合国家标准《起重吊运指挥信号》的规定。起重机在地面，而吊装作业在高处作业的情况下，必须专门设置信号传递人员，以确保司机能清晰准确地看到和听到指挥信号。

⑥地基承载力。

起重机作业区路面的地基承载力应符合该机说明书要求，并应对相应的地基承载力报告结果进行审查。

作业道路平整度坚实，一般情况纵向坡度不大于3‰，横向坡度不大于1‰。行驶或停放起重机时，应与沟渠、基坑保持 5 m 以外，且不得停放在斜坡上。

当地面平整与地耐力不能满足要求时，应采用路基箱、道木等铺垫措施，以便确保机车的作业条件。

⑦起重作业。

起重机司机应熟知施工作业中所起吊重物的重量，并有交底记录。司机必须熟知该机车起吊高度及幅度情况下的实际起吊重量，并清楚机车中各装置正确使用，熟悉操作规程，做到不超载作业。

作业面平整、坚实。支脚全部伸出垫牢。机车平稳，不倾斜。不准斜拉、斜吊。重物启动上升时应动作缓慢进行，不得突然起吊形成超载。不得起吊埋于地下和黏在地面与其他物体上的重物。

多台机共同工作，必须随时掌握各起重机起升的同步性，单机负载不得超过该机额定起重量的80%。起重机首次起吊或重物重量变换后首次起吊时，应先将重物吊离地面200 ~ 300 mm 后停住，检查起重机的工作状态，在确认起重机稳定、制动可靠、重物吊挂平衡牢固后，才可继续起升。

⑧高处作业。

起重吊装于高处作业时，应按规定设置安全措施防止高处坠落，包括各洞口盖严盖牢，临边作业应搭设防护栏杆、封挂密目网等。结构吊装时，可设置移动式节间安全平网，随节间吊装，平网可平移到下一节间，以保护节间高处作业人员的安全。

吊装作业人员在高处移动和作业时，必须系牢安全带。独立悬空作业人员除有安全网的防护外，还应以安全带作为防护措施的补充。例如在屋架安装过程中，屋架的上弦不允许作业人员行走，当走下弦时，必须将安全带系牢在屋架上的脚手杆上（这些脚手杆是在屋架吊装之前临时绑扎的）；在行车梁安装过程中，作业人员从行车梁上行走时，其一侧护栏可采用钢索，作业人员将安全带扣牢在钢索上使其随人员滑行，确保作业人员移动安全。

作业人员上下应有专用爬梯或者斜道，不允许攀爬脚手架或建筑物上下。爬梯的制作和设置应符合高处作业规范"攀登作业"的有关规定。

⑨作业平台。

悬空作业处应有牢靠的立足处，并必须视具体情况，配置防护栏网、栏杆或其他安全设施。高处作业人员必须站在符合要求的脚手架或平台上作业。脚手架或作业平台应有搭设方案，临边应设置防护栏杆和封挂密目网。脚手架的选材与铺设应严密、牢固并符合脚手架的搭设规定。

⑩构件堆放。

构件堆放应平稳，底部按设计位置设置垫木。楼板堆放高度一般不应超过 1.6 m。构件多层叠放时，柱子不超过 2 层，梁不超过 3 层，大型屋面板、多孔板为 6 ~ 8 层，钢屋架不超过 3 层。各层的支承垫木应在同一垂直线上，各堆放构件之间应留不小于 0.7 m 宽的通道。

重心较高的构件（如屋架、大梁等），除在底部设垫木外，还应在两侧加设支撑，或将几榀大梁以方木和钢丝将其连成一体，提高其稳定性，侧向支撑沿梁长度方向不得少于三道。墙板堆放架应经设计计算确定，并确保地面抗倾覆要求。

⑪警戒。

起重吊装作业前，应根据施工组织设计要求划定危险作业区域，设置醒目的警示标志，防止无关人员进入。除设置标志外，还应视现场作业环境，专门设置监护人员，防止高处作业或交叉作业时造成的落物伤人事故。

⑫操作工。

起重吊装作业人员包括起重工、电焊工等，均属于特种作业人员，必须经有关部门培训考核并发给合格证书方可操作。起重吊装工作属于专业性强、危险性大的工作，其工作应由有关部门认证的专业队伍进行，工作时应当由有经验的人员担任指挥。

（3）常用起重机械的安全使用要求。

①起重机械安全使用的一般要求。

司机和指挥人员要经过专业培训，考核合格后持证上岗。操作人员对起吊的构件重量不明时要进行核实，不能盲目起吊。起重机在输电线路近旁作业时，应采取安全保护措施。起重机与架空输电导线间的安全距离应符合施工现场外电线路的安全距离的要求。一般起重机司机设有两个人，一人在机上进行操作，一人在机车周围监护。在进行构件安装时可设高空和地面两个指挥人员。起重机使用的钢丝绳，其结构、形式、规格和强度要符合该机型的要求。

②履带式起重机的安全使用要求。

当履带起重机在接近满负荷作业时，要避免将起重机的臂杆回转至以及履带成垂直方向的位置，以防止失稳，造成起重机倾覆。在满负荷作业时，不得行车。如需短距离移动，吊车所吊的负荷不得超过允许起重量的 70%，同时所吊重物要在行车的正前方，重物离地不大于 500 mm，并拴好溜绳，控制重物的摆动，缓慢行驶，方能达到安全作业。

履带式起重机作业时的臂杆仰角，一般不超过 78°，臂杆的仰角过大，易造成起重机后倾或发生将构件拉斜的现象。起重作业后应将臂杆降至 40° ~ 60°，并转至顺风方向，以防止遇大风将臂杆吹向后仰，发生翻车和折杆的事故。正确安装和使用安全装置。履带式起重机的安全装置有重量限位器、超高限位器、力矩限制器、防臂杆后仰装置与防背杆支架。

③轮胎式起重机的安全使用要求。

在不打支腿情况下作业或吊重行走，需减小起重量。道路需平整、坚实，轮胎的气压要符合要求。荷载要按原机车性能的规定进行，禁止带负荷长距离行走。重物吊离地面不得超过 500 mm，并拴好溜绳缓慢行驶。

轮胎式起重机的安全装置与履带式起重机相同。

④汽车式起重机使用的安全要求。

作业时利用水平气泡将支承回转面调平，若在地面松软不平或斜坡上工作，一定要在支腿垫盘下面垫以木块或铁板，也可以在支腿垫盘下备有定型规格的铁板，将支腿位置调整好。一般情况下，汽车式起重机在车前作业区不允许吊装作业。操作中严禁侧拉，防止臂杆侧向受力。在吊装柱子作业时，不宜采用滑行法起吊。起重机在吊物时，其重量应小于额定负荷的 1/5 ～ 1/3。汽车式起重机主要安全装置有力矩限制器、过卷扬装置、水平气泡等。

（4）吊装作业的事故隐患及安全技术。

①吊装作业的事故隐患及原因分析。

没有根据工程情况编制具有针对性的作业方案或虽有方案但过于简单不能具体指导作业，且无企业技术负责人的审批。对选用的起重机械或起重扒杆没有进行检查和试吊，使用中无法满足起吊要求，若强行起吊必然发生事故。司机、指挥员和起重工未经培训，无证上岗，不懂专业知识。钢丝绳选用不当或地锚埋设不合理。高处作业时无防护措施，造成人员的高处坠落或落物伤人。吊装作业时违章作业，不遵守"十不吊"的要求。

②吊装作业的安全技术要求。

吊装作业前，应根据施工现场的实际情况，编制有针对性的施工方案，并经上级主管部门审批同意后方能施工；作业前，应向参与作业的人员进行安全技术交底。司机、指挥员和起重人员必须经过培训，经有关部门考核合格后，才能上岗作业。高处作业时必须按高处作业的要求系好安全带，并做好必要的防护工作。

对吊装区域不安全因素和不安全的环境，要进行检查、清除或采取保护措施，如对输电线路的妨碍，如何确保与高压线路的安全距离；作业周围是否涉及主要通道、警戒线的范围、场地的平整度；作业中如遇大风将采取何种措施等。

做好吊装作业前的准备工作是十分重要的，如检查起吊用具和防护设施，辅助用具的准备、检查，确定吊物回转半径范围、吊物的落点等情况。吊装中要熟悉和掌握捆绑技术及捆绑的要点，应根据形状找中心，确定吊点的数目和绑扎点，捆绑中要考虑吊索间的夹角；起吊过程中必须做到"十不吊"的规定。各地区对"十不吊"的理解和提法不一样，但绝大部分是保证起重吊装作业的安全要求，参与吊装作业的指挥员、司机要严格遵守。严禁任何人在已起吊的构件下停留或穿行，已吊起的构件不准长时间在空中停留。起重作业人员在吊装过程中要选择安全位置，以防吊物冲击、晃动、坠落伤人事故发生。

起重指挥人员必须坚守岗位，准确、及时传递信号，司机要对指挥员发的信号、吊物的捆绑情况、运行通道、起降的空间确认无误后才能进行操作。多人捆扎时，只能由一人负责指挥。采用桅杆吊装时，四周不得有障碍物，缆风绳不得跨越架空线，如果相距过近，必须搭设防护架。

起吊作业前，应对机械进行检查，安全装置要完好、灵敏。起吊满载或接近满载时，应先将吊物吊起离地 500 mm 处停机检查，检查起重设备的稳定性、制动器的可靠性、吊物的平稳性、绑扎的牢固性，确认无误后方可再行起吊。吊运中起降要平稳，不能忽快忽慢和突然制动。对自制或改装的起重机械、桅杆起重设备，在使用前，要认真检查和试验、鉴定，确认合格后方准使用。

二、施工现场临时用电安全技术

（一）临时用电安全管理基本要求

1. 临时用电施工组织设计

（1）临时用电组织设计的范围。

按照《施工现场临时用电安全技术规范》的规定，临时用电设备在 5 台及 5 台以上或设备总容量在 50 kW 及 50 kW 以上者，应该编制临时用电施工组织设计；临时用电设备在 5 台以下和设备总容量在 50 kW 以下者，应制定安全用电技术措施及电气防火措施。这是施工现场临时用电管理应遵循的第一项技术原则。

（2）临时用电组织设计的程序。

①临时用电工程图纸应单独绘制，临时用电工程应按图施工。

②临时用电组织设计编制及变更时，须履行"编制、审核、批准"程序，由电气工程技术人员组织编制，经相关部门审核及具有法人资格企业的技术负责人批准后实施。变更用电组织设计时应补充有关图纸资料。

③临时用电工程必须经编制、审核、批准部门和使用单位共同验收，合格后才可投入使用。

（3）临时用电组织设计的主要内容。

①现场勘测。

②确定电源进线、变电所或配电室、配电装置、用电设备位置及线路走向。

③进行负荷计算。

④选择变压器。

⑤设计配电系统。

（4）临时用电施工组织设计审批。

①施工现场临时用电施工组织设计必须由施工单位的电气工程技术人员编制，技术负责人审核。封面上要注明工程名称、施工单位、编制人并加盖单位公章。

②施工单位所编制的施工组织设计，必须符合《施工现场临时用电安全技术规范》（中的有关规定。

③临时用电施工组织设计必须在开工前 15 d 内报上级主管部门审核，批准后方可进行临时用电施工。施工时要严格执行审核后的施工组织设计，按图施工。当需要变更施工组织设计时，应补充有关图纸资料，同样需要上报主管部门批准，待批准之后，按照修改前后的临时用电施工组织设计对照施工。

2.电工及用电人员的要求

（1）电工必须经过国家现行标准考核，合格后才能持证上岗工作；其他用电人员必须通过相关职业健康安全教育培训和技术交底，考核合格后方可上岗工作。

（2）安装、巡检、维修或拆除临时用电设备和线路，必须由电工完成，并应有人监护。

（3）电工等级应同工程的难易程度和技术复杂性相适应。

（4）各类用电人员应掌握安全用电基本知识和所用设备的性能。

（5）使用电气设备前必须按规定穿戴和配备好相应的劳动防护用品，并且应检查电气装置和保护设施，严禁设备带"缺陷"运转。

（6）用电人员保管和维护所用设备，发现问题及时报告解决。

（7）现场暂时停用设备的开关箱必须分断电源隔离开关，并应关门上锁。

（8）用电人员移动电气设备时，必须经电工切断电源并做好妥善处理后再进行。

3.临时用电安全技术交底

对于现场中一些固定机械设备的防护和操作应进行如下交底：

（1）开机前，认真检查开关箱内的控制开关设备是否齐全有效，漏电保护器是否可靠，发现问题及时向工长汇报，工长派电工处理。

（2）开机前，仔细检查电气设备的接零保护线端子有无松动，严禁赤手触摸一切带电绝缘导线。

（3）严格执行安全用电规范，凡一切属于电气维修、安装的工作，须由电工来操作，严禁非电工进行电工作业。

（4）施工现场临时用电施工必须执行施工组织设计和职业健康安全操作规程。

（二）外电防护

（1）在建工程不得在外电架空线路正下方施工，搭设作业棚，建造生活设施或堆放构件、架具、材料及其他杂物等。

（2）施工现场开挖沟槽边缘与外电埋地电缆沟槽边缘之间的距离不得小于 0.5 m。

（3）防护设施宜采用木、竹或其他绝缘材料搭设，不宜采用钢管等金属材料搭设。防护设施应坚固、稳定，且对外电线路的隔离防护应达到 IP30 级。

（4）架设防护设施时，必须经有关部门批准，采取线路暂时停电或其他可靠的职业健康安全技术措施，并应有电气工程技术人员和专职安全人员监护。

（5）在外电架空线路附近开挖沟槽时，须会同有关部门采取加固措施，防止外电架空线路电杆倾斜、悬倒。

（6）电气设备现场周围不得存放易燃易爆物、污染源和腐蚀介质，否则应予以清除或做防护处理，其防护等级必须与环境条件相适应。

（7）电气设备设置场所应能避免物体打击和机械损伤，否则应当做防护处理。

（三）配电室

（1）配电室应靠近电源，并应设在灰尘少、潮气少、振动小、无腐蚀介质、无易燃易爆物及道路畅通的地方。

（2）成列的配电柜和控制柜两端应与重复接地线及保护零线做电气连接。

（3）配电室和控制室应能自然通风，并应采取防止雨雪侵入与动物进入的措施。

（4）配电室内的布置要符合以下要求：

①配电柜正面的操作通道宽度，单列布置或双列背对背布置不小于 1.5 m，双列面对面布置不小于 2 m。

②配电柜后面的维护通道宽度，单列布置或双列面对面布置不小于 0.8 m，双列背对背布置不小于 1.5 m；个别建筑物有结构凸出的地方，则此点通道宽度可以减小 0.2 m。

③配电柜侧面的维护通道宽度不小于 1 m。

④配电室的顶棚与地面的距离不低于 3 m。

⑤配电室内设置值班室或检修室时，该室边缘至配电柜的水平距离大于 1 m，并采取屏障隔离。

⑥配电室内的裸母线与地面垂直距离小于 2.5 m 时，采用遮栏隔离，遮栏下面通道的高度不小于 1.9 m。

⑦配电装置的上端距顶棚不小于 0.5 m。

⑧配电室内的母线涂刷有色油漆，以标志相序。以配电柜正面方向为基准，其涂色应符合表 8-1 的规定。

表 8-1 母线涂色

相别	颜色	垂直排列	水平排列	引下排列
L1（A）	黄	上	后	左
L2（B）	绿	中	中	中
L3（C）	红	下	前	右
N	淡蓝	—	—	—

⑨配电室的建筑物和构筑物的耐火等级不低于 3 级，室内配置砂箱和可用于扑灭电气火灾的灭火器。

⑩配电室的门向外开，并配锁。

配电室的照明分别设置正常照明和事故照明。

（5）配电柜应装设电度表，并应装设电流表、电压表。电流表以及计费电度表不得共用一组电流互感器。

（6）配电柜应装设电源隔离开关及短路、过载、漏电保护电器。电源隔离开关分断时应有明显可见分断点。

（7）配电柜应编号，并应有用途标记。

（8）配电柜或配电线路停电维修时，应挂接地线，并应当悬挂"禁止合闸，有人工作"停电标志牌。停送电必须由专人负责。

（9）配电室应保持整洁，不得堆放任何妨碍操作、维修的杂物。

（四）电缆线路

（1）电缆中必须包含全部工作芯线和用作保护零线或保护线的芯线。需要三相四线制配电的电缆线路必须采用五芯电缆。五芯电缆必须包含淡蓝、绿/黄两种颜色绝缘芯线。淡蓝色芯线必须用作 N 线，绿/黄双色芯线必须用作 PE 线，严禁混用。

（2）电缆线路应采用埋地或架空敷设，严禁沿地面明设，并应避免机械损伤与介质腐蚀。埋地电缆路径应设方位标志。

（3）电缆埋地敷设宜选用铠装电缆，当选用无铠装电缆时，应能防水、防腐。架空敷设宜选用无铠装电缆。

（4）埋地电缆在穿越建筑物，构筑物，道路，易受机械损伤、介质腐蚀场所及引出地面从 2.0 m 高到地下 0.2 m 处，必须加设防护套管，防护套管内径不应小于电缆外径的 1.5 倍。

（5）在建工程内的电缆线路必须采用电缆埋地引入，严禁穿越脚手架引入。电缆垂直敷设应充分利用在建工程的竖井、垂直孔洞等，并宜靠近用电负荷中心，固定点每楼层不得少于一处。电缆水平敷设宜沿墙或门口刚性固定，最大弧垂距地不得小于 2.0 m。

（6）装饰装修工程或其他特殊阶段应补充编制单项施工用电方案。电源线可沿墙角、地面敷设，但应采取防机械损伤和电火措施，可以采用穿阻燃绝缘管或线槽等遮护的办法。

（7）电缆直接埋地敷设的深度不应小于 0.7 m，并应在电缆紧邻上、下、左、右侧均匀敷设不小于 50 mm 厚的细砂，然后覆盖砖或混凝土板等硬质保护层。

（8）埋地电缆与其附近外电电缆和管沟的平行间距不得小于 2 m，交叉间距不得小于 1 m。

（9）埋地电缆的接头应设在地面上的接线盒内，接线盒应能防水、防尘、防机械损伤，并应远离易燃、易爆、易腐蚀场所。

（10）架空电缆应沿电杆、支架或墙壁敷设，并采用绝缘子固定，绑扎线必须采用绝缘线，固定点间距应保证电缆能承受自重所带来的荷载，敷设高度应符合《施工现场临时用电安全技术规范》关于架空线路敷设高度的要求，但是沿墙壁敷设时最大弧垂距地不得小于 2.0 m。

（11）架空电缆严禁沿脚手架、树木或其他设施敷设。

（五）室内配线

（1）室内配线应根据配线类型，采用瓷瓶、瓷（塑料）夹、嵌绝缘槽、穿管或钢索敷设。

（2）室内非埋地明敷主干线距地面高度不得小于 2.5 m。

（3）架空进户线的室外端应采用绝缘子固定，过墙处应穿管保护，距地面高度不得小于 2.5 m，并且应采取防雨措施。

（4）室内配线所用导线或电缆的截面面积应根据用电设备或线路的计算负荷确定，但铜线截面面积不应小于 1.5 mm²，铝线截面面积不应小于 2.5 mm²。

（六）施工照明

1. 一般场所

（1）现场照明宜选用额定电压为 220 V 的照明器，采用高光效、长寿命的照明光源。对需大面积照明的场所，应采用高压汞灯、高压钠灯或混光用的卤钨灯等。

（2）照明变压器必须使用双绕组型安全隔离变压器，严禁使用自耦变压器。

（3）照明系统宜使三相负荷平衡，其中每一单相回路上，灯具与插座数量不应超过 25 个，负荷电流不宜超过 15 A。

（4）室外 220 V 灯具距地面不得低于 3 m，室内 220 V 灯具距地面不得低于 2.5 m。

（5）普通灯具与易燃物距离不应小于 300 mm；聚光灯、碘钨灯等高热灯具与易燃物距离不应小于 500 mm，且不得直接照射易燃物。达不到规定距离时，应采取隔热措施。

（6）碘钨灯及钠、铊、铟等金属卤化物灯具的安装高度应在 3 m 以上，灯线应固定在接线柱上，不得靠近灯具表面。

（7）螺口灯头及其接线应符合下列要求：

①灯头的绝缘外壳无损伤、无漏电。

②相线接在与中心触头相连的一端，零线接在与螺纹口相连的一端。

（8）在建工程的照明灯具宜采用拉线开关控制，开关安装位置宜符合下列要求：

①拉线开关距地面高度为 2 ~ 3 m，与出入口的水平距离是 0.15 ~ 0.2 m，拉线的出口向下。

②其他开关距地面高度为 1.3 m，与出入口的水平距离为 0.15 ~ 0.2 m。

（9）携带式变压器的一次侧电源线应采用橡皮护套或塑料护套铜芯软电缆，中间不得有接头，长度不宜超过 3 m，其中绿 / 黄双色线只可做 PE 线使用，电源插销应有保护触头。

2. 特殊场所

（1）下列特殊场所应使用安全电压照明器：

①隧道，人防工程，高温、有导电灰尘、比较潮湿或灯具离地面高度低于 2.5 m 的场所等的照明，电源电压不应大于 36 V。

②潮湿和易触及带电体场所的照明，电源电压不得大于 24 V。

③特别潮湿场所、导电良好的地面、锅炉或金属容器内的照明，电源电压不得大于 12 V。

（2）使用行灯时应符合下列要求：

①电源电压不大于 36 V。

②灯体与手柄应坚固，绝缘良好并耐热耐潮湿。

③灯头与灯体结合牢固，灯头无开关。

④灯泡外部有金属保护网。

⑤金属网、反光罩、悬吊挂钩固定在灯具的绝缘部位之上。

（3）路灯的每个灯具应单独装设熔断器保护，灯头线应做防水弯。

（4）荧光灯管应采用管座固定或用吊链悬挂，荧光灯的镇流器不得安装在易燃的结构物上。

（5）投光灯的底座应安装牢固，按需要的光轴方向将枢轴拧紧固定。

（6）灯具内的接线必须牢固，灯具外的接线必须做可靠的防水绝缘包扎。

（7）灯具的相线必须经开关控制，不得将相线直接引入灯具。

（8）对夜间影响飞机飞行或车辆通行的在建工程及机械设备，须设置醒目的红色信号灯，其电源应设在施工现场总电源开关的前侧，并应设置外电线路停止供电时的应急自备电源。

（9）无自然采光的地下大空间施工场所，应编制单项照明用电方案。

第二节　施工现场防火安全管理

一、施工现场防火安全管理概述

（一）火灾发展变化规律及防治途径

1.火灾的发展变化规律

（1）初起期。

火灾从无到有，可燃物热解。

（2）发展期。

火势由小到大，满足时间平方规律，即火灾热释放速率随时间的平方非线性发展，是轰燃的发生阶段。

（3）最盛期。

通风控制火灾，火势大小由建筑物的通风情况而决定。

（4）熄灭期。

火灾由最盛期开始消减，直至熄灭。

2.火灾的防治途径

（1）设计与评估。

在建筑工程施工前就考虑火灾，进行安全设计，对已有的建筑和工程可以进行危险性评估，从而确定人员和财产的火灾安全性能。

（2）阻燃。

对建筑材料和结构进行阻燃处理，降低火灾发生的概率以及发展的速率。

（3）火灾探测。

一旦火灾发生，要准确、及时地发现它，并克服误报警因素。

（4）灭火。

发现火灾之后，要合理配置资源，迅速、安全地扑灭火灾。

（二）防火安全管理的一般规定

（1）施工现场防火工作，必须认真贯彻"以防为主，防消结合"的方针，立足于自防自救，坚持安全第一，实行"谁主管，谁负责"的原则，在防火业务上要接受当地行政主管部门和当地公安消防机构的监督与指导。

（2）施工单位应对职工进行经常性的防火宣传教育，普及消防知识，增强消防观念，自觉遵守各项防火规章制度。

（3）施工应根据工程的特点和要求，在制定施工方案或施工组织设计的同时制定消防防火方案，并按规定程序实行审批。

（4）施工现场必须设置防火警示标志，施工现场办公室内应挂有防火责任人、防火领导小组成员名单、防火制度。

（5）施工现场实行层级消防责任制，落实各级防火责任人，各负其责。项目经理是施工现场防火负责人，全面负责施工现场的防火工作，由公司发给任命书。施工现场必须成立防火领导小组，由防火负责人任组长，成员由项目相关职能部门人员组成，防火领导小组定期召开防火工作会议。

（6）施工单位必须建立和健全岗位防火责任制，明确各岗位的防火负责区和职责，使职工懂得本岗位火灾的危险性，懂得防火措施，懂得灭火方法，会报警，并会使用灭火器材，会处理事故苗头。

（7）按规定实施防火安全检查，对查出的火险隐患及时整改，本部门难以解决的要及时上报。

（8）施工现场必须根据防火的需要配置相应种类、数量的消防器材、设备和设施。

（三）防火安全管理的职责

1. 项目消防安全领导小组的职责

（1）在公司级防火责任人的领导下，将工地的防火工作纳入生产管理中，做到生产计划、布置、检查、总评、评比"五同时

（2）负责工地的防火教育工作，普及消防知识，保证各项防火安全制度贯彻执行。

（3）定期组织消防检查，发现隐患及时整改，对项目部解决不了的火险隐患，提出整改意见，报公司防火负责人。

（4）督促配置必要的消防器材，要保证随时完整好用，不准随便挪作他用。

（5）发生火灾事故后，责任人提出处理意见，及时上报公司或公安消防机关。

（6）定期召开各班组防火责任人会议，分析防火工作，布置防火安全工作。

2. 义务消防队队员的职责

（1）积极宣传消防工作的方针、意见和安全消防知识。

（2）模范地遵守和执行防火安全制度，认真做好工地的防火安全工作，发现问

题及时整改或向上级汇报。

（3）要熟悉工地的要害部位、火灾危害性及水源、道路、消防器材设置等情况，并定期进行消防业务学习和技术培训。

（4）做好消防器材、消防设备的维修和保养工作，保证灭火器材完好使用。

（5）严格动火审批制度，并实行谁审批谁负责原则，明确职责，认真履行。

（6）熟练掌握各种灭火器材的应用和适用范围，每年举行不少于两次的灭火学习。

（7）实行全天候值班巡逻制度，发现问题及时处理整改，定期向消防领导小组书面汇报现场消防安全工作情况。

（8）对违反消防安全管理条件的单位、个人按规定给予处罚。

3. 班组防火负责人的职责

（1）贯彻落实消防领导小组及义务消防队布置的防火工作任务，检查与监督本班组人员执行安全制度情况。

（2）严格执行项目部制定的各项消防安全管理制度、动火制度以及有关奖罚条例等。

（3）教会有关操作人员正确使用灭火器材，掌握适用范围。

（4）督促做好本班组的防火安全检查工作，做好工完场清，不留火险隐患，杜绝事故发生。

（5）负责本班组人员所操作的机械电气设备的防火安全装置运转和安全使用管理工作。

（6）发现问题及时处理，发生事故立即补救，并及时向义务消防队和消防领导小组汇报。

二、施工现场防火安全管理的要求

（一）消防器材安全管理

1. 常用灭火器材及其适用范围

（1）泡沫灭火器：适用于油脂、石油产品及一般固体物质的初起火灾。

（2）酸碱灭火器：适用于竹、木、棉、毛、草、纸等一般可燃物质的初起火灾。

（3）干粉灭火器：适用于石油及其产品、可燃气体和电气设备的初起火灾。

（4）二氧化碳灭火器：适用于贵重设备、档案资料、仪器仪表、600 V 以下电器及油脂火灾。

（5）"2111"灭火器：适用于油脂、精密机械设备、仪表、电子仪器设备、文物、图书、档案等贵重物品的初起火灾。

（6）水：适用范围较广，但不得用于以下几个方面。

①非水溶性可燃、易燃物体火灾。

②与水反应产生可燃气体，可引起爆炸的物质起火。

③直流水不得用于带电设备和可燃粉尘集聚处的火灾，及储存大量浓硫酸、浓硝酸场所的火灾。

2.施工现场消防器材管理要求

（1）各种消防梯经常保持完整完好。

（2）水枪经常检查，保持开关灵活，喷嘴畅通，附件齐全无锈蚀。

（3）水带充水后防骤然折弯，不被油类污染，用后清洗晾干，收藏时应单层卷起，竖放在架上。

（4）各种管接口和扣盖应接装灵便、松紧适度，无泄漏，不得和酸、碱等化学品混放，使用时不得摔、压。

（5）消火栓按室内、室外（地上、地下）的不同要求定期进行检查和及时加注润滑油，消火栓井应经常清理，冬季应采取防冻措施。

（6）工地设有火灾探测和自动报警灭火系统时，应由专人管理，保证其处于完好状态。

（二）电气防火安全管理

（1）施工现场的一切电气设备、线路必须由持有上岗操作证的电工安装、维修，并严格执行有关规定。

（2）电线绝缘层老化、破损要及时更换。

（3）严禁在外脚手架上架设电线和使用碘钨灯，因施工需要在其他位置使用碘钨灯时，架设要牢固，碘钨灯距易燃物不小于 50 cm，且不可直接照射易燃物。当间距不够时，应采取隔热措施，施工完毕要及时拆除。

（4）临时建筑设施的电气设备安装要求如下：

①电线必须与铁制烟囱保持不小于 50 cm 的距离。

②电气设备和电线不准超过安全负荷，接头处要牢固，绝缘性良好，室内外电线架设应有瓷管或瓷瓶与其他物体隔离，室内电线不得直接敷设在可燃物、金属物上，要套防火绝缘线管。

③照明灯具下方一般不准堆放物品，其垂直下方与堆放物品水平距离不得小于 50 cm。

④临时建筑设施内的照明必须做到"一灯一制一保险"，不准使用 60 W 以上的照明灯具，宿舍内照明应按每 10 m² 有一盏不小于 40 W 的照明灯具，并安装带保险的插座。

⑤每栋临时建筑以及临时建筑内每个单元的用电须设有电源总开关和漏电保护开关，做到人离电断。

⑥凡是能够产生静电引起爆炸或火灾的设备容器，必须设置消除静电的装置。

（四）电焊、气割的防火安全管理

（1）从事电焊、气割的操作人员，应经专门培训，掌握焊割的安全技术、操作规程，经考试合格，取得操作合格证后方可持证上岗。学徒工不可单独操作，应在师傅的监护下进行作业。

（2）严格执行动火审批程序和制度，操作前应办理动火申请手续，经单位领导同意及消防或安全技术部门检查批准，领取动火许可证后方可进行作业。

（3）动火审批人员要认真负责，严格把关。审批前要深入动火地点查看，确认无火险隐患后再行审批。批准动火应采取定时（时间）、定位（层、段、档）、定人（操作人、看火人）、定措施（应采取的具体防火措施），部位变动或者仍需继续操作，应事先更换动火证。动火证只限当日操作人使用，并随身携带，以备消防保卫人员检查。

（4）进行电焊、气割前，应由施工员或班组长向操作人员进行消防安全技术措施交底，任何领导不能以任何借口让电、气焊工人进行冒险操作。

（5）装过或有易燃、可燃液体、气体及化学危险物品的容器、管道和设备，在未彻底清洗干净前，不得进行焊割。

（6）严禁在有可燃气体、粉尘或禁止用火的危险性场所焊割。在这些场所附近进行焊割时，应按有关规定保持防火距离。

（7）遇有5级及5级以上大风天气时，应停止高空与露天焊割作业。

（8）要合理安排工艺和编制施工进度，在有可燃材料保温的部位，不准进行焊割作业。必要时，应在工艺安排和施工方法上采取严格的防火措施。焊割不准在油漆、喷漆、脱漆等易燃、易爆物品和可燃物上作业。

（9）焊割结束或离开操作现场时，应切断电源、气源。赤热的焊嘴以及焊条头等，禁止放在易燃、易爆物品和可燃物上。

（10）禁止使用不合格的焊割工具和设备，电焊的导线不能与装有气体的容器接触，也不能与气焊的软管或气体的导管放在一起。焊把线和气焊的软管不得从生产、使用、储存易燃、易爆物品的场所或部位穿过。

（11）焊割现场应配备灭火器材，危险性较大的应当由专人现场监护。

（12）电焊工的操作要求如下：

①电焊工在操作前，要严格检查所用工具（包括电焊机设备、线路敷设、电缆线的接点等），使用的工具均应符合标准，保持完好状态。

②电焊机应有单独开关，装在防火、防雨的闸箱内，电焊机应设防雨棚（罩）。开关的保险丝容量应为该机的1.5倍。保险丝不准用铜丝或铁丝代替。

③焊割部位应与氧气瓶、乙炔瓶、乙炔发生器及各种易燃、可燃材料隔离，两瓶之间间距不得小于5 m，与明火之间间距不得小于10 m。

④电焊机应设专用接地线，直接放在焊件上，接地线不准在建筑物、机械设备、各种管道、避雷引下线和金属架上借路使用，防止接触火花，造成起火事故。

⑤电焊机一、二次线应用线鼻子压接牢固，同时应加装防护罩，防止松动、短路放弧等引燃可燃物。

⑥严格执行防火规定和操作规程，操作时采取相应的防火措施，与看火人员密切配合，防止火灾。

（13）焊工的操作要求如下：

①乙炔发生器、乙炔瓶、氧气瓶和焊割工具的安全设备必须齐全有效。

②乙炔发生器、乙炔瓶、液化石油气罐和氧气瓶在新建、维修工程内存放，应设置专用房间单独分开存放并有专人管理，要有灭火器材及防火标志。

③乙炔发生器和乙炔瓶等与氧气瓶应保持距离，在乙炔发生器旁严禁一切火源。

夜间添加电石时，应使用防爆手电筒照明，禁止用明火照明。

④乙炔发生器、乙炔瓶和氧气瓶不准放在高低压架空线路下方或变压器旁。在高空焊割的，也不要放在焊割部位的下方，应保持一定的水平距离。

⑤乙炔瓶、氧气瓶应直立使用，禁止平放卧倒使用，油类物品勿接触氧气瓶、导管及其零部件。

⑥氧气瓶、乙炔瓶严禁暴晒、撞击，防止受热膨胀。防止油类物质落在氧气瓶上。开启阀门时要缓慢，防止升压过速产生高温、火花引起爆炸和火灾。

⑦乙炔发生器、回火阻止器及导管发生冻结时，只能用蒸汽、热水等解冻，严禁使用火烤或金属敲打。确定气体导管及其分配装置有无漏气现象时，应用气体探测仪或者用肥皂水等简单方法测试，严禁用明火测试。

⑧操作乙炔发生器和电石桶时，应使用不产生火花的工具，在乙炔发生器上不能装有纯铜的配件。加入乙炔发生器的水，不能含油脂，以免油脂与氧气接触发生反应，引起燃烧或爆炸。

⑨防爆膜失去作用后，要按照规定规格、型号进行更换，严禁任意更换防爆膜规格、型号，禁止使用胶皮等代替防爆膜。浮桶式乙炔发生器上面不准堆压其他物品。

⑩电石应存放在电石库内，不准在潮湿场所和露天存放。

焊割时要严格执行操作规程和程序。焊割操作时先开乙炔气点燃，然后开氧气进行调火。操作完毕时按相反程序关闭。瓶内气体不能用尽，必须留有余气。

工作完毕，应将乙炔发生器内电石、污水及其残渣清除干净，倒在指定的安全地点，并要排除内腔和其他部分的气体。禁止电石、污水到处乱放、乱排。

（14）监护人职责。

①清理焊割部位附近的易燃、可燃物品；对不能清除的易燃、可燃物品要用水浇湿或盖上石棉布等非易燃材料，以隔绝火星。

②坚守岗位，要与电、气焊工密切配合，随时关注焊割周围的情况，一旦起火及时扑救。

③在高空焊割时，要用非燃材料做成接火盘和风挡，以接住和控制火花的溅落。

④在焊割过程中要随时进行检查，操作结束后，要对焊割地点进行仔细检查确认无危险后方可离开。在隐蔽场所或部位（比如闷顶、隔墙、电梯井、通风道、电缆沟和管道井等）焊割操作完毕后，0.5～4h内要反复检查，以防引燃起火。

⑤备好适用的灭火器材和防火设备（石棉布、接火盘、风挡等），做好灭火准备。

⑥发现电、气焊操作人员违反电、气焊防火管理规定、操作规程或动火部位有火灾、爆炸危险时，有权责令其停止操作，收回动火许可证及操作证，及时向领导汇报。

（四）建筑木工的防火安全要求

建筑工地的木工作业场所要严禁动用明火，工人吸烟要到休息室。工作场地和个人工具箱内严禁存放油料和易燃、易爆物品。应经常对工作间内的电气设备及线路进行检查，发现短路、电气打火和线路绝缘老化、破损等情况要及时找电工维修。电锯、电刨子等木工设备在作业时，注意勿使刨花、锯末等物将电机盖上。熬水胶使用的炉子，应在单独房间进行，用后要立即熄灭。

木工作业要严格执行建筑安全操作规程，完工后必须将现场清理干净，剩下的木料堆放整齐，锯末、刨花要堆放在指定的地点，并且不能在现场存放时间过长，防止自燃起火。

（五）涂漆、喷漆和油漆工的防火安全要求

（1）喷漆、涂漆的场所应有良好的通风，防止形成爆炸极限浓度，引起火灾或爆炸。

（2）喷漆、涂漆的场所内禁止一切火源，应当采用防爆的电气设备。

（3）禁止与焊工同时间、同部位地上下交叉作业。

（4）油漆工不能穿易产生静电的工作服。接触涂料、稀释剂的工具应采用防火花型的。

（5）浸有涂料、稀释剂的破布、纱团、手套和工作服等，应及时清理，不能随意堆放，防止因化学反应而生热，发生自燃。

（6）在施工中必须严格遵守操作规程和程序。

（7）在维修工程施工中，使用脱漆剂应采用不燃性脱漆剂。如若因工艺或技术上的要求，使用易燃性脱漆剂，一次涂刷脱漆剂量不宜过多，控制在能使漆膜起皱膨胀为宜。清除掉的漆膜要及时妥善处理。

（8）对使用中能分解、发热自燃的物料，要妥善管理。

（六）仓库保管员的防火安全要求

（1）仓库保管员要牢记"仓库防火安全管理规则"。

（2）熟悉存放物品的性质、储存中的防火要求及灭火方法，要严格按照其性质、包装、灭火方法、储存防火要求和密封条件等分别存放。性质相抵触的物品不得混存在一起。

（3）严格按照"五距"储存物资，即垛与垛间距不小于1 m；垛与墙间距不小于0.5 m；垛与梁、柱的间距不小于0.3 m；垛与散热器、供暖管道的间距不小于0.3 m；照明灯具垂直下方与垛的水平间距不得小于0.5 m。

（4）库存物品应分类、分垛储存，主要通道的宽度不小于2 m。

（5）露天存放物品应当分类、分堆、分组和分垛，并且留出必要的防火间距。甲、乙类桶装液体，不宜露天存放。

（6）物品入库前应当进行检查，确定无火种等隐患后，方准入库。

（7）库房门窗等应当严密，物资不能储存在预留孔洞的下方。

（8）库房内照明灯具不准超过60 W，并做到人走断电、锁门。

（9）库房内严禁吸烟和使用明火。

（10）库房管理人员在每日下班前，应对经管的库房巡查一遍，确认无火险隐患后，关好门窗，切断电源后方准离开。

（11）随时清扫库房内的可燃材料，保持地面清洁。

（12）严禁在仓库内兼设办公室、休息室或者更衣室、值班室以及进行各种加工作业等。

三、特殊施工场地防火要求

（一）地下工程施工

地下工程施工中，除遵守正常施工中的各项防火安全管理制度和要求外，还应遵守以下防火安全要求。

（1）施工现场的临时电源线不宜直接敷设在墙壁或土墙上，应用绝缘材料架空安装。配电箱应采取防水措施，潮湿地段或者渗水部位照明灯具应采取相应措施或安装防潮灯具。

（2）施工现场应有不少于两个出入口或坡道，长距离施工应适当增加出入口的数量。施工区面积不超过 50 m^2，且施工人员不超过 20 人时，可只设一个直通地上的安全出口。

（3）安全出入口、疏散走道和楼梯的宽度应按其通过人数每 100 人不小于 1 m 的净宽计算。每个出入口的疏散人数不宜超过 250 人。安全出入口、疏散走道、楼梯的最小净宽不应小于 1 m。

（4）疏散走道、楼梯及坡道内，不宜设置突出物或堆放施工材料和机具。

（5）疏散走道、安全出入口、疏散马道（楼梯）、操作区域等部位，应设置火灾事故照明灯。火灾事故照明灯上一述部位的最低光照度应不低于 5 lx。

（6）疏散走道及其交叉口、拐弯处、安全出口处应设置疏散指示标志灯。疏散指示标志灯的间距不宜过大，距地面高度应为 1 ~ 1.2 m，标志灯正前方 0.5 m 处的地面照度不应低于 1 lx。

（7）火灾事故照明灯和疏散指示灯工作电源断电后，应可自动投合。

（8）地下工程施工区域应设置消防给水管道和消火栓，消防给水管道可以与施工用水管道合用。特殊地下工程不能设置消防用水时，应配备足够数量的轻便消防器材。

（9）大面积油漆粉刷和喷漆应在地面施工，局部的粉刷可在地下工程内部进行，但一次粉刷的量不宜过多，同时在粉刷区域内禁止一切火源，并应加强通风。

（10）禁止中压式乙烷发生器在地下工程内部使用以及存放。

（11）地下工程施工前必须制订应急疏散计划。

（二）古建筑修缮

（1）电源线、照明灯具不应直接敷设在古建筑的柱、梁上。照明灯具应安装在支架上或吊装，同时加装防护罩。

（2）古建筑的修缮，若是在雨期施工，应该考虑安装避雷设备（因修缮时原有避雷设备拆除）对古建筑及架子进行保护。

（3）加强用火管理，对电、气焊实施一次动焊的审批制度和管理。

（4）在室内油漆彩画时，应逐项进行，每次安排油漆彩画量不宜过大，以达不到局部形成爆炸极限为前提。油漆彩画时应禁止一切火源。夏季对剩下的油皮子要及时处理，防止因高温产生自燃。施工中的油棉丝、手套、油皮子等不要乱扔，应集中进行处理。

（5）冬季进行油漆彩画时，不应使用炉火进行采暖，应尽量使用暖气采暖。

（6）古建筑施工中，剩余的可燃材料（刨花、锯末、贴金纸）较多，应随时随地进行清理，做到活完脚下清。

（7）易燃、可燃材料应选择在安全地点存放，不宜靠近树林等。

（8）施工现场应考虑消防给水设施、水池或者消防水桶。

（三）设备安装与调试施工

（1）在设备安装与调试施工前，应进行详细调查，根据设备安装与调试施工中的火灾危险性及特点，制定消防保卫工作方案，规定必要的制度和措施，制订调试运行过程中单项的和整体的调试运行工作计划或方案，做到定人、定岗、定要求。

（2）在有易燃、易爆气体和液体附近进行用火作业前，应先用测量仪器测试可燃气体的爆炸浓度，然后进行动火作业。动火作业时间长时应设专人随时进行测试。

（3）调试过的可燃、易燃液体和气体的管道、塔、容器、设备等，在进行修理时，必须使用惰性气体或蒸汽进行置换和吹扫，用测量仪器测试爆炸浓度后，方可进行修理。

（4）调试过程中，应组织一支专门的应急力量，随时处理一些紧急事故。

（5）在有可燃、易燃液体、气体附近的用电设备，应采用与该场所相匹配防火等级的临时用电设备。

（6）调试过程中，应准备一定数量的填料、堵料以及工具、设备，以应对滴、漏、跑、冒现象的发生，减少火灾和险患的发生。

四、季节性安全管理要求

（一）冬期施工

冬期施工，主要制定防火、防滑、防冻、防煤气中毒、防亚硝酸钠中毒、防风的安全措施。

1. 防火要求

（1）加强冬季防火安全教育，提高全体人员的防火意识。普遍教育与特殊防火工种的教育相结合，根据冬期施工防火工作的特点，入冬之前对电气焊工、司炉工、木工、油漆工、电工、炉火安装和管理人员、警卫巡逻人员进行有针对性的教育和考试。

（2）冬期施工中，国家级重点工程、地区级重点工程、高层建筑工程及起火后不易扑救的工程，禁止使用可燃材料作为保温材料，应采用不燃或难燃材料进行保温。

（3）一般工程可采用可燃材料进行保温，但必须严格进行管理。使用可燃材料进行保温的工程，必须设专人进行监护、巡逻检查。人员的数量应根据使用可燃材料的数量、保温的面积而定。

（4）冬期施工中，保温材料定位以后，禁止一切用火、用电作业，并且照明线路、照明灯具应远离可燃的保温材料。

（5）冬期施工中，保温材料使用完以后，要随时进行清理，集中进行存放保管。

（6）冬季现场供暖锅炉房，宜建造在施工现场的下风方向，远离在建工程、易燃可燃建筑、露天可燃材料堆场、料库等；锅炉房应当采用不低于二级耐火等级。

（7）烧蒸汽锅炉的人员必须要经过专门培训取得司炉证后才能独立作业。烧热水锅炉的人员也要经过培训合格后方能上岗。

（8）冬期施工的加热采暖方法，应尽量使用暖气，如果用火炉，必须事先提出方案和防火措施，经消防保卫部门同意后方能开火。但在油漆、喷漆作业，油漆调料间，木工房，料库，使用高分子装修材料的装修阶段，禁止用火炉采暖。

（9）各种金属与砖砌火炉，必须完整良好，不得有裂缝，各种金属火炉与模板支柱、斜撑、拉杆等可燃物和易燃保温材料的距离不得小于 1 m，已做保护层的火炉与可燃物的距离不得小于 70 cm。各种砖砌火炉壁厚不得小于 30 cm。在没有烟囱的火炉上方不得有拉杆、斜撑等可燃物，必要时须架设铁板等非燃材料隔热，其隔热板应比炉顶外围的每一边都多出 15 cm 以上。

（10）在木地板上安装火炉，须设置炉盘，有脚的火炉炉盘厚度不得小于 12cm，无脚的火炉炉盘厚度不得小于 18 cm。炉盘应伸出炉门前 50 cm，伸出炉后左右各 15 cm。

（11）各种火炉应根据需要设置高出炉身的火挡。各种火炉的炉身、烟囱和烟囱出口等部分与电源线和电气设备应保持 50 cm 以上的距离。

（12）炉火必须由受过安全消防常识教育的专人看守，每人看管火炉的数量不宜过多。

（13）火炉看火人严格执行检查值班制度和操作程序。火炉着火之后，不准离开工作岗位，值班时间不允许睡觉或做与工作无关的事情。

（14）移动各种加热火炉时，必须先将火熄灭后方准移动。掏出的炉灰必须立即用水浇灭后倒在指定地点。禁止用易燃、可燃液体点火。填的煤不应过多，以不超出炉口上沿为宜，防止热煤掉出引起可燃物起火。不准在火炉上熬炼油料、烘烤易燃物品。

（15）工程的每层都应配备灭火器材。

（16）用热电法施工，要加强检查和维修，防止触电和火灾。

2. 防滑要求

（1）冬期施工中，在施工作业前，对斜道、通行道、爬梯等作业面上的霜冻、冰块、积雪要及时清除。

（2）冬期施工中，现场脚手架搭设接高前必须将钢管上的积雪清除，等到霜冻、冰块融化后再施工。

（3）冬期施工中，如果通道防滑条有损坏要及时补修。

3. 防冻要求

（1）入冬前，按照冬期施工方案材料要求提前备好保温材料，对施工现场怕受冻材料和施工作业面（如现浇混凝土）按技术要求采用保温措施。

（2）冬期施工工地应尽量安装地下消火栓，在入冬前应进行一次试水，加少量润滑油。

（3）消火栓用草帘、锯末等覆盖，做好保温工作，以防冻结。

（4）冬天下雪时，应及时扫除消火栓上的积雪，以免雪化后将消火栓井盖冻住。

（5）高层临时消防竖管应进行保温或将水放空，消防水泵内应当考虑采暖措施，以免冻结。

（6）入冬前，应做好消防水池的保温工作，随时进行检查，发现冻结时应进行破冻处理。一般方法是在水池上盖上木板，木板上再盖上 40～50 cm 厚的稻草、锯末等。

（7）入冬前，应将泡沫灭火器、清水灭火器等放入有采暖的地方，并套上保温套。

4.防中毒要求

（1）冬季取暖炉的防煤气中毒设施，必须齐全、有效，建立验收合格证制度，经验收合格发证后，方准使用。

（2）冬期施工现场，加热采暖和宿舍取暖用火炉时，要注意经常通风换气。

（3）对亚硝酸钠要加强管理，严格执行发放制度，要按定量改成小包装，并且加上水泥、细砂、粉煤灰等，将其改变颜色，以防止误食中毒。

（二）雨期施工

雨期施工，主要制定防触电、防雷、防坍塌、防火、防台风的安全措施。

1.防触电要求

（1）雨季到来之前，应对现场每个配电箱、用电设备、外敷电线、电缆进行一次彻底的检查，采取相应的防雨、防潮保护。

（2）配电箱必须防雨、防水，电气布置符合规定，电气元件不应破损，严禁带电明露。机电设备的金属外壳，必须采取可靠的接地或接零保护。

（3）外敷电线、电缆不得有破损，电源线不可使用裸导线和塑料线，也不得沿地面敷设，防止因短路造成起火事故。

（4）雨季到来前，应检查手持电动工具漏电保护装置是否灵敏。工地临时照明灯、标志灯，其电压不超过 36 V。特别潮湿的场所及金属管道和容器内的照明灯不超过 12 V。

（5）阴雨天气，电气作业人员应尽量避免露天作业。

2.防雷要求

（1）雨季到来前，塔机、外用电梯、钢管脚手架、井架、龙门架等高大设施，以及在施工的高层建筑工程等应安装可靠的避雷设施。

（2）塔式起重机的轨道，一般应设两组接地装置；对较长的轨道，应每隔 20 m 补做一组接地装置。

（3）高度在 20 m 及 20 m 以上的井字架、门式架等垂直运输的机具金属构架上，应将一侧的中间立杆接高，高出顶端 2 m 作为接闪器，在该立杆的下部设置接地线与接地极相连，同时应将卷扬机的金属外壳可靠接地。

（4）高大建筑工程的脚手架，沿建筑物四角及四边利用钢脚手架本身加高 2～3 m 做接闪器，下端与接地极相连，接闪器间距不应超过 24 m。如施工的建筑物中都有突出高点，也应做类似的避雷针。随着脚手架的升高，接闪器也应及时加高。防雷引下线不应少于 2 处。

（5）雷雨季节拆除烟囱、水塔等高大建（构）筑物脚手架时，应待正式工程防雷装置安装完毕并已接地后，再拆除脚手架。

（6）塔吊等施工机具的接地电阻应不大于 4 Ω，其他防雷接地电阻一般不大于10 Ω。

3.防坍塌要求

（1）暴雨、台风前后，应检查工地临时设施、脚手架、机电设施有无倾斜，基土有无变形、下沉等现象，发现问题及时修理加固，有严重危险的，应当立即排除。

（2）雨季中，应尽量避免挖土方、管沟等作业，已挖好的基坑和沟边应采取挡水措施和排水措施。

（3）雨后施工前，应检查沟槽边有无积水，坑槽有无裂纹或土质松动现象，防止积水渗漏，造成塌方。

4.防火要求

（1）雨季中，生石灰、石灰粉的堆放应远离可燃材料，防止因为受潮或雨淋产生高热而引起周围可燃材料起火。

（2）雨季中，稻草、草帘、草袋等堆垛不宜过大，垛中应留通气孔，顶部应防雨，防止因受潮、遇雨发生自燃。

（3）雨季中，电石、乙炔气瓶、氧气瓶、易燃液体等应在库内或棚内存放，禁止露天存放，防止因受雷雨、日晒发生起火事故。

（三）暑期施工

夏季气候炎热，高温时间持续较长，主要制定防火防暑降温的安全措施。

（1）合理调整作息时间，避开中午高温时间工作，严格控制工人加班、加点，工人的工作时间要适当缩短，保证工人有充足的休息与睡眠时间。

（2）对容器内和高温条件下的作业场所，要采取措施，做好通风和降温。

（3）对露天作业集中和固定场所，应搭设歇凉棚，防止热辐射，并要经常洒水降温。高温、高处作业的工人，须经常进行健康检查，发现有作业禁忌症者应及时调离高温和高处作业岗位。

（4）要及时供应符合卫生要求的茶水、清凉含盐饮料、绿豆汤等。

（5）要经常组织医护人员深入工地进行巡回医疗和预防工作。关注年老体弱、患过中暑者和血压较高的工人身体情况的变化。

（6）及时给职工发放防暑降温的急救药品和劳动保护用品。

五、施工现场防火检查及灭火

（一）施工现场防火检查

1.防火检查内容

（1）检查用火、用电和易燃易爆物品以及其他重点部位生产、储存、运输过程中的防火安全情况和临建结构、平面布置、水源、道路是否符合防火要求。

（2）检查火险隐患整改情况。

（3）检查义务和专职消防队组织及活动情况。

（4）检查各级防火责任制、岗位责任制、八大工种责任书与各项防火安全制度执行情况。

（5）检查三级动火审批及动火证、操作证，检查消防设施、器材管理及使用情况。

（6）检查防火安全宣传教育、外包工管理等情况。

（7）检查十项标准是否落实，基础管理是否健全，防火档案资料是否齐全，发生事故后是否按"三不放过"原则进行处理。

2. 火险隐患整改的要求

（1）领导重视。火险隐患能不能及时进行整改，关键在于领导。有些重大火险隐患，之所以成了"老检查、老问题、老不改"的"老大难"问题，与领导不够重视防火安全分不开。事实证明，只检查不整改，势必养患成灾，届时想改也来不及了。一旦发生了火灾事故，与整改隐患相比，在人力、物力、财力等各个方面所付出的代价要高出很多。所以，迟改不如早改。

（2）边查边改。对检查出来的火险隐患，要求施工单位能立即纠正的就立即纠正，不要拖延。

（3）对不能立即解决的火险隐患，检查人员逐件登记，定项、定人、定措施，限期整改，并建立立案、销案制度。

（4）对重大火险隐患，经施工单位自身的努力仍得不到解决的，公安消防监督机关应该督促他们及时向上级主管机关报告，求得解决，同时采取可靠的临时性措施。对能够整改而又不认真整改的部门、单位，公安消防监督机关应发出重大火险隐患通知书。

（5）对遗留下来的建筑规划无消防通道、水源等方面的问题，一时确实无法解决的，公安消防监督机关应提请有关部门纳入建设规划，加以解决。在没有解决之前，要采取临时性的补救措施，以保证安全。

（二）施工现场灭火方法

施工现场的灭火方法主要包括以下四种。

（1）窒息灭火法。

此方法是阻止空气流入燃烧区，或者用不燃物质（气体）冲淡空气，使燃烧物质断绝氧气的助燃而使火熄灭。

采取窒息法扑救火灾时，应注意以下事项：

①燃烧部位的空间必须较小，容易堵塞封闭，且在燃烧区域内没有氧化剂物质的存在。

②采取水淹方法扑救火灾时，必须考虑水对可燃物质作用后，不致产生不良的后果。

③采取窒息法灭火后，必须在确认火已熄灭时，方可打开孔洞进行检查，严禁因过早打开封闭的房间或生产装置，而使新鲜空气流入燃烧区，引起新的燃烧，导致火

势迅猛发展。

④在条件允许的情况下，为阻止火势迅速蔓延，争取灭火战斗的准备时间，可以采取临时性的封闭窒息措施或先不开门窗，使燃烧速度控制在最低程度，待组织好扑救力量后再打开门窗，解除窒息封闭措施。

⑤采用惰性气体灭火时，必须保证燃烧区域内惰性气体的含量，使燃烧区域内氧气的含量控制在 14% 以下，以达到灭火的目的。

（2）冷却灭火法。

此方法是将灭火剂直接喷洒在燃烧物体上，使可燃物质的温度降低到燃点以下，以终止燃烧。在火场上，除了用冷却法扑灭火灾外，在必要的情况下可用冷却剂冷却建筑构件、生产装置、设备容器等，防止建筑结构变形，造成更大的损失。

（3）隔离灭火法。

此方法是将燃烧物体与附近的可燃物质隔离或疏散，使燃烧失去可燃物质而停止燃烧。采取隔离灭火法的具体措施是将燃烧区附近的可燃、易燃与助燃物质，转移到安全地点；关闭阀门，阻止气体、液体流入燃烧区；设法阻拦流散的易燃、可燃液体或扩散的可燃气体，拆除与燃烧区相毗连的可燃建筑物，形成防止火势蔓延的间距。

（4）抑制灭火法。

与前三种灭火方法不同，此方法是使灭火剂参与燃烧反应过程，使燃烧过程中产生的游离基消失，从而形成稳定分子或低活性的游离基，使燃烧反应停止。目前，抑制灭火法常用的灭火剂有 1211、1202、1301 灭火剂。

（三）消防设施布置要求

（1）消防给水的设置原则。

①高度超过 24 m 的工程。

②层数超过 10 层的工程。

③重要的及施工面积较大的工程。

（2）消防给水管网布置要求。

①工程临时竖管不应少于两条，呈环状布置，每根竖管的直径必须根据要求的水柱股数，按最上层消火栓出水计算，但不小于 100 mm。

②高度小于 50 m，每层面积不超过 500 m² 的普通塔式住宅及公共建筑，可设一条临时竖管。

（3）临时消火栓布置要求。

①工程内临时消火栓应分设于各层明显且便于使用的地点，并保证消火栓的充实水柱能达到工程内的任何部位。栓口出水方向宜与墙壁成 90° 角，离地面 1.2 m。

②消火栓口径应为 65 mm，配备的水带每节长度不宜超过 20 m，水枪喷嘴口径不应小于 19 mm。每个消火栓处宜设启动消防水泵的按钮。

③临时消火栓的布置应当保证充实水柱能到达工程内任何部位。

（4）施工现场灭火器的配备要求。

①一般临时设施区，每 100 m² 配备两个 10 L 灭火器；大型临时设施区总面积超

过 1200 m² 的, 应备有专供消防用的消防桶、积水桶 (池)、黄沙池等等器材设施。

②木工间、油漆间、机具间等每 25 m² 应该配置一个合适的灭火器, 油库、危险品仓库应配备足够数量与种类的灭火器。

③仓库或堆料场内, 应根据灭火对象的特性, 分组布置酸碱、泡沫、清水、二氧化碳等等灭火器。每组灭火器不少于 4 个, 每组灭火器之间的距离不大于 30 m。

第九章　建筑工程项目环境与绿色施工管理

第一节　建筑工程文明施工管理

一、施工现场文明施工的要求

文明施工是指保持施工现场良好的作业环境、卫生环境和工作秩序。所以，文明施工也是保护环境的一项重要措施。文明施工主要包括规范施工现场的场容，保持作业环境的整洁卫生；科学组织施工，使生产有序进行；减少施工对周围居民和环境的影响；遵守施工现场文明施工的规定和要求，保证职工的安全以及身体健康。

文明施工可以适应现代化施工的客观要求，有利于员工的身心健康，有利于培养和提高施工队伍的整体素质，促进企业综合管理水平，提高企业的知名度和市场竞争力。

依据我国相关标准，文明施工的要求主要包括现场围挡、封闭管理、施工场地、材料堆放、现场住宿、现场防火、治安综合治理、施工现场标牌、生活设施、保健急救、社区服务 11 项内容。建设工程现场文明施工总体上应当符合以下要求：

（1）有整套的施工组织设计或施工方案，施工总平面布置紧凑，施工场地规划合理，符合环保、市容、卫生的要求；

（2）有健全的施工组织管理机构和指挥系统，岗位分工明确，工序交叉合理，交接责任明确；

（3）有严格的成品保护措施和制度，大小临时设施与各种材料构件、半成品按平面布置堆放整齐；

（4）施工场地平整，道路畅通，排水设施得当，水电线路整齐，机具设备状况良好，使用合理，施工作业符合消防和安全要求；

（5）搞好环境卫生管理，包括施工区、生活区环境卫生和食堂卫生管理；

（6）文明施工应落实至施工结束后的清场。

实现文明施工，不但要抓好现场的场容管理，而且还要做好现场材料、机械、安全、技术、保卫、消防和生活卫生等方面的工作。

二、建设工程现场文明施工的措施

1. 加强现场文明施工的管理

（1）建立文明施工的管理组织。应确立项目经理为现场文明施工的第一责任人，以各专业工程师、施工质量、安全、材料、保卫等现场项目经理部人员为成员的施工现场文明管理组织，共同负责本工程现场文明施工工作。

（2）健全文明施工的管理制度。包括建立各级文明施工岗位责任制、将文明施工工作考核列入经济责任制，建立定期的检查制度，实行自检、互检、交接检制度，建立奖惩制度，开展文明施工立功竞赛，加强文明施工教育培训等。

2. 落实现场文明施工的各项管理措施

针对现场文明施工的各项要求，落实相应的各项管理措施。

（1）施工平面的布置。施工总平面图是现场管理、实现文明施工的依据。施工总平面图应对施工机械设备、材料和构配件的堆场、现场加工场地，以及现场临时运输道路、临时供水供电线路和其他临时设施进行合理布置，并且随工程实施的不同阶段进行场地布置和调整。

（2）现场围挡、标牌的设置。

1）施工现场必须实行封闭管理，设置进出口大门，制定门卫制度，严格执行外来人员进场登记制度。沿工地四周连续设置围挡，市区主要路段和其他涉及市容景观路段的工地设置围挡的高度不低于 2.5 m，其他工地的围挡高度不低于 1.8 m，围挡材料要求坚固、稳定、统一、整洁、美观。

2）施工现场必须设有"五牌一图"，即工程概况牌、管理人员名单以及监督电话牌、消防保卫（防火责任）牌、安全生产牌、文明施工牌和施工现场总平面图。

3）施工现场应合理悬挂安全生产宣传和警示牌，标牌应悬挂得牢固、可靠，特别是主要施工部位、作业点和危险区域以及主要通道口都必须有针对性地悬挂醒目的安全警示牌。

（3）施工场地管理。

1）施工现场应积极推行硬地坪施工，作业区、生活区主干道地面须用一定厚度的混凝土硬化，对场内其他道路地面也应进行硬化处理。

2）施工现场道路应畅通、平坦、整洁，无散落物。

3）施工现场应设置排水系统，排水畅通，不积水。

4）严禁泥浆、污水、废水外流或未经允许排入河道，严禁堵塞下水道和排水河道。

5）施工现场适当地方应设置吸烟处，作业区内禁止随意吸烟。

6）积极美化施工现场环境，根据季节变化，适当进行绿化布置。

（4）材料堆放、周转设备管理。

1）建筑材料、构配件、料具必须按施工现场总平面布置图堆放，布置合理。

2）建筑材料、构配件及其他料具等必须做到安全、整齐堆放（存放），不得超高。堆料应分门别类，悬挂标牌。标牌应统一制作，标明名称、品种、规格、数量等等。

3）建立材料收发管理制度，仓库、工具间材料应堆放整齐，易燃易爆物品应分类堆放，由专人负责，以确保安全。

4）施工现场应建立清扫制度，落实到人，做到工完料尽场地清，车辆进出场应有防泥带出措施。建筑垃圾应及时清运，临时存放现场的也应集中堆放整齐，悬挂标牌。不用的施工机具和设备应及时出场。

5）施工设施、大模板、砖夹等应集中堆放整齐，大模板应成对放稳，角度正确。钢模及零配件、脚手扣件应分类、分规格，集中存放。竹木杂料应该分类堆放，规则成方，不散不乱，不作他用。

（5）现场生活设施设置。

1）施工现场作业区与办公、生活区必须明显划分，确因场地狭窄不能划分的，要有可靠的隔离栏防护措施。

2）宿舍内应确保主体结构安全，设施完好。宿舍周围环境应保持整洁、安全。

3）宿舍内应有保暖、消暑、防煤气中毒、防蚊虫叮咬等措施。严禁使用煤气灶、煤油炉、电饭煲、热得快、电炒锅、电炉等器具。

4）食堂应有良好的通风和洁卫措施，保持卫生整洁，炊事员持健康证上岗。

5）建立现场卫生责任制，设卫生保洁员。

6）施工现场应设固定的男、女简易淋浴室和厕所，要保证结构稳定、牢固和防风雨，并实行专人管理，及时清扫，保持整洁，要有灭蚊、蝇的措施。

（6）现场消防、防火管理。

1）现场应建立消防管理制度，建立消防领导小组，落实消防责任制和与责任人员，做到思想重视、措施跟上、管理到位。

2）定期对有关人员进行消防教育，落实消防措施。

3）现场必须有消防平面布置图，临时设施按消防条例的有关规定搭设，符合标准、规范的要求。

4）易燃易爆物品堆放间、油漆间、木工间、总配电室等消防防火重点部位要按规定设置灭火器和消防沙箱，并有专人负责，对违反消防条例的有关人员进行严肃处理。

5）施工现场若需用明火，应做到严格按动用明火的规定执行，审批手续齐全。

（7）医疗急救管理。展开卫生防病教育，准备必要的医疗设施，配备经过培训的急救人员，有急救措施、急救器材和保健医药箱。于现场办公室的显著位置张贴急救车和有关医院的电话号码等。

（8）社区服务管理。建立施工不扰民的措施。现场不得焚烧有毒、有害物质等。

（9）治安管理。

1）建立现场治安保卫领导小组，有专人管理。

2）对新入场的人员及时登记，做到合法用工。

3）按照治安管理条例和施工现场的治安管理规定搞好各项管理工作。

4）建立门卫值班管理制度，严禁无证人员和其他闲杂人员进入施工现场，避免安全事故和失盗事件的发生。

3.建立检查考核制度

对于建设工程文明施工，国家和各地大多制定了标准或者规定，也有比较成熟的经验。在实际工作中，项目应结合相关标准和规定建立文明施工考核制度，推进各项文明施工措施的落实。

4.抓好文明施工建设工作

（1）建立宣传教育制度。现场宣传安全生产、文明施工、国家大事、社会形势、企业精神、优秀事迹等。

（2）坚持以人为本，加强管理人员和班组文明建设。教育职工遵纪守法，提高企业整体管理水平和文明素质。

（3）主动与有关单位配合，积极开展共建文明活动，树立企业良好社会形象。

第二节　建筑工程施工现场环境管理

一、施工现场环境保护的要求

建设工程项目必须满足有关环境保护法律法规的要求，在施工过程中注意环境保护，这些都对企业发展、员工健康和社会文明有重要意义。

环境保护是按照法律法规、各级主管部门和企业的要求，保护和改善作业现场的环境，控制现场的各种粉尘、废水、废气、固体废弃物、噪声、振动等对环境的污染和危害。环境保护也是文明施工的重要内容之一。

1.建设工程施工现场环境保护的要求

根据《中华人民共和国环境保护法》与《中华人民共和国环境影响评价法》的有关规定，建设工程项目对环境保护的基本要求如下：

（1）涉及依法划定的自然保护区、风景名胜区、生活饮用水水源保护区及其他需要特别保护的区域时，应当符合国家有关法律法规及该区域内建设工程项目环境管理的规定，不得建设污染环境的工业生产设施；建设的工程项目设施的污染物排放不得超过规定的排放标准。已经建成的设施，其污染物排放超过排放标准的，限期整改。

（2）开发利用自然资源的项目，必须采取措施保护生态环境。

（3）建设工程项目的选址、选线、布局应当符合区域、流域规划和城市总体规划。

（4）应满足项目所在区域环境质量、相应环境功能区划和生态功能区划的标准或要求。

（5）拟采取的污染防治措施应确保污染物排放达到国家与地方规定的排放标准，满足污染物总量控制要求；涉及可能产生放射性污染的，应采取有效预防和控制放射性污染措施。

（6）对于建设工程应当采用节能、节水等有利于环境与资源保护的建筑设计方案、建筑材料、装修材料、建筑构配件及设备。建筑材料和装修材料必须符合国家标准。禁止生产、销售和使用有毒、有害物质超过国家标准的建筑材料和装修材料。

（7）尽量减少建设工程施工中所产生的干扰周围生活环境的噪声。

（8）应采取生态保护措施，有效预防和控制生态破坏。

（9）对于对环境可能造成重大影响、应编制环境影响报告书的建设工程项目，可能严重影响项目所在地居民生活环境质量的建设工程项目，以及存在重大意见分歧的建设工程项目，环保部门可以举行听证会，听取有关单位、专家和公众的意见，并公开听证结果，说明对有关意见采纳或不采纳的理由。

（10）建设工程项目中防治污染的设施，必须与主体工程同时设计、同时施工、同时投产使用。防治污染的设施经原审批环境影响报告书的环境保护行政主管部门验收合格后，该建设工程项目方可投入生产或者使用。不得擅自拆除或者闲置防治污染的设施，确有必要拆除或者闲置的，必须征得所在地的环境保护行政主管部门的同意。

（11）新建工业企业和现有工业企业的技术改造，应当采取资源利用率高、污染物排放量少的设备和工艺，采用经济、合理的废弃物综合利用技术与污染物处理技术。

（12）排放污染物的单位，必须依照国务院环境保护行政主管部门的规定申报登记。

（13）禁止引进不符合我国环境保护规定要求的技术和设备。

（14）任何单位不得将产生严重污染的生产设备转移给没有污染防治能力的单位使用。

《中华人民共和国海洋环境保护法》规定：在进行海岸工程建设和海洋石油勘探开发时，必须依照法律的规定，防止对海洋环境的污染损害。

2. 建设工程施工现场环境保护的措施

工程建设过程中的污染主要包括对施工场界内的污染和对周围环境的污染。对施工场界内的污染防治属于职业健康安全问题，然而对周围环境的污染防治是环境保护的问题。

建设工程环境保护措施主要包括大气污染的防治、水污染的防治、噪声污染的防治、固体废弃物的处理等。

（1）大气污染的防治。

1）大气污染物的分类。大气污染物的种类有数千种，已经发现有危害作用的有100多种，其中大部分是有机物。大气污染物通常以气体状态和粒子状态存在于空气中。

2）施工现场空气污染的防治措施。

①施工现场的垃圾渣土要及时清理出现场。

②在高大建筑中物清理施工垃圾时，要使用封闭式的容器或者采取其他措施处理高空废弃物，严禁凌空随意抛撒。

③施工现场道路应指定专人定期洒水清扫，形成制度，防止道路扬尘。

④对于细颗粒散体材料（如水泥、粉煤灰、白灰等）的运输、储存，要注意遮盖、密封，防止和减少扬尘。

⑤车辆开出工地时要做到不带泥沙，基本做到不撒土、不扬尘，减少对周围环境的污染。

⑥除设有符合规定的装置外，禁止在施工现场焚烧油毡、橡胶、塑料、皮革、树叶、枯草、各种包装物等废弃物品以及其他会产生有毒、有害烟尘和恶臭气体的物质。

⑦机动车都要安装减少尾气排放的装置，确保符合国家标准。

⑧工地茶炉应尽量采用电热水器。若只能使用烧煤茶炉和锅炉，应选用消烟除尘型茶炉和锅炉，大灶应选用消烟节能回风炉灶，使烟尘降至允许排放范围为止。

⑨大城市市区的建设工程已不容许搅拌混凝土。在容许设置搅拌站的工地，应将搅拌站严密封闭，并在进料仓上方安装除尘装置，采用可靠措施控制工地粉尘污染。

⑩拆除旧建筑物时，应当适当洒水，防止扬尘。

（2）水污染的防治。

1）水污染物的主要来源。水污染的主要来源有以下几种：

①工业污染源：指各种工业废水向自然水体的排放。

②生活污染源：主要有食物废渣、食油、粪便、合成洗涤剂、杀虫剂、病原微生物等。

③农业污染源：主要有化肥、农药等。

施工现场废水和固体废物随水流流入水体部分，包括泥浆、水泥、油漆、各种油类、混凝土添加剂、重金属、酸碱盐、非金属无机毒物等。

2）施工过程水污染的防治措施。施工过程水污染的防治措施如下：

①禁止将有毒有害废弃物作土方回填。

②施工现场搅拌站废水、现制水磨石的污水、电石（碳化钙）的污水必须经沉淀池沉淀合格后再排放，最好将沉淀水用于工地洒水降尘或者采取措施回收利用。

③现场存放油料的，必须对库房地面进行防渗处理，如采用防渗混凝土地面、铺油毡等措施。使用时，要采取防止油料跑、冒、滴、漏的措施，以免污染水体。

④施工现场100人以上的临时食堂，排放污水时可设置简易、有效的隔油池，定期清理，防止污染。

⑤工地临时厕所、化粪池应采取防渗漏措施。中心城市施工现场的临时厕所可采用水冲式厕所，并有防蝇灭蛆措施，防止污染水体和环境。

⑥化学用品、外加剂等要妥善保管，于库内存放，防止污染环境。

（3）噪声污染的防治。

1）噪声的分类。噪声按来源分为交通噪声（如汽车、火车、飞机等发出的声音）、工业噪声（如鼓风机、汽轮机、冲压设备等发出的声音）、建筑施工的噪声（如打桩机、推土机、混凝土搅拌机等发出的声音）、社会生活噪声（如高音喇叭、收音机等发出的声音）。噪声妨碍人们正常休息、学习和工作。为了防止噪声扰民，应控制人为强噪声。

根据《建筑施工场界环境噪声排放标准》的要求，建筑施工场界噪声排放限值见表9-1。

表 9-1　建筑施工场界噪声排放限值

昼间	夜间
70	55

2）施工现场噪声的控制措施。噪声控制技术可从声源、传播途径、接收者防护等方面来考虑。

①声源的控制。

从声源上降低噪声，这是防止噪声污染的最根本的措施。尽量采用低噪声设备与加工工艺代替高噪声设备与加工工艺，如低噪声振捣器、风机、电动空压机、电锯等。在声源处安装消声器消声，即在通风机、鼓风机、压缩机、燃气机、内燃机及各类排气放空装置等进出风管的适当位置设置消声器。

②传播途径的控制。

吸声：利用吸声材料（大多由多孔材料制成）或由吸声结构形成的共振结构（金属或木质薄板钻孔制成的空腔体）吸收声能，降低噪声。

隔声：应用隔声结构，阻碍噪声向空间传播，将接收者与噪声声源分隔。隔声结构包括隔声室、隔声罩、隔声屏障、隔声墙等。

消声：利用消声器阻止传播。允许气流通过的消声降噪是防治空气动力性噪声的主要装置。

减振降噪：对于来自振动引起的噪声，通过降低机械振动减小噪声，如果将阻尼材料涂在振动源上，或改变振动源与其他刚性结构的连接方式等。

③接收者的防护。让处于噪声环境下的人员使用耳塞、耳罩等防护用品，减少相关人员在噪声环境中的暴露时间，以减轻噪声对人体的危害。

④严格控制人为噪声。

进入施工现场不得高声喊叫、无故甩打模板、乱吹哨，限制高声喇叭的使用，最大限度地减少噪声扰民。在人口稠密区进行强噪声作业时，需严格控制作业时间，一般晚 10 时到次日早 6 时之间停止强噪声作业。确系特殊情况必须昼夜施工时，尽量采取降低噪声措施，并会同建设单位找当地居委会、村委会或当地居民协调，发出安民告示，求得群众谅解。

（4）固体废物的处理。

1）建设工程施工工地上常见的固体废物。建设工程施工工地上常见的固体废物主要有：建筑渣土，包括砖瓦、碎石、渣土、混凝土碎块、废钢铁、碎玻璃、废屑、废弃装饰材料等；废弃的散装大宗建筑材料，包括水泥、石灰等；生活垃圾，包括炊厨废物、丢弃食品、废纸、生活用具、废电池、废日用品、玻璃、陶瓷碎片、废塑料制品、煤灰渣、废交通工具等；设备、材料等的包装材料；粪便等。

2）固体废物的处理和处置。固体废物处理的基本思想是：采取资源化、减量化和无害化的处理，对固体废物产生的全过程进行控制。固体废物的主要处理方法如下：

①回收利用。回收利用是对固体废物进行资源化的重要手段之一。粉煤灰在建设工程领域的广泛应用就是对固体废弃物进行资源化利用的典型范例。又比如发达国家

炼钢原料中有 70% 是利用回收的废钢铁，因此钢材可以看成可再生利用的建筑材料。

②减量化处理。减量化是对已经产生的固体废物进行分选、破碎、压实浓缩、脱水等减少其最终处置量，降低处理成本，减少对环境的污染。在减量化处理的过程中，也包括和其他处理技术相关的工艺方法，如焚烧、热解、堆肥等。

③焚烧。焚烧用于不适合再利用且不宜直接予以填埋处置的废物，除有符合规定的装置外，不得在施工现场熔化沥青和焚烧油毡、油漆，也不得焚烧其他可产生有毒有害和恶臭气体的废弃物。垃圾焚烧处理应使用符合环境要求的处理装置，避免对大气的二次污染。

④稳定和固化。稳定和固化处理是利用水泥、沥青等胶结材料，将松散的废物胶结包裹起来，减少有害物质从废物中向外迁移、扩散，使得废物对环境的污染减少。

⑤填埋。填埋是将固体废物经过无害化、减量化处理的废物残渣集中到填埋场进行处置。禁止将有毒有害废弃物现场填埋，填埋场应利用天然或人工屏障，尽量使需处置的废物与环境隔离，并注意废物的稳定性和长期安全性。

二、施工现场职业健康安全卫生的要求

为保障作业人员的身体健康和生命安全，改善作业人员的工作环境与生活环境，防止施工过程中各类疾病的发生，建设工程施工现场应加强卫生与防疫工作。

1. 建设工程现场职业健康安全卫生的要求

根据我国相关标准，施工现场职业健康安全卫生主要包括现场宿舍、现场食堂、现场厕所、其他卫生管理等等内容。基本要符合以下要求：

（1）施工现场应设置办公室、宿舍、食堂、厕所、淋浴间、开水房、文体活动室、密闭式垃圾站（或容器）及盥洗设施等临时设施。临时设施所用建筑材料应符合环保、消防的要求。

（2）办公区和生活区应设密闭式垃圾容器。

（3）办公室内布局合理，文件资料宜归类存放，并应该保持室内清洁卫生。

（4）施工企业应根据法律、法规的规定，制定施工现场的公共卫生突发事件应急预案。

（5）施工现场应配备常用药品及绷带、止血带、颈托、担架等急救器材。

（6）施工现场应设专职或兼职保洁员，负责卫生清扫和保洁。

（7）办公区和生活区应采取灭鼠、蚊、蝇、螳螂等措施，并应定期投放和喷洒药物。

（8）施工企业应结合季节特点，做好作业人员的饮食卫生与防暑降温、防寒保暖、防煤气中毒、防疫等工作。

（9）施工现场必须建立环境卫生管理和检查制度，并应做好检查记录。

2. 建设工程现场职业健康安全卫生的措施

施工现场的卫生与防疫应由专人负责，其全面管理施工现场的卫生工作，监督和执行卫生法规规章、管理办法，落实各项卫生措施。

（1）现场宿舍的管理。

1）宿舍内应保证有必要的生活空间，室内净高不得小于 2.4 m，通道宽度不得小

于 0.9 m，每间宿舍的居住人员不得超过 16 人。

2）施工现场宿舍必须设置可开启式窗户，宿舍内的床铺不得超过 2 层，严禁使用通铺。

3）宿舍内应设置生活用品专柜，有条件的宿舍宜设置生活用品储藏室。

4）宿舍内应设置垃圾桶，宿舍外宜设置鞋柜或鞋架，生活区内应提供为作业人员晾晒衣服的场地。

（2）现场食堂的管理。

1）食堂必须有卫生许可证，炊事人员须持身体健康证上岗。

2）炊事人员上岗时应穿戴洁净的工作服、工作帽和口罩，并应当保持个人卫生。不得穿工作服出食堂，非炊事人员不得随意进入制作间。

3）食堂炊具、餐具和公用饮水器具必须清洗消毒。

4）施工现场应加强对食品、原料的进货管理，食堂严禁出售变质食品。

5）食堂应设置在远离厕所、垃圾站、有毒有害场所等污染源的地方。

6）食堂应设置独立的制作间、储藏间，门扇下方应设置不低于 0.2 m 的防鼠挡板。制作间灶台及其周边应贴瓷砖，所贴瓷砖高度不宜小于 1.5 m，地面应作硬化和防滑处理。粮食存放台距墙和地面应大于 0.2 m。

7）食堂应配备必要的排风设施和冷藏设施。

8）食堂的燃气罐应单独设置存放间，存放间应通风良好并严禁存放其他物品。

9）食堂制作间的炊具宜存放在封闭的橱柜内，刀、盆、案板等炊具应生熟分开。食品应有遮盖，遮盖物品应用正反面标识。各种作料与副食应存放在密闭器皿内，并应有标识。

10）食堂外应设置密闭式泔水桶，并且应及时清运。

（3）现场厕所的管理。

1）施工现场应设置水冲式或移动式厕所，厕所地面应硬化，门窗应齐全。蹲位之间宜设置隔板，隔板高度不宜低于 0.9 m。

2）厕所大小应根据作业人员的数量设置。高层建筑施工超过 8 层以后，每隔四层宜设置临时厕所。厕所应设专人负责清扫、消毒、化粪池应及时清掏。

（4）其他临时设施的管理。

1）淋浴间应设置满足需要的淋浴喷头，可设置储衣柜或挂衣架。

2）盥洗间应设置满足作业人员使用的盥洗池，并应使用节水龙头。

3）生活区应设置开水炉、电热水器或饮用水保温桶；施工区应配备流动保温水桶。

4）文体活动室应配备电视机、书报、杂志等文体活动设施、用品。

5）施工现场作业人员发生法定传染病、食物中毒或急性职业中毒时，必须在 2 h 内向施工现场所在地建设行政主管部门和有关部门报告，并应积极配合调查处理。

6）现场施工人员患有法定传染病时，应及时隔离，并由卫生防疫部门处置。

第三节　建筑工程绿色施工管理

一、绿色施工的概念

1. 绿色施工的基本概念

绿色施工是指工程建设中，通过施工策划、材料采购，在保证质量、安全等基本要求的前提下，通过科学管理和技术进步，最大限度地节约资源和减少对环境有负面影响的施工活动，它强调的是从施工到工程竣工验收全过程的节能、节地、节水、节材和环境保护（"四节一环保"）的绿色建筑核心理念。

实施绿色施工，应依据因地制宜的原则，贯彻执行国家、行业和地方相关的技术经济政策。绿色施工是可持续发展理念在工程施工中全面应用的体现，绿色施工并不仅仅是指在工程施工中实施封闭施工，没有尘土飞扬，没有噪声扰民，在工地四周栽花、种草，实施定时洒水等内容，它涉及可持续发展的各个方面，比如生态与环境保护、资源与能源利用、社会与经济的发展等内容。

2. 绿色施工原则

绿色施工是建筑全寿命周期中的一个重要阶段。实施绿色施工，应进行总体方案优化。在规划、设计阶段，应充分考虑绿色施工的总体要求，为绿色施工提供基础条件。

实施绿色施工，应对施工策划、材料采购、现场施工、工程验收等各阶段进行控制，加强对整个施工过程的管理和监督。绿色施工的基本原则如下：

（1）减少场地干扰、尊重基地环境

绿色施工要减少场地干扰。工程施工过程会严重扰乱场地环境，这一点对于未开发区域的新建项目尤其严重。场地平整、土方开挖、施工降水、永久及临时设施建造、场地废物处理等均会对场地上现存的动植物资源、地形地貌、地下水位等造成影响，还会对场地内现存的文物、地方特色资源等产生破坏，影响当地文脉的继承和发扬。所以，在施工中减少场地干扰、尊重基地环境对于保护生态环境、维持地方文脉具有重要的意义。业主、设计单位和承包商应当识别场地内现有的自然、文化和构筑物特征，并通过合理的设计、施工和管理工作将这些特征保存下来。可持续的场地设计对于减少这种干扰具有重要的作用。就工程施工而言，承包商应结合业主、设计单位对承包商使用场地的要求，制订满足这些要求的、能尽量减少场地干扰的场地使用计划。计划中应明确：

1）场地内哪些区域将被保护、哪些植物将被保护，并且明确保护的方法。

2）怎样在满足施工、设计和经济方面要求的前提下，尽量减少清理和扰动的区域面积，尽量减少临时设施、减少施工用管线。

3）场地内哪些区域将被用作仓储和临时设施建设，如何合理安排承包商、分包商及各工种对施工场地的使用，减少材料和设备的搬动。

4）各工种为了运送、安装和其他目的对场地通道的要求。

5）废物将如何处理和消除，如有废物回填或填埋，应分析其对场地生态、环境的影响。

6）怎样将场地与公众隔离。

（2）施工结合气候

承包商在选择施工方法、施工机械，安排施工顺序，布置施工场地时应结合气候特征。这可以减少气候原因所带来的施工措施的增加、资源和能源用量的增加，有效地降低施工成本；可以减少因为额外措施对施工现场以及环境的干扰；有利于施工现场环境质量品质的改善和工程质量的提高。

承包商要做到结合气候施工，首先要了解现场所在地区的气象资料及特征，主要包括降雨、降雪资料，如全年降雨量、降雪量、雨期起止日期、一日最大降雨量等；气温资料，如年平均气温，最高、最低气温及持续时间等；风的资料，如风速、风向和风的频率等。

施工结合气候的主要体现有：

1）承包商应尽可能合理地安排施工顺序，使会受到不利气候影响的施工工序能够在不利气候来临前完成。如在雨期来临之前，完成土方工程、基础工程的施工，以减少地下水位上升对施工的影响，减少其他需要增加的额外雨期施工保证措施。

2）安排好全场性排水、防洪，减少对现场及周边环境的影响。

3）施工场地布置应结合气候，符合劳动保护、安全、防火的要求。产生有害气体和污染环境的加工场（如沥青熬制、石灰熟化）及易燃的设施（如木工棚、易燃物品仓库）应布置在下风向，且不危害当地居民；起重设施的布置应考虑风、雷电的影响。

4）在冬期、雨期、风期、炎热暑期施工中，应针对工程特点，尤其是对混凝土工程、土方工程、深基础工程、水下工程和高空作业等，选择适合的季节性施工方法或有效措施。

（3）绿色施工要求节水节电环保

建设项目通常要使用大量的材料、能源和水资源。减少资源的消耗，节约能源，提高效益，保护水资源是可持续发展的基本观点。施工中资源（能源）的节约主要有以下几方面的内容：

1）水资源的节约利用。通过监测水资源的使用，安装小流量的设备和器具，在可能的场所通过重新利用雨水或施工废水等措施来减少施工期间的用水量，降低用水费用。

2）节约电能。通过监测利用率，安装节能灯具和设备、利用声光传感器控制照明灯具，采用节电型施工机械，合理安排施工时间等等降低用电量，节约电能。

3）减少材料的损耗。通过更仔细的采购、合理的现场保管，减少材料的搬运次数，减少包装，完善操作工艺，增加摊销材料的周转次数等降低材料在使用中的消耗，提高材料的使用效率。

4）可回收资源的利用。可回收资源的利用是节约资源的主要手段，也是当前应加强的方向。其主要体现在两个方面；一是使用可再生的或含有可再生成分的产品与材料，这有助于将可回收部分从废弃物中分离出来，同时减少原始材料的使用，即减少自然资源的消耗；二是加大资源和材料的回收利用、循环利用，如在施工现场建立废物回收系统，再回收或重复利用在拆除时得到的材料，这可以减少施工中材料的消耗量或通过销售来增加企业的收入，也可降低企业运输或填埋垃圾的费用。

（4）减少环境污染，提高环境品质

绿色施工要求减少环境污染。工程施工中产生的大量灰尘、噪声、有毒有害气体、废物等会对环境品质产生严重的影响，也将有损于现场工作人员、使用者以及公众的健康。因此，减少环境污染、提高环境品质，也是绿色施工的基本原则。提高与施工有关的室内外空气品质是该原则的最主要内容。施工过程中，扰动建筑材料和系统所产生的灰尘，从材料、产品、施工设备或施工过程中散发出来的挥发性有机化合物或微粒均会引发室内外空气品质问题。许多这些挥发性有机化合物或微粒会对健康构成潜在的威胁和损害，需要特殊的安全防护。这些威胁和损伤有些是长期的，甚至是致命的。同时，在建造过程中，这些空气污染物也可能渗入邻近的建筑物，并在施工结束后继续留在建筑物内。那些需要在房屋使用者在场的情况下进行施工的改建项目，在这方面的影响更需引起人们的重视。常用的提高施工场地空气品质的绿色施工技术措施有：

1）制订有关室内外空气品质的施工管理计划。

2）使用低挥发性的材料或产品。

3）安装局部临时排风或局部净化和过滤设备。

4）进行必要的绿化，经常洒水清扫，防止建筑垃圾堆积在建筑物内，储存好可能造成污染的材料。

5）采用更安全、更健康的建筑机械或者生产方式。如用商品混凝土代替现场混凝土搅拌，可大幅度地消除粉尘污染。

6）合理安排施工顺序，尽量减少一些建筑材料如地毯、顶棚饰面等对污染物的吸收。

7）对于施工时仍在使用的建筑物而言，应将有毒的工作安排在非工作时间进行，并与通风措施相结合，在进行有毒工作时以及工作完成以后，用室外新鲜空气对现场通风。

8）对于施工时仍在使用的建筑物而言，把施工区域保持负压或升高使用区域的气压有助于防止空气污染物污染使用区域。

对于噪声的控制也是防止环境污染，提高环境品质的一个方面。当前我国已经出台了一些相应的规定对施工噪声进行限制。绿色施工也强调对施工噪声的控制，以防止施工扰民。合理安排施工时间，实施封闭式施工，采用现代化的隔离防护设备，采用低噪声、低振动的建筑机械比无声振捣设备等是控制施工噪声的有效手段。

（5）实施科学管理、保证施工质量

实施绿色施工，必须实施科学管理，提高企业管理水平，使企业从被动适应转变为主动响应，使企业实施绿色施工制度化、规范化。这将充分发挥绿色施工对可持续发展的促进作用，增加绿色施工的经济性效果，增加承包商采用绿色施工的积极性。企业通过 ISO 14001 认证是提高企业管理水平，实施科学管理的有效途径。

实施绿色施工，尽可能减少场地干扰，提高资源和材料的利用效率，增加材料的回收利用等，采用这些手段的前提是确保工程质量。好的工程质量可延长项目寿命，降低项目的日常运行费用，有利于使用者的健康和安全，可以促进社会经济发展，其本身就是可持续发展的体现。

3. 绿色施工的基本要求

（1）绿色施工是指工程建设中，在保证质量、安全等基本要求的前提下，通过科学管理和技术进步，最大限度地节约资源与减少对环境负面影响的施工活动，实现"四节一环保"（节能、节地、节水、节材和环境保护）。

（2）我国尚处于经济快速发展阶段，作为大量消耗资源、影响环境的建筑业，应全面实施绿色施工，承担起可持续发展的社会责任。

（3）绿色施工导则用于指导绿色施工，在建筑工程的绿色施工中应贯彻执行。

（4）绿色施工应符合国家的法律、法规及相关的标准规范，实现经济效益、社会效益和环境效益的统一。

（5）实施绿色施工，应依据因地制宜的原则，贯彻执行国家、行业和地方相关的技术经济政策。

（6）运用 ISO 14000 和 ISO 18000 管理体系，将绿色施工有关内容分解到管理体系目标中去，使绿色施工规范化、标准化。

（7）鼓励各地区开展绿色施工的政策及技术研究，发展绿色施工的新技术、新设备、新材料和新工艺，推行应用示范工程。

二、绿色施工技术措施

1. 绿色施工管理

绿色施工管理主要包括组织管理、规划管理、实施管理、评价管理，以及人员安全与健康管理五个方面。

（1）组织管理。

①建立绿色施工管理体系，并制定相应的管理制度与目标。

②项目经理为绿色施工第一责任人，负责绿色施工的组织实施及目标实现，并指定绿色施工管理人员和监督人员。

（2）规划管理。

编制绿色施工方案。该方案应在施工组织设计中独立成章，并按有关规定进行审批。绿色施工方案应包括以下内容：

1）环境保护措施，编制环境管理计划及应急救援预案，采取有效措施，降低环境负荷，保护地下设施和文物等资源。

2）节材措施，在保证工程安全与质量的前提下，制定节材措施。如进行施工方案的节材优化，建筑垃圾减量化，尽量利用可循环材料等等。

3）节水措施，根据工程所在地的水资源状况，制定节水措施。

4）节能措施，进行施工节能策划，确定目标，制定节能措施。

5）节地与施工用地保护措施，制定临时用地指标、施工总平面布置规划及临时用地节地措施等。

（3）实施管理。

1）绿色施工应对整个施工过程实施动态管理，加强对施工策划、施工准备、材料采购、现场施工、工程验收等各阶段的管理和监督。

2）应结合工程项目的特点，有针对性地对绿色施工作相应的宣传，通过宣传营造绿色施工的氛围。

2）合理布置施工场地，保护生活以及办公区不受施工活动的有害影响。在施工现场建立卫生急救、保健防疫制度，在安全事故和疾病疫情出现时提供及时救助。

3）提供卫生、健康的工作与生活环境，加强对施工人员的住宿、膳食、饮用水等生活与环境卫生等的管理，明显改善施工人员的生活条件。

2. 环境保护技术要点

绿色施工环境保护是个很重要的问题。工程施工对环境的破坏很大，大气环境污染的主要源之一是大气中的总悬浮颗粒，粒径小于 10 的颗粒可被人类吸入肺部，其对健康十分有害。悬浮颗粒包括道路尘、土壤尘、建筑材料尘等。《绿色施工导则》（环境保护技术要点）对土方作业阶段、结构安装装饰阶段作业区目测扬尘高度明确提出了量化指标；对噪声与振动控制、光污染控制、水污染控制、土壤保护、建筑垃圾控制、地下设施、文物和资源保护等，也提出了定性或定量要求。

（1）扬尘控制。

1）运送土方、垃圾、设备及建筑材料等，不污损场外道路。对运输容易散落、飞扬、流漏的物料的车辆，必须采取措施严密封闭，保证车辆清洁。施工现场出口应设置洗车槽。

2）在土方作业阶段，采取洒水、覆盖等措施，使作业区目测扬尘高度小于 1.5 m，污染物不扩散到场区外。

3）在结构施工、安装装饰装修阶段，作业区目测扬尘高度应小于 0.5 m。对易产生扬尘的堆放材料应采取覆盖措施；对粉末状材料应封闭存放；场区内可能引起扬尘的材料及建筑垃圾搬运应有降尘措施，如覆盖、洒水等；浇筑混凝土前清理灰尘和垃圾时尽量使用吸尘器，避免使用吹风器等易产生扬尘的设备；机械剔凿作业时可用局部遮挡、掩盖、水淋等防护措施；在高层或多层建筑中清理垃圾时，应搭设封闭性临时专用道或采用容器吊运。

4）施工现场非作业区达到目测无扬尘的要求。对现场易飞扬物质采取有效措施，如洒水、地面硬化、围挡、密网覆盖、封闭等，防止扬尘产生。

5）拆除构筑物机械前，应做好扬尘控制计划。可采取清理积尘、拆除体洒水、设置隔挡等措施。

6）爆破拆除构筑物前，应当做好扬尘控制计划。可采用清理积尘、淋湿地面、预湿墙体、屋面敷水袋、楼面蓄水、建筑外设高压喷雾状水系统、搭设防尘排栅和直升机投水弹等综合降尘措施。选择在风力小的天气进行爆破作业。

7）在场界四周隔挡高度位置测得的大气总悬浮颗粒物（TSP）月平均浓度与城市背景值的差值不大于 0.08 mg/m^3。

（2）噪声和振动控制。

1）现场噪声排放不得超过《建筑施工场界环境噪声排放标准》的规定。

2）在施工场界对噪声进行实时监测与控制。监测方法符合《建筑施工场界环境噪声排放标准》的要求。

3）使用低噪声、低振动的机具，采取隔声与隔振措施，避免或减少施工噪声和振动。施工车辆进入现场时严禁鸣笛。

（3）光污染控制。

1）尽量避免或减少施工过程中的光污染。夜间室外照明灯加设灯罩，透光方向集中在施工范围。

2）对电焊作业采取遮挡措施，避免电焊弧光外泄。

（4）水污染控制。

1）施工现场污水排放应达到污水排放的相关的要求。

2）在施工现场应针对不同的污水，设置相应的处理设施，比如沉淀池、隔油池、化粪池等。

3）排放污水时应委托有资质的单位进行废水水质检测，提供相应的污水检测报告。

4）保护地下水环境。采用隔水性能好的边坡支护技术。在缺水地区或地下水位持续下降的地区，基坑降水尽可能少地抽取地下水；当基坑开挖抽水量于 50 万 m，时，应进行地下水回灌，并避免地下水被污染。

5）对于化学品等有毒材料、油料的储存地，应有严格的隔水层设计，做好渗漏液的收集和处理。

6）在使用非传统水源和现场循环再利用水的过程中，应对水质进行检测。

7）砂浆、混凝土搅拌用水应达到《混凝土用水标准》的有关要求，并制定卫生保障措施，避免对人体健康、工程质量及周围环境产生不良影响。

8）施工现场存放的油料和化学溶剂等物品应设有专门的库房，应对地面作防渗漏处理。废弃的油料和化学溶剂应集中处理，不可随意倾倒。

9）施工机械设备检修及使用中产生的油污，应集中汇入接油盘中并定期清理。

10）食堂、盥洗室、淋浴间的下水管线应设置过滤网，并应与市政污水管线连接，保证排水畅通。食堂应设隔油池，并应及时清理。

11）施工现场宜采用移动式厕所，委托环卫单位定期清理。

（5）土壤保护。

1）保护地表环境，防止土壤侵蚀、流失。对因施工造成的裸土，及时覆盖砂石或种植速生草种，以减少土壤侵蚀；若施工可能造成地表径流而使土壤流失，应采取设置地表排水系统、稳定斜坡、植被覆盖等措施，减少土壤流失。

2）保证沉淀池、隔油池、化粪池等不发生堵塞、渗漏、溢出等现象。及时清掏各类池内沉淀物，并委托有资质的单位清运。

3）对于有毒有害废弃物，如电池、墨盒、油漆、涂料等，应回收后交有资质的单位处理，不能作为建筑垃圾外运，以避免污染土壤和地下水。

4）施工后应恢复被施工活动破坏的植被（一般指临时占地内）。与当地园林、环保部门或当地植物研究机构进行合作，在先前开发地区种植当地植物或其他合适的植物，以恢复剩余空地地貌，补救施工活动中人为破坏植被和地貌所造成的土壤侵蚀。

（6）建筑垃圾控制。

1）制订建筑垃圾减量化计划，如对于住宅建筑，每万平方米的建筑垃圾不应超过 400 t。

2）加强建筑垃圾的回收再利用，力争建筑垃圾的再利用和回收率达到 30%，拆除建筑物所产生的废弃物的再利用和回收率应大于 40%。对于碎石类、土石方类建筑垃圾，可采用地基填埋、铺路等方式提高再利用率，力争再利用率大于 50%。

3）施工现场应设置封闭式垃圾站（或容器），施工垃圾、生活垃圾应分类存放，并按规定及时清运消纳。对有毒、有害废弃物的分类率应达到 100%；对有可能造成二次污染的废弃物必须单独储存，采取安全防范措施并且设置醒目标识。

（7）地下设施、文物和资源保护。

1）施工前应调查清楚地下的各种设施，做好保护计划，保证施工场地周边的各类管道、管线、建筑物、构筑物的安全运行。

2）一旦在施工过程中发现文物，应立即停止施工，保护现场并通报文物部门，协助做好工作。

3）避让、保护施工场区及周边的古树名木。

4）逐步开展统计分析施工项目的 CO_2 排放量，以及各种不同植被和树种的 CO_2 固定量的工作。

3. 节材与材料资源利用技术要点

（1）节材措施。

1）图纸会审时，应审核节材与材料资源利用的相关内容，从而使材料损耗率比定额损耗率降低 30%。

2）根据施工进度、库存情况等合理安排材料的采购、进场时间与批次，减少库存。

3）现场材料堆放有序。储存环境适宜，措施得当。保管制度健全，责任落实。

4）材料运输工具适宜，装卸方法得当，防止损坏和遗洒。根据现场平面布置情况就近卸载，避免和减少二次搬运。

5）采取技术和管理措施提高模板、脚手架等的周转次数。

6）优化安装工程的预留、预埋、管线路径等方案。

7）应就地取材，施工现场 300 km 以内生产的建筑材料用量占建筑材料总重量的 70% 以上。

（2）结构材料。

1）推广使用预拌混凝土和商品砂浆。准确计算采购数量、供应频率、施工速度等，在施工过程中进行动态控制。结构工程使用散装水泥。

2）推广使用高强度钢筋和高性能混凝土，以减少资源消耗。

3）推广钢筋专业化加工和配送。

4）优化钢筋配料和钢构件下料方案。制作钢筋及钢结构之前应对下料单及样品进行复核，无误后方可批量下料。

5）优化钢结构制作和安装方法。大型钢结构宜采用工厂制作，现场拼装；宜采用分段吊装、整体提升、滑移、顶升等安装方法，减少方案的措施用材量。

6）采取数字化技术，对大体积混凝土、大跨度结构等专项施工方案进行优化。

（3）围护材料。

1）门窗、屋面、外墙等围护结构选用耐候性及耐久性良好的材料，在施工时确保密封性、防水性和保温隔热性。

2）门窗采用密封性能、保温隔热性能、隔声性能良好的型材与玻璃等材料。

3）屋面材料、外墙材料具有良好的防水性能和保温隔热性能。

4）当屋面或墙体等部位采用基层加设保温隔热系统的方式施工时，应选择高效节能、耐久性好的保温隔热材料，以减小保温隔热层的厚度及材料用量。

5）屋面或墙体等部位的保温隔热系统采用专用的配套材料，以加强各层次之间的粘结或连接强度，确保系统的安全性和耐久性。

6）根据建筑物的实际特点，优选屋面或外墙的保温隔热材料系统和施工方式，例如，保温板粘贴、保温板干挂、聚氨酯硬泡喷涂、保温浆料涂抹等，以保证保温隔热效果，并减少材料浪费。

7）加强保温隔热系统与围护结构的节点处理，尽量降低热桥效应。针对建筑物的不同部位的保温隔热特点，选用不同的保温隔热材料及系统，以达到经济适用的目的。

（4）装饰装修材料。

1）施工前，应对贴面类材料进行总体排版策划，减少非整块材的数量。

2）采用非木质的新材料或人造板材代替木质板材。

3）防水卷材、壁纸、油漆及各类涂料基层必须符合要求，避免起皮、脱落。各类油漆及胶粘剂应随用随开启，不用时及时封闭。

4）幕墙及各类预留、预埋应与结构施工同步。

5）木制品及木装饰用料、玻璃等各类板材等宜在工厂采购或者定制。

6）采用自粘类片材，减少现场液态胶粘剂的使用量。

（5）周转材料。

1）应选用耐用、维护与拆卸方便的周转材料与机具。

2）优先选用制作、安装、拆除一体化的专业队伍进行模板工程施工。

3）模板应以节约自然资源为原则，推广使用定型钢模、钢框竹模、竹胶板。

4）施工前应对模板工程的方案进行优化。多层、高层建筑使用可重复利用的模板体系，模板支撑宜采用工具式支撑。

5）优化高层建筑的外脚手架方案，采用整体提升、分段悬挑等等方案。

6）推广采用外墙保温板替代混凝土施工模板的技术。

7）现场办公和生活用房采用周转式活动房。现场围挡应最大限度地利用已有围墙，或采用装配式可重复使用围挡封闭。力争使工地临房、临时围挡材料的可重复使用率达到70%。

4.节水与水资源利用技术要点

（1）提高用水效率。

1）在施工中采用先进的节水施工工艺。

2）施工现场喷洒路面、绿化浇灌不宜使用市政自来水。现场搅拌用水、养护用水应采取有效的节水措施，严禁无措施浇水养护混凝土。

3）施工现场供水管网应根据用水量设计布置，应当做到管径合理、管路简捷，采取有效措施减少管网和用水器具的漏损。

4）对现场机具、设备、车辆冲洗用水必须设立循环用水装置。施工现场办公区、生活区的生活用水采用节水系统和节水器具，提高节水器具配置比率。项目临时用水应使用节水型产品，安装计量装置，采取有针对性的节水措施。

5）在施工现场建立可再利用水的收集处理系统，使水资源得到梯级循环利用。

6）在施工现场分别对生活用水与工程用水确定用水定额指标，并分别计量管理。

7）大型工程的不同单项工程、不同标段、不同分包生活区，凡是具备条件的应分别计量用水量。在签订不同标段分包或劳务合同时，将节水定额指标纳入合同条款，进行计量考核。

8）对混凝土搅拌站点等用水集中的区域和工艺点进行专项计量考核。施工现场建立雨水、中水或可再利用水的搜集利用系统。

（2）非传统水源利用。

1）优先采用中水搅拌、中水养护，有条件的地区与工程应收集雨水养护。

2）处于基坑降水阶段的工地，宜优先采用地下水作为混凝土搅拌用水、养护用水、冲洗用水和部分生活用水。

3）现场机具、设备、车辆冲洗、喷洒路面、绿化浇灌等用水，优先采用非传统水源，尽量不使用市政自来水。

4）在大型施工现场，尤其是在雨量充沛地区的大型施工现场建立雨水收集利用系统，充分收集自然降水用于施工和生活中的适宜部位。

5）力争施工中非传统水源和循环水的再利用量大于30%。

（3）用水安全。在非传统水源和现场循环再利用水的使用过程中，应制定有效的水质检测与卫生保障措施，以避免对人体健康、工程质量以及周围环境产生不良影响。

5.节能与能源利用技术要点

（1）节能措施。

1）制定合理的施工能耗指标，提高施工能源利用率。

2）优先使用国家、行业推荐的节能、高效、环保的施工设备和机具，比如选用基于变频技术的节能施工设备等。

3）施工现场分别设定生产、生活、办公和施工设备的用电控制指标，定期进行计量、核算、对比分析，并有预防与纠正措施。

4）在施工组织设计中，合理安排施工顺序、工作面，以减少作业区域的机具数量，相邻作业区充分利用共有的机具资源。安排施工工艺时，应优先考虑耗用电能或其他能耗较少的施工工艺。避免设备额定功率远大于使用功率或超负荷使用设备的现象。

5）根据当地气候和自然资源条件，充分利用太阳能、地热等可再生能源。

（2）机械设备与机具。

1）建立施工机械设备管理制度，开展用电、用油计量，完善设备档案，及时做好维修保养工作，使机械设备保持低耗、高效状态。

2）选择功率与负载匹配的施工机械设备，避免大功率施工机械设备低负载长时间运行。机电安装可采用节电型机械设备，如逆变式电焊机和能耗低、效率高的手持电动工具等，以利节电。机械设备宜使用节能型油料添加剂，在可能的情况下考虑回收利用，以节约油量。

3）合理安排工序，提高各种机械的使用率和满载率，降低各种设备的单位能耗。

（3）生产、生活及办公临时设施。

1）利用场地自然条件，合理设计生产、生活以及办公临时设施的体形、朝向、间距和窗墙面积比，使其获得良好的日照、通风和采光。南方地区可根据需要在其外墙窗设遮阳设施。

2）临时设施宜采用节能材料，墙体、屋面使用隔热性能好的材料，减少夏天空调、冬天取暖设备的使用时间及能量消耗。

3）合理配置采暖设备、空调、风扇数量，规定使用时间，实行分段分时使用，节约用电。

（4）施工用电及照明。

1）临时用电优先选用节能电线和节能灯具，临电线路设计、布置合理，临电设备宜采用自动控制装置。采用声控、光控等节能照明灯具。

2）照明设计以满足最低照度为原则，照度不应当超过最低照度的20%。

6.节地与施工用地保护技术要点

（1）临时用地指标。

1）根据施工规模及现场条件等因素合理确定临时设施，如临时加工厂、现场作业棚及材料堆场、办公生活设施等的占地指标。临时设施的占地面积应按用地指标所需的最低面积设计。

2）要求平面布置合理、紧凑，在满足环境、职业健康与安全及文明施工要求的前提下尽可能减少废弃地和死角，临时设施占地面积有效利用率大于90%。

（2）临时用地保护。

1）应对深基坑施工方案进行优化，减少土方开挖和回填量，最大限度地减少对土地的扰动，保护周边自然生态环境。

2）红线外临时占地应尽量使用荒地、废地，少占用农田与耕地。工程完工后，及时对红线外临时占地恢复原地形、地貌，使施工活动对周边环境的影响降至最低。

3）利用和保护施工用地范围内原有的绿色植被。对于施工周期较长的现场，可按建筑永久绿化的要求，安排场地新建绿化。

（3）施工总平面布置。

1）施工总平面布置应做到科学、合理，充分利用原有建筑物、构筑物、道路、管线为施工服务。

2）施工现场搅拌站、仓库、加工厂、作业棚、材料堆场等布置应尽量靠近已有交通线路或即将修建的正式或临时交通线路，缩短运输距离。

3）临时办公和生活用房应采用经济、美观、占地面积小、对周边地貌环境影响较小，且适合于施工平面布置动态调整的多层轻钢活动板房、钢骨架水泥活动板房等标准化装配式结构。生活区与生产区应分开布置，并设置标准的分隔设施。

4）施工现场围墙可采用连续封闭的轻钢结构预制装配式活动围挡，减少建筑垃圾，保护土地。

5）施工现场道路按照永久道路和临时道路相结合的原则布置。施工现场内形成环形通路，减少道路占用土地的情况。

6）临时设施布置应注意远近结合（本期工程与下期工程），努力减少与避免大量临时建筑拆迁和场地搬迁。

我国绿色施工尚处于起步阶段，应通过试点和示范工程，总结经验，引导绿色施工的健康发展。各地应根据具体情况，制定有针对性的考核指标和统计制度，制定引导施工企业实施绿色施工的激励政策，促进绿色施工的发展。

三、绿色施工组织管理

1. 建设单位

（1）向施工单位提供建设工程绿色施工的相关资料，保证资料的真实性和完整性。

（2）在编制工程概算和招标文件时，建设单位应明确建设工程绿色施工的要求，并提供场地、环境、工期、资金等方面的保障。

（3）建设单位应会同工程参建各方接受工程建设主管部门对建设工程实施绿色施工的监督、检查工作。

（4）建设单位应组织协调工程参建各方绿色施工管理工作。

2. 监理单位

（1）监理单位应对建设工程的绿色施工承担监理责任。

（2）监理单位应审查施工组织设计中的绿色施工技术措施或专项绿色施工方案，并在实施过程中做好监督检查工作。

3. 施工单位

（1）施工单位是建筑工程绿色施工的责任主体，全面负责绿色施工的实施。

（2）实行施工总承包管理的建设工程，总承包单位对绿色施工过程负总责，专业承包单位应服从总承包单位的管理，并且对所承包工程的绿色施工负责。

（3）施工项目部应建立以项目经理为第一责任人的绿色施工管理体系，负责绿色施工的组织实施及目标实现，制定绿色施工管理责任制度，组织绿色施工教育培训。定期开展自检、考核和评比工作，并指定绿色施工管理人员和监督人员。

（4）在施工现场的办公区和生活区应设置明显的有节水、节能、节约材料等具体内容的警示标识。

（5）施工现场的生产、生活、办公和主要耗能施工设备应当有节能的控制措施和管理办法。对主要耗能施工设备应定期进行耗能计量检查和核算。

（6）施工现场应建立可回收再利用的物资清单，制定并实施可回收废料的管理办法，提高废料利用率。

（7）应建立机械保养、限额领料、废弃物再生利用等管理与检查制度。

（8）施工单位及项目部应建立施工技术、设备、材料、工艺的推广、限制以及淘汰公布的制度和管理方法。

（9）施工项目部应定期对施工现场绿色施工的实施情况进行检查，做好检查记录，并根据绿色施工情况实施改进措施。

（10）施工项目部应按照国家法律、法规的有关要求，做好职工的劳动保护工作。

四、绿色施工规范要求

1. 施工准备

（1）建筑工程施工项目应建立绿色施工管理体系和管理制度，实施目标管理。

（2）施工单位应按照建设单位提供的施工周边建设规划和设计资料，在施工前做好绿色施工的统筹规划和策划工作，充分考虑绿色施工的总体要求，为绿色施工提供基础条件，并合理组织一体化施工。

（3）建设工程施工前，应根据国家和地方法律法规的规定，制定施工现场环境保护和人员安全与健康等突发事件的应急预案。

（4）编制施工组织设计和施工方案时要明确绿色施工的内容、指标与方法。分部分项工程专项施工方案应涵盖"四节一环保"要求。

（5）施工单位应积极推广应用"建筑业十项新技术"。

（6）施工现场宜推行电子资料管理档案，减少纸质资料。

2. 土石方与地基工程

（1）一般规定。

1）通过有计划的采购、合理的现场保管，减少材料的搬运次数，减少包装，完善操作工艺，增加摊销材料的周转次数等措施，降低材料在使用中的消耗，提高材料的使用效率。

2）灰土、灰石、混凝土、砂浆宜采用预拌技术，减少现场施工扬尘，采用电子计量，节约建筑材料。

3）施工组织设计应结合桩基施工特点，有针对性地制定相应绿色施工措施，主要内容应包括组织管理措施、资源节约措施、环境保护措施、职业健康与安全措施等。

4）桩基施工现场应优先选用低噪、环保、节能、高效的机械设备和工艺。

5）土石方工程施工应加强场地保护，在施工中减少场地干扰、保护基地环境。施工时应当识别场地内现有的自然、文化和构筑物特征，并通过合理的措施将这些特征保存。

6）土石方工程在选择施工方法、施工机械、安排施工顺序、布置施工场地时应结合气候特征，减少气候原因所带来的施工措施的改变和资源消耗的增加，同时还应当满足以下要求：

①合理地安排施工顺序，易受不利气候影响的施工工序应在不利气候到来前完成。

②安排好全场性排水、防洪，减少对现场及周边环境的影响。

7）土石方工程施工应当符合以下要求：

①应选用高性能、低噪声、少污染的设备，采用机械化程度高的施工方式，减少使用污染排放高的各类车辆。

②施工区域与非施工区域间设置标准的分隔设施，做到连续、稳固、整洁、美观。

③易产生泥浆的施工，应实行硬地坪施工；所有土堆、料堆应该采取加盖防止粉尘污染的遮盖物或喷洒覆盖剂等措施。

④土石方施工现场大门位置应设置限高栏杆、冲洗车装置；渣土运输车应有防止遗撒和扬尘的措施。

⑤土石方类建筑废料、渣土的综合利用，可采用地基填埋、铺路等方式提高再利用率，再利用率应大于 50%。

⑥搬迁树木应手续齐全；在绿化施工中应科学、合理地使用、处置农药，尽量减少农药对环境的污染。

8）在土石方工程开挖过程中应详细勘察，逐层开挖，弃土应合理分类堆放、运输，遇到有腐蚀性的渣土应进行深埋处理，回填土质应满足设计要求。

9）基坑支护结构中有侵入占地红线外的预应力锚杆时，可采用可拆式锚杆。

（2）土石方工程。

1）土石方工程在开挖前应进行挖、填方的平衡计算，综合考虑土石方最短运距和各个项目施工的工序衔接，减少重复挖填，并与城市规划和农田水利相结合，保护环境、减少资源浪费。

2）粉尘控制应符合下列规定：

①土石方挖掘施工中，表层土和砂卵石覆盖层可以用一般常用的挖掘机械直接挖装，对岩石层的开挖宜采用凿裂法施工，或者采用凿裂法适当辅以钻爆法施工；凿裂和钻孔施工宜采用湿法作业。

②爆破施工前，做好扬尘控制计划。应采用清理积尘、淋湿地面、外设高压喷雾状水系统、搭设防尘排栅和直升机投水弹等综合降尘措施。同时，应选择在风力小的天气进行爆破作业。

③土石方爆破要对爆破方案进行设计，对用药量进行准确计算，注意控制噪声与粉尘扩散。

④土石方作业采取洒水、覆盖等措施，达到作业区目测扬尘高度小于 1.5 m，不扩散到场区外。

⑤四级以上大风天气，不应进行土石方工程的施工作业。

3）在土方作业中，对施工区域中的所有障碍物，包括地下文物，树木，地上高压电线、电杆、塔架和地下管线、电缆、坟墓、沟渠以及原有旧房屋等，应按照以下要求采取保护措施：

①在文物保护区内进行土方作业时，应采用人工挖土，禁止机械作业。

②施工区域内有地下管线或电缆时，禁止用机械挖土，应采用人工挖土，并按施工方案对地下管线、电缆采取保护或者加固措施。

③高压线塔 10 m 范围内，禁止机械土方作业。

④发现有土洞、地道（地窖）、废井时，要探明情况，制定专项措施方可施工。

4）喷射混凝土施工防尘应遵照以下规定：

喷射混凝土施工应采用湿喷或水泥裹砂喷射工艺。采用干法喷射混凝土施工时，宜采用下列综合防尘措施：

①在保证顺利喷射的条件下，增加集料含水率。

②在距喷头 3～4m 处增加一个水环，用双水环加水。

③在喷射机或混合料搅拌处，设置集尘器或者除尘器。

④在粉尘浓度较高地段，设置除尘水幕。

⑤加强作业区的局部通风。

⑥采用增黏剂等外加剂。

（3）桩基工程。

1）工程施工中成桩工艺应根据工程设计，结合当地实际情况，并应参照相关规定控制指标进行优选。常用桩基成桩工艺对绿色施工的控制指标见表 9-2。

表 9-2 常用桩基成桩工艺对绿色施工的控制指标

桩基类型 环境保护		绿色施工控制指标				
		节材与材料资源利用	节水与水资源利用	节能与能源资源利用	节土与土地资源利用	
混凝土灌注桩	人工挖孔	√	√	√	√	√
	干作业成孔	√	√	√	√	√
	泥浆护壁钻孔	√	√	√	√	√
	长螺旋或旋挖钻钻孔	√	√	√	√	√
	沉管和内夯沉管	√	√	√	√	○
混凝土预制桩与钢桩	锤击沉桩	√	○	√	√	○
	静压沉桩		○	√	√	○

注："√"表明该类型桩基对对应绿色施工指标有重要影响；

"○"表明该类型桩基对对应绿色施工指标有一定影响。

2）混凝土预制桩和钢桩施工时，施工方案应充分考虑施工中的噪声、振动、地层扰动、废气、废油、烟火等等对周边环境的影响，制定针对性措施。

3）混凝土灌注桩施工。

①施工现场应设置专用泥浆池，用以存储沉淀施工中产生的泥浆，泥浆池应可以有效防止污水渗入土壤，污染土壤和地下水源；当泥浆池沉积泥浆厚度超过容量的 1/3 时，应及时清理。

②钻孔、冲孔、清孔时清出的残渣和泥浆，应当及时装车运至泥浆池内处置。

③泥浆护壁正反循环成孔工艺施工现场应设置泥浆分离净化处理循环系统。循环系统由泥浆池、沉淀池、循环槽、废浆池、泥浆泵、泥浆搅拌设备、钻渣分离装置组成，并配有排水、清渣、排废浆设施和钻渣运转通道等。施工时泥浆应集中搅拌，集中向钻孔输送。清出的钻渣应及时采用封闭容器运出。

④桩身钢筋笼进行焊接作业时，应采取遮挡措施，避免电焊弧光外泄；同时，焊渣应随清理随装袋，待焊接完成后，及时将收集的焊渣运到指定地点处置。

⑤在市区范围内严禁敲打导管和钻杆。

4）人工挖孔灌注桩施工。人工挖孔灌注桩施工时，开挖出的土方不得长时间在桩边堆放，应及时运至现场集中堆土处集中处置，并采取覆盖等防尘措施。

5）混凝土预制桩。

①混凝土预制桩的预制场地必须平整、坚实，并设沉淀池、排水沟渠等设施。混凝土预制桩制作完成后，作为隔离桩使用的塑料薄膜、油毡等，不得随意丢弃，应收集并集中进行处理。

②现场制作预制桩用水泥、砂、石等物料存放应满足混凝土工程中的材料储存要求。水泥应入库存放，成垛码放，砂石应表面覆盖，减少扬尘。

③沉淀池、排水沟渠应能防止污水溢出；当污水沉淀物超过容量的1/3时，应进行清掏；沉淀池中污水无悬浮物后，才可排入市政污水管道或进行绿化降尘等循环利用。

6）振动冲击沉管灌注桩施工时，控制振动箱的振动频率，以防产生较大噪声，同时应避免对桩身造成破坏，浪费资源。

7）采用射水法沉桩工艺施工时，应为射水装置配备专用供水管道，同时布置好排水沟渠、沉淀池，有组织地将射水产生的多余水或泥浆排入沉淀池沉淀后，循环利用，并减少污水排放。

8）钢桩。

①现场制作钢桩应有平整、坚实的场地及挡风、防雨和排水设施。

②钢桩切割下来的剩余部分，应运至专门位置存放，并尽可能再利用，不得随意废弃，浪费资源。

9）地下连续墙。

①泥浆制作前应先通过试验确定施工配合比。

②施工时应随时测定泥浆性能并及时予以调整和改善，以满足循环使用的要求。

③施工中产生的建筑垃圾应及时清理干净，使用后的旧泥浆应该在成槽之前进行回收处理与利用。

（4）地基处理工程。

1）污染土地基处理应遵照以下规定：

①进行污染土地基勘察、监测、地基处理施工和检验时，应采取必要的防护措施以防止污染土、地下水等对人体造成伤害或对勘察机具、监测仪器与施工设备造成腐蚀。

②处理方法应能够防止污染土对周边地质和地下水环境的二次污染。

③污染土地基处理后，必须防止污染土地基与地表水、周边地下水或者其他污染物的物质交换，防止污染土地基因化学物质的变化而引起工程性质及周边环境的恶化。

2）换垫法施工。

①在回填施工前，填料应采取防止扬尘的措施，避免在大风天气作业。不能及时回填土方应及时覆盖，控制回填土含水率。

②冲洗回填砂石应采用循环水，减少水资源浪费。需要混合与过筛的砂石应保持一定的湿润度。

③机械碾压优先选择静作用压路机。

3）强夯法施工。

①强夯法施工前应平整场地，周围做好排水沟渠。同时，应挖设应力释放沟（宽1 m×深2 m）。

②施工前需进行试夯，确定有关技术参数，如夯锤重量、底面直径及落距、下沉量及相应的夯击遍数和总下沉量。在达到夯实效果的前提下，应减少夯实次数。

③单夯击能不宜超过3 000 kN·m。

4）高压喷射注浆法施工。

①浆液拌制应在浆液搅拌机中进行，不得超过设备设计允许容量。同时，搅拌机应尽量靠近灌浆孔布置。

②在灌浆过程中，压浆泵压力数值应控制在设计范围内，不可超压，避免对设备造成损害，浪费资源。压浆泵与注浆管间各部件应密封严密，防止发生泄漏。

③灌浆完成后，应及时对设备四周遗洒的垃圾及浆液进行清理收集，并集中运至指定地点处置。

④现场应设置适用、可靠的储浆池和排浆沟渠，防止泥浆污染周边土壤及地下水源。

5）挤密桩法施工。

①采用灰土回填时，应对灰土提前进行拌和；采用砂石回填时，砂石应过筛，并冲洗干净，冲洗回填砂石时应采用循环水，减少水资源浪费；砂石应保持一定的湿润度，避免在过筛和混合过程中产生较大扬尘。

②桩位填孔完成后，应及时将桩四周撒落的灰土、砂石等收集清扫干净。

（6）地下水控制。

1）在缺水地区或地下水位持续下降的地区，基坑施工应该选择抽取地下水量较少的施工方案，以达到节水的目的。宜选择止水帷幕、封闭降水等隔水性能好的边坡支护技术进行施工。

2）地下水控制、降排水系统应满足以下要求：

①降水系统的平面布置图，应根据现场条件合理设计场地，布置应紧凑，并应尽量减少占地。

②降水系统中的排水沟管的埋设及排水地点的选择要有防止地面水、雨水流入基坑（槽）的措施。

③降水再利用的水收集处理后应就近用于施工车辆冲洗、降尘、绿化、生活用水等。

④降水系统使用的临时用电应设置合理，采用能源利用率高、节能环保型的施工机械设备。

⑤应考虑到水位降低区域内地表及建筑物可能产生的沉降和水平位移，并制定相应的预防措施。

3）井点降水。

①根据水文地质、井点设备等因素计算井点管数量、井点管埋入深度，保持井点管连续工作且地下水抽排量适当，避免过度抽水对地质、周围建筑物产生影响。

②排水总管铺设时，避免直接敲击总管。总管应进行防锈处理，防止锈蚀污染地面。

③采用冲孔时应当避免孔径过大产生过多泥浆，产生的泥浆排入现场泥浆池沉淀处置。

④钻井成孔时，采用泥浆护壁，成孔完成并用水冲洗干净后才准使用；钻井产生的泥浆，应排入泥浆池循环使用。

⑤抽水设备设置专用机房，并有隔声防噪功能，机房内设置接油盘防止油污染。

4）采用集水明排降水时，应当符合下列规定：

①基坑降水应储存使用，并应设立循环用水装置。

②降水设备应采用能源利用效率高的施工机械设备，同时建立设备技术档案，并应定期进行设备维护、保养。

5）地下水回灌。

①施工现场基坑开挖抽水量大于 50 万 m^3 时，应采取地下水回灌，以保证地下水资源平衡。

②回灌时，水质应符合《地下水质量标准》的要求，并按《中华人民共和国水污染防治法》与《中华人民共和国水法》的有关规定执行。

3.基础及主体结构工程

（1）一般规定。

1）在图纸会审时，应增加高强度高效钢筋（钢材）、高性能混凝土的应用，利用大体积混凝土后期强度等绿色施工的相关内容。

2）钢、木、装配式结构等构件，应采取工厂化加工、现场安装的生产方式；构件的加工和进场顺序应与现场安装顺序一致；构件的运输和存放应采取防止变形和损坏的可靠措施。

3）钢结构、钢混组合结构、预制装配式结构等大型结构件安装所需的主要垂直运输机械，应与基础和主体结构施工阶段的其他工程垂直运输统一安排，减少大型机械的投入。

4）应选用能耗低、自动化程度高的施工机械设备，并由专人使用，避免空转。

5）施工现场应采用预拌混凝土和预拌砂浆，未经批准不得现场拌制。

6）应制订垃圾减量化计划，每万平方米的建筑垃圾不宜超过 200 t，并且分类收集，集中堆放，定期处理，合理利用，回收利用率需达到 30% 以上；钢材、板材等下脚料和撒落混凝土及砂浆的回收利用率需达到 70% 以上。

7）施工中使用的乙炔、氧气、油漆、防腐剂等危险品、化学品的运输、储存、使用及污物排放应采取隔离措施。

8）夜间焊接作业和大型照明灯具工作时，应采取挡光措施，防止强光线外泄。

9）基础与主体结构施工阶段，作业区目测扬尘高度小于 0.5 m。对易产生扬尘的堆放材料应采取覆盖措施。

（2）混凝土结构工程。

1）钢筋宜采用专用软件优化配料，根据优化配料的结果合理确定进场钢筋的定尺长度。在满足相关规范要求的前提下，合理的利用短筋。

2）积极推广钢筋加工工厂化与配送方式、应用钢筋网片或成型钢筋骨架。现场加工时，宜采取集中加工方式。

3）钢筋连接优先采用直螺纹套筒、电渣压力焊等接头方式。

4）进场钢筋原材料和加工半成品应存放有序、标识清晰、储存环境适宜，采取防潮、防污染等措施，保管制度健全。

5）钢筋除锈时应采取可靠措施，避免扬尘和土壤污染。

6）钢筋加工中使用的冷却水，应过滤后循环使用。应按照方案要求处理后排放。

7）钢筋加工产生的粉末状废料，应按建筑垃圾进行处理，不得随地掩埋或者丢弃。

8）钢筋安装时，绑扎丝、焊剂等材料应妥善保管和使用，散落的应及时收集利用，防止浪费。

9）模板及其支架应优先选用周转次数多、能回收再利用的材料，减少木材的使用。

10）积极推广使用大模板、滑动模板、爬升模板和早拆模板等工业化模板体系。

11）采用木或竹制模板时，应采取工厂化定型加工、现场安装方式，不得在工作面上直接加工拼装；在现场加工时，应设封闭场所集中加工，采取有效的隔声和防粉尘污染措施。

12）提高模板加工、安装的精度，达到混凝土表面免抹灰或减少抹灰的厚度。

13）脚手架和模板支架宜优先选用碗扣式架、门式架等等管件合一的脚手架材料搭设。

14）高层建筑结构施工，应采用整体提升、分段悬挑等工具式脚手架。

15）模板及脚手架施工应及时回收散落的铁钉、铁丝、扣件、螺栓等材料。

16）短木方应采用叉接接长后使用，木、竹胶合板的边角余料应拼接使用。

17）模板脱模剂应由专人保管和涂刷，剩余部分应及时回收，防止污染环境。

18）拆除模板时，应采取可靠措施防止损坏、及时检修维护、妥善保管，提高模板的周转率。

19）合理确定混凝土配合比，混凝土中宜添加粉煤灰、磨细矿渣粉等工业废料与高效减水剂。

20）现场搅拌混凝土时，应使用散装水泥；搅拌机棚应有封闭降噪和防尘措施；现场存放的砂、石料应采取有效的遮盖或洒水防尘措施。

21）混凝土应优先采用泵送、布料机布料浇筑，地下大体积混凝土可采用溜槽或串筒浇筑。

22）混凝土振捣应采用低噪声振捣设备或围挡降噪措施。

23）混凝土应采用塑料薄膜和塑料薄膜加保温材料覆盖保湿、保温养护；当采用洒水或喷雾养护时，养护用水宜使用回收的基坑降水或者雨水。

24）混凝土结构冬期施工优先采用综合蓄热法养护，减少热源消耗。

25）浇筑剩余的少量混凝土，应制成小型预制件，严禁随意倾倒或将其作为建筑垃圾处理。

26）清洗泵送设备和管道的水应经沉淀后回收利用，浆料分离后可作室外道路、地面、散水等垫层的回填材料。

（3）砌体结构工程。

1）砌筑砂浆使用干粉砂浆时，应采取防尘措施。

2）采取现场搅拌砂浆时，应使用散装水泥。

3）砌块运输应采用托板整体包装，以减少破损。

4）块体湿润和砌体养护宜使用经检验合格的非传统水源。

5）混合砂浆掺合料可使用电石膏、粉煤灰等等工业废料。

6）砌筑施工时，落地灰应及时清理收集再利用。

7）砌块砌筑应按照排块图进行；非标准砌块应在工厂加工，按比例进场，现场切割时应集中加工，并采取防尘、降噪措施。

8）毛石砌体砌筑时产生的碎石块，应用于填充毛石块间空隙，不得随意丢弃。

（4）钢结构工程。

1）钢结构深化设计时，应结合加工、安装方案与焊接工艺的要求，合理确定分段、分节数量和位置，优化节点构造，尽量减少钢材用量。

2）合理选择钢结构安装方案，大跨度钢结构优先采用整体提升、顶升和滑移（分段累积滑移）等安装方法。

3）钢结构加工应制订废料减量化计划，优化下料，综合利用下脚料，废料分类收集、集中堆放、定期回收处理。

4）钢材、零（部）件、成品、半成品件和标准件等产品应堆放在平整、干燥场地或仓库内，防止在制作、安装和防锈处理前发生锈蚀和构件变形。

5）制作和安装大跨度复杂钢结构前，应采用建筑信息三维技术模拟施工过程，以避免或减少错误或误差。

6）钢结构现场涂装应采取适当措施，减少涂料浪费和对环境的造成污染。

（5）其他。

1）装配式构件应按安装顺序进场，存放应支、垫可靠或设置专用支架，防止变形或损伤。

2）装配式混凝土结构安装所需的埋件和连接件、室内外装饰装修所需的连接件，应在工厂制作时准确预留、预埋。

3）钢混组合结构中的钢结构件，应结合配筋情况，在深化设计时确定与钢筋的连接方式，钢筋连接套筒焊接及预留孔应在工厂加工时完成，严禁安装时随意割孔或后焊接。

4）木结构件连接用铆棒、螺栓孔应在工厂加工时完成，不得在现场制禅和钻孔。

5）建筑工程在升级或改造时，可采用碳纤维等新颖结构加固材料进行加固处理。

6）索膜结构施工时，索、膜应工厂化制作与裁减完成，现场安装。

4. 建筑装饰装修

（1）一般规定。

1）建筑装饰装修工程的施工设施和施工技术措施应与基础及结构、机电安装等施工相结合，统一安排，综合利用。

2）应对建筑装饰装修工程的块材、卷材用料进行排板深化设计，在保证质量的前提下，应减少块材的切割量及其产生的边角余料量。

3）建筑装饰装修工程采用的块材、板材、门窗等应采用工厂化加工。

4）建筑装饰装修工程的五金件、连接件、构造性构件宜采用工厂化标准件。

5）对于建筑装饰装修工程使用的动力线路，比如施工用电线路、压缩空气管线、液压管线等，应优化缩短线路长度，严禁跑、冒、滴、漏。

6）建筑装饰装修工程施工，宜选用节能、低噪声的施工机具，具备电力条件的施工工地，不宜选用燃油施工机具。

7）建筑装饰装修工程中采用的需要用水泥或白灰类拌和的材料，如砌筑砂浆、抹灰砂浆、粘贴砂浆、保温专用砂浆等，宜预拌，在条件不允许的情况下宜采用干拌砂浆，不宜现场配制。

8）建筑装饰装修工程中使用的易扬尘材料，如水泥、砂石料、粉煤灰、聚苯颗粒、陶粒、白灰、腻子粉、石膏粉等，应封闭运输、封闭存储。

9）建筑装饰装修工程中使用的易挥发、易污染材料，如油漆涂料、胶粘剂、稀释剂、清洗剂、燃油、燃气等，必须采用密闭容器储运，使用时，应使用相应容器盛放，不得随意溢撒或放散。

10）建筑装饰装修工程室内装修前，宜先进行外墙封闭、室外窗户安装封闭、屋面防水等工序。

11）对建筑装饰装修工程中受环境温度限制的工序、不易成品保护的工序，应当合理安排工序。

12）建筑装饰装修工程应采取成品保护措施。

13）建筑装饰装修工程所用材料的包装物应全部分类回收。

14）民用建筑工程室内装修严禁采用沥青、煤焦油类防腐、防潮处理剂。

15）高处作业清理现场时，禁止将施工垃圾从窗口、洞口、阳台等处向外抛撒。

16）建筑装饰装修工程应制定材料节约措施。节材与材料资源利用应满足以下指标：

①材料损耗不应超出预算定额损耗率的70%。

②应充分利用当地材料资源。施工现场300 km以内的材料用量宜占材料总用量的70%以上，或达到材料总价值的50%以上。

③材料包装回收率应达到100%。有毒有害物资分类回收率应达到100%。可再生利用的施工废弃物回收率应达到70%以上。

（2）楼、地面工程。

1）楼、地面基层处理。

①基层粉尘清理应采用吸尘器，没有防潮要求的，可采取洒水降尘等措施。

②基层需要剔凿的，应采用噪声小的剔凿方式，比如使用手钎、电铲等低噪声工具。

2）楼、地面找平层、隔声层、隔热层、防水保护层、面层等使用的砂浆、轻集料混凝土、混凝土等应采用预拌或干拌料，干拌料的现场运输、仓储应采用袋装等方式。

3）水泥砂浆、水泥混凝土、现制水磨石、铺贴板块材等楼、地面在养护期内严禁上人，地面养护用水应采用喷洒方式，以保持表面湿润为宜，严禁养护用水溢流。

4）水磨石楼、地面磨制。

①应有污水回收措施，对污水进行集中处理。

②对楼、地面的洞口、管线口进行封堵，防止泥浆等进入。

③对高出楼、地面400 mm范围内的成品面层应采取贴膜等防护措施，避免污染。

④现制水磨石楼、地面房间的装饰装修，宜先进行现制水磨石工序的作业。

5）板块面层楼、地面。

①应进行排板设计，在保证质量和观感的前提下，应该减少板块材的切割量。

②板块不宜采用工厂化下料加工（包括非标尺寸块材），需要现场切割时，对切割用水应有收集装置，室外机械切割应有隔声措施。

③采用水泥砂浆铺贴时，砂浆宜边用边拌。

④石材、水磨石等易渗透、易污染的材料，应在铺贴前作防腐处理。

⑤严禁采用电焊、火焰对板块材进行切割。

（3）抹灰工程。

1）墙体抹灰基层处理。

①基层粉尘清理应采用吸尘器，没有防潮要求的，可采用洒水降尘等措施。

②基层需要剔凿的，应采用噪声小的剔凿方式，比如使用手钎、电铲等低噪声工具。

2）对落地灰应采取回收措施，落地灰经过处理后用于抹灰利用，抹灰砂浆损耗率不应大于5%，落地砂浆应全部回收利用。

3）对抹灰砂浆应严格按照设计要求控制抹灰厚度。

4）采用的白灰宜选用白灰膏。如采用生石灰，必须采用袋装，熟化要有容器或熟化池。

5）墙体抹灰砂浆养护用水，以保持表面湿润为宜，严禁养护用水溢流。

6）对于混凝土面层抹灰，在选择混凝土施工工艺时，宜采用清水混凝土支模工艺，取消抹灰层。

（4）门窗工程。

1）外门窗宜采用断桥型、中空玻璃等密封、保温、隔声性能好的型材和玻璃等。

2）门窗固定件、连接件等，宜选用标准件。

3）门窗制作应采用工厂化加工。

4）应进行门窗型材的优化设计，减少型材边角余料的剩余量。

5）门窗洞口预留，应当严格控制洞口尺寸。

6）门窗制作尺寸应采用现场实际测量并且进行核对，避免尺寸有误。

7）门窗油漆应在工厂完成。

8）木制门窗存放应作好防雨、防潮等措施，避免门窗损坏。

9）木制门窗应用薄钢板、木板或木架进行保护，塑钢或金属门窗口用贴膜或胶带贴严加以保护，玻璃应妥善运输，避免磕碰。

10）外门窗安装操作应与外墙装修同步进行，宜同时使用外墙操作平台。

11）门窗框与墙体之间的缝隙，不得采用含沥青的水泥砂浆、水泥麻刀灰等材料填嵌。

（5）吊顶工程。

1）在吊顶龙骨间距满足质量、安全要求的情况下，应对其进行优化。

2）对吊顶高度应充分考虑吊顶内隐蔽的各种管线、设备，进行优化设计。

3）进行隐蔽验收合格后，方可进行吊顶封闭。

4）吊顶应进行块材排板设计，在保证质量、安全的前提之下，应减少板材、型材的切割量。

5）吊顶板块材（非标板材）、龙骨、连接件等宜采用工厂化材料，现场安装。

6）吊顶龙骨、配件以及金属面板、塑料面板等下脚料应全部回收。

7）在满足使用功能的前提下，不宜进行吊顶。

（6）轻质隔墙工程。

1）预制板轻质隔墙。

①预制板轻质隔墙应对预制板尺寸进行排板设计，避免现场切割。

②预制板轻质隔墙应采取工厂加工，现场安装。

③预制板轻质隔墙固定件宜采用标准件。

④预制板运输应有可靠的保护措施。

⑤预制板的固定需要电锤打孔时，应有降噪及防尘措施。

2）龙骨隔墙。

①在满足使用和安全的前提下，宜选用轻钢龙骨隔墙。

②轻钢龙骨应采用标准化龙骨。

③龙骨隔墙面板应进行排板设计，减少板材切割量。

④在墙内管线、盒等预埋进行验收后，方可进行面板安装。

3）活动隔墙、玻璃隔墙应采用工厂制作，现场安装。

（7）饰面板（砖）工程。

1）饰面板应进行排板设计，宜采用工厂下料制作。

2）饰面板（砖）胶粘剂应采用封闭容器存放，严格计量配合比并采用容器拌制。

3）用于安装饰面块材的龙骨和连接件，宜采用标准件。

（8）幕墙工程。

1）对幕墙应进行安全计算与深化设计。

2）用于安装饰面块材的龙骨和连接件，宜采用标准件。

3）幕墙玻璃、石材、金属板材应采用工厂加工，现场安装。

4）幕墙与主体结构的连接件，宜采取预埋方式施工。幕墙构件宜采用标准件。

（9）涂饰工程。

1）基层处理找平、打磨应进行扬尘控制。

2）涂料应采用容器存放。

3）涂料施工应采取措施，防止对周围设施的污染。

4）涂料施涂宜采用涂刷或滚涂，采用喷涂工艺时，应采取有效遮挡。

5）废弃涂料必须全部回收处理，严禁随意倾倒。

（10）裱糊与软包工程。

1）裱糊、软包施工，一般应在其环境中其他易污染工序完成后进行。

2）基层处理打磨应防止扬尘。

3）裱糊胶粘剂应采用密闭容器存放。

（11）细部工程。

1）橱柜、窗帘盒、窗台板、暖气罩、门窗套、楼梯扶手等成品或者半成品宜采用工厂制作，现场安装。

2）橱柜、窗帘盒、窗台板、暖气罩、门窗套、楼梯扶手等成品或半成品固定打孔，应有防止粉尘外泄的措施。

3）现场需要木材切割设备，应有降噪、防尘以及木屑回收措施。

4）木屑等下脚料应全部回收。

5.屋面工程

（1）屋面施工应搭设可靠的安全防护设施、防雷击设施。

（2）屋面结构基层处理应洒水湿润，防止扬尘。

（3）屋面保温层施工，应根据保温材料的特点，制定防扬尘措施。

（4）屋面用砂浆、混凝土应预拌。

（5）瓦屋面应进行屋面瓦排板设计，各种屋面瓦及配件应采用工厂制作。屋面瓦应按照屋面瓦的型号、材质特征进行包装运输，减少破损。

（6）屋面焊接应有防弧光外泄的遮挡措施。

（7）有种植土的屋面，种植土应有防扬尘措施。

（8）遇5级以上大风天气，应当停止屋面施工。

6.建筑保温及防水工程

（1）一般规定。

1）建筑保温及防水工程的施工设施和施工技术措施应与基础及结构、建筑装饰装修、机电安装等工程施工相结合，统一安排，综合利用。

2）建筑保温及防水工程的块材、卷材用料等应进行排板深化设计，在保证质量的前提下，应减少块材的切割量及其产生的边角余料量。

3）对于保温材料、防水材料，应根据其性能，制定相应的防火、防潮等等措施。

（2）建筑保温。

1）选用外墙保温材料时，除应考虑材料的吸水率、燃烧性能、强度等指标外，其材料的导热系数应满足外墙保温要求。

2）现浇发泡水泥保温。

①加气混凝土原材料（水泥、砂浆）宜采用干拌，袋装的方式。

②加气混凝土设备应有消声棚。

③拌制的加气混凝土宜采用混凝土泵车、管道输送。

④搅拌设备、泵送设备、管道等冲洗水应有收集措施。

⑤养护用水应采用喷洒方式，严禁养护用水溢流。

3）陶瓷保温。

①陶瓷外墙板应进行排板设计，减少现场切割。

②陶瓷保温外墙的干挂件宜采用标准挂件。

③陶瓷切割设备应有消声棚。

④固定件打孔产生的粉末应有回收措施。

⑤固定件宜采用机械连接，如果需要焊接，应对弧光进行遮挡。

4）浆体保温。

①浆体保温材料宜采用干拌半成品，袋装，避免扬尘。

②现场拌和应随用随拌，以免浪费。

③现场拌和用搅拌机，应有消声棚。

④落地浆体应及时收集利用。

5）泡沫塑料类保温。

①当外墙为全现浇混凝土外墙时，宜采用混凝土及外保温一体化施工工艺。

②当外露混凝土构件、砌筑外墙采用聚苯板外墙保温材料时，应采取措施，防止锚固件打孔等产生扬尘。

③外墙如采用装饰性干挂板，宜采用保温板及外饰面一体化挂板。

④屋面泡沫塑料保温时，应对聚苯板进行覆盖，防止风吹，造成颗粒飞扬。

⑤聚苯板下脚料应全部回收。

6）屋面工程保温和防水宜采用防水保温一体化材料。

7）玻璃棉、岩棉保温材料，应封闭存放，剩余材料全部回收。

（3）防水工程。

1）防水基层应验收合格后进行防水材料的作业，基层处理应防止扬尘。

2）卷材防水层。

①在符合质量要求的前提之下，对防水卷材的铺贴方向与搭接位置进行优化，减少卷材剪裁量和搭接量。

②宜采用自粘型防水卷材。

③采用热熔粘贴的卷材时，使用的燃料应采用封闭容器存放，严禁倾洒或溢出。

④采用胶黏的卷材时，胶黏剂应当为环保型，封闭存放。

⑤防水卷材余料应全部回收。

3）涂膜防水层。

①液态涂抹原料应采用封闭容器存放，严禁溢出污染环境，剩余原料应全部回收。

②粉末状涂抹原料，应装袋或用封闭容器存放，严禁扬尘污染环境，剩余原料应

建筑工程质量与安全管理研究

全部回收。

③涂膜防水宜采用滚涂或者涂刷方式，采用喷洒方式的，应有防止对周围环境产生污染的措施。

④涂膜固化期内严禁上人。

4）刚性防水层。

①混凝土结构自防水施工中，严格按照混凝土抗渗等级配置混凝土，对混凝土施工缝的留置，在保证质量的前提下，应进行优化，减少施工缝的数量。

②采用防水砂浆抹灰的刚性防水，应严格控制抹灰厚度。

③采用水泥基渗透结晶型防水涂料的，对混凝土基层进行处理时要防止扬尘。

5）金属板防水。

①采用金属板材作为防水材料的，应对金属板材进行下料设计，提高材料利用率。

②金属板焊接时，应有防弧光外泄措施。

6）防水作业宜在干燥、常温环境下进行。

7）闭水试验时，应有防止漏水的应急措施，以防漏水污染环境和损坏其他物品。

8）闭水试验前，应制定有效的回收利用闭水试验用水的措施。

7.机电安装工程

（1）一般规定。

1）机电工程的施工设施和施工技术措施应与基础以及结构、装饰装修等工程施工相结合，统一安排，综合利用。

2）机电工程施工前，应包括土建工程在内，进行图纸会审，对管线空间进行布置，对管线线路长度进行优化。

3）机电工程的预留预埋应与结构施工、装修施工同步进行，严禁重新剔凿、重新开洞。

4）机电工程材料、设备的存放、运输应制定保护措施。

（2）建筑给水排水及采暖工程。

1）给水排水及采暖管道安装前应与通风空调、强弱电、装修等专业做好管绘图的绘制工作，专业间确认无交叉问题且标高满足装修要求后方可进行管道的制作及安装。

2）应加强给水排水及采暖管道打压、冲洗及试验用水的排放管理工作。

3）加强节点处理，严禁冷热桥产生。

4）管道预埋、预留应与土建及装修工程同步进行，严禁重新剔凿、重新开洞现象。

5）管道工程进行冲洗、试压时，应当制订合理的冲洗、试压方案，成批冲洗、试压，合理安排冲洗、试压次数。

8.通风与空调工程

（1）通风管道安装前应与给水排水、强弱电、装修等专业人员做好绘图工作，专业间确认无交叉问题且标高满足装修要求后方可进行通风管道的制作及安装。

（2）风管制作宜采用工厂计算机下料，集中加工，下料应对不同规格的风管优化组合，先下大管料，后下小管料，先下长料，后下短料，能拼接的材料在允许范围内要拼接使用，边角料按规格码放，做到物尽其用，避免材料浪费。

（3）空调系统各设备间应进行联锁控制，耗电量大的主要设备应当采用变频控制。

（4）设备基础的施工宜在空调设备采购订货完成后进行。

（5）加强节点处理，严禁冷热桥产生。

（6）空调水管道打压、冲洗及试验用水的排放应有排放措施。

（7）管道打压、冲洗及试验用水应优先利用施工现场收集的雨水或中水。多层建筑宜采用分层试压的方法，先进行上一楼层管道的水压试验，合格后，将水放至下一层，层层利用，以节约施工用水。

（8）风管、水管管道预埋、预留应与土建以及装修工程同步进行，严禁重新剔凿、重新开洞。

（9）机房设备位置及排列形式应合理布置，宜使管线最短，弯头最少，管路便于连接并留有一定的空间，便于管理操作和维修。

9. 建筑电气工程及智能建筑工程

（1）加强与土建的施工配合，提高施工质量，缩短工期，降低施工成本。

1）施工前，电气安装人员应会同土建施工工程师共同审核土建和电气施工图纸，了解土建施工进度计划和施工方法，尤其是梁、柱、地面、屋面的做法和相互间的连接方式，并仔细校核自己准备采用的电气安装方法能否和这一项目的土建施工相适应。

2）针对交叉作业制定科学、详细的技术措施，合理安排施工工序。

3）在基础工程施工时，应及时配合土建做好强、弱电专业的进户电缆穿墙管以及止水挡板的预留预埋工作。

4）在主体结构施工时，根据土建浇捣混凝土的进度要求及流水作业的顺序，逐层逐段地做好预留预埋配合工作。

5）在土建工程砌筑隔断墙之前应与土建工长和放线员将水平线及隔墙线核实一遍，电气人员将按此线确定管路预埋的位置及各种灯具、开关插座的位置、高程。抹灰之前，电气施工人员应将所有电气工程的预留孔洞按设计和规范要求查对核实一遍，符合要求后将箱盒稳好。

（2）采用高性能、低材耗、耐久性好的新型建筑材料；选用可循环、可回用与可再生的建材；采用工业化生产的成品，减少现场作业；遵循模数协调原则，减少施工废料；减少不可再生资源的使用。

（3）电气管线的预埋、预留应与土建及装修工程同步进行，严禁重新剔凿、重新开洞。

（4）电线导管暗敷时，宜沿最近的线路敷设并应减少弯曲，注意短管的回收利用，节约材料。

（5）不间断电源柜试运行时应有噪声监测，其噪声标准应满足：正常运行时产生的 A 级噪声不应大于 45 dB；输出额定电流为 5 A 及以下的小型不间断电源噪声，不应大于 30 dB。

（6）不间断电源安装应注意防止电池液泄漏污染环境，废旧电池应注意回收。

（7）锡焊时，为减少焊剂加热时挥发出的化学物质对人体的危害，减少有害气体的吸入量，一般情况下，电烙铁到人体的距离应不小于 20 cm，通常以 30 cm 为宜。

（8）推广免焊接头，尽量减少焊锡锅的使用。

（9）电气设备的试运行时间按规定运行，但不应超过规定时间的 1.5 倍。

（10）临时用电宜选用低耗低能供电导线，合理设计、布置临电线路，临电设备宜采用自动控制装置，采用声控、光控等节能照明灯具。

（11）放线时应由施工员计算好剩余线量，避免浪费。

（12）建筑物内大型电气设备的电缆供应应在设计单位对实际用电负荷核算后进行。

10. 电梯工程

（1）电梯井结构施工前应确定电梯的有关技术参数，以便做好预留预埋工作。

（2）电梯安装过程中，应对导轨、导靴、对重、轿厢、钢丝绳以及其他附件按说明书要求进行防护，露天存放时防止受潮。

（3）井道内焊接作业应保证良好通风。

11. 拆除工程

（1）一般规定。

1）拆除工程应贯彻环保拆除的原则，应重视建筑拆除物的再生利用，积极推广拆除物分类处理技术。建筑拆除过程中产生的废弃物的再利用和回收率应大于 40%。

2）拆除工程施工应制订拆除施工方案。

3）拆除工程应对其施工时间及施工方法予以公告。

4）建筑拆除后，场地不应成为废墟，应对拆除后的场地进行生态复原。

5）在恶劣的气候条件下，严禁进行拆除工作。

6）实行"四化管理"。"四化管理"包括强化建筑拆除物"减量化"管理，加强并推进建筑拆除物的"资源化"研究和实践，实行"无害化"处理，推进建筑拆除物利用"产业化"。

7）应按照"属地负责、合理安排、统一管理、资源利用"的原则，合理确定建筑拆除物临时消纳处置场所。

（2）施工准备。

1）拆除施工前应对周边 50 m 以内的建筑物及环境情况进行调查，对将受影响的区域予以界定；对周边建筑现状采用裂缝素描、摄影、摄像等等方法予以记录。

2）拆除施工前应对周边进行必要的围护。围护结构应以硬质板材为主，且应在围护结构上设置警示性标示。

3）拆除施工前应制订应急救援方案。

4）在拆除工程作业中，若发现不明物体，应停止施工并采取相应的应急措施，保护现场，及时向有关部门报告。

5）根据拆除工程施工现场作业环境，制定消防安全措施。施工现场应设置消防车通道，保证充足的消防水源，配备足够的灭火器材。

（3）绿色拆除施工措施。

1）拆除工程按建筑构配件破坏与否可分为保护性拆除与破坏性拆除；按施工方

法可分为人工拆除、机械拆除和爆破拆除。

2）保护性拆除。

①装配式结构、多层砖混结构和构配件直接利用价值高的建筑应当采用完好性拆除。

②可采用人工拆除或机械拆除，也可以两种方法配合拆除。

③拆除时应按建造施工顺序逆向拆除。

④为防粉尘，应用水淋洒拆除部位，但淋洒后的水不应污染环境。

3）对建筑构配件直接利用价值不高的建筑物、构筑物，可采用破坏性拆除。

①破坏性拆除可选用人工拆除、机械拆除或爆破拆除方法，也可几种方法配合使用。

②在正式爆破之前，应进行小规模范围试爆，根据试爆结果修改原设计，采取必要的防护措施，确保爆破飞石被控制在有效范围内。

③当用钻机钻成爆破孔时，可采用钻杆带水作业或减少粉尘的措施。

④爆破拆除时，可悬挂塑料水袋于待爆破拆除建构物各爆点四周或采用多孔微量爆破方法。

⑤在爆破完成后，可及时用消防高压水枪进行高空喷洒水雾消尘。

⑥防护材料可选择铁丝网、草袋子和胶皮带等。

⑦对于需要重点防护的范围，应在其附近架设防护排架，在其上挂金属网。

4）当采用爆破拆除时，尽量采用噪声小、对环境影响小的措施，如静力破碎、线性切割等。

①采用具有腐蚀性的静力破碎剂作业时，灌浆人员必须戴防护手套和防护眼镜。孔内注入破碎剂后，作业人员应保持安全距离，严禁在注孔区域行走。

②静力破碎剂严禁与其他材料混放。

③在相邻的两孔之间，严禁钻孔与注入破碎剂同步进行施工。

④使用静力破碎发生异常情况时，必须停止作业，查清原因并采取相应措施确保安全后，方可继续施工。

5）对烟囱、水塔等高大建构筑物进行爆破拆除，进行爆破拆除设计时应考虑控制构筑物倒塌时的触地振动，必要时应在倒塌范围内铺设缓冲垫层与开挖减振沟。

（4）建筑拆除物的综合利用。

1）建筑拆除物处置单位应不得将建筑拆除物混入生活垃圾，不得将危险废弃物混入建筑拆除物。

2）拆除的门窗、管材、电线等完好的材料应回收重新利用。

3）拆除的砌体部分，能够直接利用的砖应回收重新利用，不能直接利用的宜运送到统一的管理场地，其可作为路基垫层的填料。

4）拆除的混凝土经破碎筛分机处理后，可以作为再生集料配制低强度等级再生集料混凝土，用于地基加固、道路工程垫层、室内地坪及地坪垫层。

5）拆除的钢筋和钢材（铝材）：经分拣、集中、再生利用，可经再加工制成各种规格的钢材（铝材）。

6）拆除的木材或竹材可作为模板和建筑用材再生利用，也可用于制造人造木材或将木材用破碎机粉碎，作为造纸原料或者作为燃料使用。

（5）拆除场地的生态复原。

1）对拆除工程的拆除场地应进行生态复原。

2）拆除工程的生态复原贯彻生态性与景观性原则与安全性与经济性原则。

3）当需要生态复原时，拆除施工单位应按拆除后的土地用途进行生态复原。

4）建筑物拆除后应恢复地表环境，避免土壤被有害物质侵蚀、流失。

5）建筑拆除场地内的沉淀池、隔油池、化粪池等不发生堵塞、渗漏、溢出等等现象，并且应有应急预案，避免堵塞、渗漏、溢出等现象导致对土壤、水等环境的污染。

参考文献

[1] 向亚卿，王琼，姚祖军.建筑工程质量与安全管理[M].重庆：重庆大学出版社，2015.

[2] 崔德芹，彭军志，殷飞.建筑工程质量与安全管理[M].长春：吉林大学出版社，2015.

[3] 孙丽娟，徐英主编.建筑工程质量与安全管理[M].北京：人民邮电出版社，2015.

[4] 方崇，方锦妙，彭聪.建筑工程质量与安全管理[M].北京：中国水利水电出版社，2015.

[5] 陈安生，赵宏旭.建筑工程质量与安全管理[M].长沙：中南大学出版社，2015.

[6] 王作成，郭宏伟.建筑工程质量与安全管理[M].北京：中国建材工业出版社，2015.

[7] 陈忠，廖艳.建筑工程质量与安全管理[M].北京：高等教育出版社，2015.

[8] 陈娟浓，21世纪高职高专立体化精品教材·建筑工程质量与安全管理[M].广州：华南理工大学出版社，2015.

[9] 徐卫星，郑归，欧长贵.建筑工程质量与安全管理[M].西安：西安电子科技大学出版社，2016.

[10] 徐秀娟.建筑工程质量与安全管理[M].长春：吉林大学出版社，2016.

[11] 程红艳.建筑工程质量与安全管理[M].北京：人民交通出版社，2016.

[12] 陈艳.建筑工程质量检验与安全管理[M].上海：上海交通大学出版社，2016.

[13] 郝永池.建筑工程质量与安全管理[M].北京：北京理工大学出版社，2017.

[14] 孔祥兴，王鳌杰.建筑工程质量与安全管理[M].北京：中国轻工业出版社，2017.

[15] 高向阳.建筑工程质量与安全事故分析[M].北京：化学工业出版社，2017.

[16] 杨树峰 . 建筑工程质量与安全管理 [M]. 北京：北京理工大学出版社，2018.

[17] 殷为民，高永辉 . 建筑工程质量与安全管理 [M]. 哈尔滨：哈尔滨工程大学出版社，2018.

[18] 郭念 . 建筑工程质量与安全管理 [M]. 武汉：武汉大学出版社，2018.

[19] 余景良，陶登科 . 建筑工程质量与安全控制第 2 版 [M]. 北京：北京理工大学出版社，2018.

[20] 陈翔，刘世刚，朱锋 . 建筑工程质量与安全管理第 3 版 [M]. 北京：北京理工大学出版社，2018.

[21] 张彦鸽 . 建筑工程质量与安全管理 [M]. 郑州：郑州大学出版社，2018.

[22] 周瑜，王晨光，宋卫晓 . 建筑工程质量与安全管理研究 [M]. 延吉：延边大学出版社，2018.

[23] 张瑞生 . 建筑工程质量与安全管理 · 第 3 版 [M]. 北京：中国建筑工业出版社，2018.

[24] 孙猛，张少坤，冯泽龙 . 建筑工程质量检测与安全监督 [M]. 沈阳：辽宁大学出版社，2018.

[25] 殷勇 . 建筑工程质量与安全管理 [M]. 西安：西安交通大学出版社，2019.

[26] 王胜 . 建筑工程质量与安全管理 [M]. 武汉：华中科技大学出版社，2019.

[27] 徐勇戈 . 建筑工程质量与安全生产管理 [M]. 北京：机械工业出版社，2019.

[28] 王炜，张力牛，陈芝芳 . 建筑工程施工与质量安全控制研究 [M]. 文化发展出版社，2019.

[29] 姜宇峰 . 工程质量安全手册实施指南丛书建筑工程实体质量控制与管理操作指南 [M]. 北京：中国建筑工业出版社，2019.

[30] 陶继水，荀文权 . 全国高职高专建筑类专业规划教材 · 建筑工程质量控制与安全管理 [M]. 郑州：黄河水利出版社，2019.

[31] 张士胜 . 建筑工程质量与安全管理 [M]. 北京：中国建材工业出版社，2020.